PATENT

江西省创新主体专利创新研究报告

肖正强　钟颖林　邵思蒙◆著

知识产权出版社
全国百佳图书出版单位
—北京—

图书在版编目（CIP）数据

江西省创新主体专利创新研究报告/肖正强，钟颖林，邵思蒙著．—北京：知识产权出版社，2024.1

ISBN 978-7-5130-9128-2

Ⅰ.①江…　Ⅱ.①肖…②钟…③邵…　Ⅲ.①专利—研究报告—江西　Ⅳ.①G306.72

中国国家版本馆CIP数据核字（2024）第008857号

内容提要

本书从专利数量、专利质量、专利运用三方面，客观评价企业、高等院校、科研院所专利创新能力，分析排出江西省专利创新百强企业、专利创新三十强高等院校、专利创新二十强科研院所，进一步详细分析了江西省企业专利创新前十、高等院校专利创新前十、科研院所专利创新前五单位（至2022年底）的发明专利、实用新型专利的质量、数量，并提出高质量推进专利创造、保护和运用的举措建议。

责任编辑：王祝兰　　**责任校对**：潘凤越

执行编辑：崔思琪　　**责任印制**：孙婷婷

封面设计：杨杨工作室·张冀

江西省创新主体专利创新研究报告

肖正强　钟颖林　邵思蒙　著

出版发行：	知识产权出版社有限责任公司	网　　址：	http：//www.ipph.cn
社　　址：	北京市海淀区气象路50号院	邮　　编：	100081
责编电话：	010-82000860转8555	责编邮箱：	wzl_ipph@163.com
发行电话：	010-82000860转8101/8102	发行传真：	010-82000893/82005070/82000270
印　　刷：	北京九州迅驰传媒文化有限公司	经　　销：	新华书店、各大网上书店及相关专业书店
开　　本：	787mm×1092mm　1/16	印　　张：	14.5
版　　次：	2024年1月第1版	印　　次：	2024年1月第1次印刷
字　　数：	260千字	定　　价：	99.00元

ISBN 978-7-5130-9128-2

前　言

习近平总书记指出，创新是引领发展的第一动力，保护知识产权就是保护创新。2021 年，中共中央、国务院印发《知识产权强国建设纲要（2021—2035 年）》，国务院印发《“十四五”国家知识产权保护和运用规划》，将知识产权高质量创造摆在突出位置，对知识产权高质量发展提出了明确要求。世界知识产权组织发布的《全球创新指数》报告显示，我国创新指数排名从 2012 年的第 34 位上升到 2022 年的第 11 位。当前，我国正处在由知识产权大国向知识产权强国转变的历史进程中。江西省大力推进知识产权强省建设，印发实施《关于加强知识产权强省建设的行动方案（2022—2035 年）》，推进知识产权创造质量、运用效益、保护效果、管理能力和服务水平全面提升，建设具有江西特色、全国一流的知识产权强省。

为深入了解和掌握全省创新主体专利创新客观现状，推动江西省知识产权创造、保护和运用，项目组开展了全省企业、高等院校和科研院所专利创新研究工作。研究报告从专利数量、专利质量、专利运用三方面，客观评价企业、高等院校、科研院所专利创新能力，分析排出江西省专利创新百强企业、专利创新三十强高等院校、专利创新二十强科研院所。研究报告还进一步详细分析了江西省企业专利创新前十、高等院校专利创新前十、科研院所专利创新前五单位（至 2022 年底）的发明专利、实用新型专利的质量、数量。研究报告最后提出高质量推进专利创造、保护和运用的举措建议，以期为推进江西知识产权强省建设、促进全省知识产权高质量发展贡献力量。

本书由江西省科学院科技战略研究所肖正强、钟颖林、邵思蒙撰写。由于水平有限，本书撰写过程中难免出现错误，报告的数据、结论及建议可供政府部门及企业、高等院校、科研院所等创新主体的管理人员、科研人员借鉴、研究。

目 录

第一章 研究概述 1

一、研究对象 1
二、数据来源 1
三、评价指标体系 2
四、评价方法 2

第二章 江西省专利创新百强企业分析 4

一、百强企业排名 4
二、百强企业产业分析 18
三、百强企业单项指标分析 21
四、企业部分结论 31

第三章 江西省专利创新三十强高等院校分析 34

一、三十强高等院校分析 34
二、三十强高等院校单项指标分析 39
三、高等院校部分结论 48

第四章 江西省专利创新二十强科研院所分析 50

一、二十强科研院所分析 50
二、二十强科研院所单项指标分析 53

三、科研院所部分结论 59

第五章 江西省专利创新前十企业专利分析 61

一、国网江西省电力有限公司 61
二、晶科能源股份有限公司 68
三、江铃汽车股份有限公司 75
四、江西洪都航空工业集团有限责任公司 82
五、南昌欧菲光电技术有限公司 89
六、江西济民可信集团有限公司 95
七、中国瑞林工程技术股份有限公司 102
八、联创电子科技股份有限公司 108
九、江西青峰药业有限公司 115
十、新余钢铁股份有限公司 122

第六章 江西省专利创新前十高等院校专利分析 129

一、南昌大学 129
二、江西理工大学 135
三、华东交通大学 141
四、南昌航空大学 147
五、江西农业大学 153
六、景德镇陶瓷大学 159
七、东华理工大学 165
八、江西中医药大学 171
九、九江学院 178
十、江西师范大学 183

第七章 江西省专利创新前五科研院所专利分析 190

一、航空工业直升机设计研究所 190
二、江西省科学院 196

三、江西省农业科学院　202
四、江西省水利科学院　208
五、江西省林业科学院　214

第八章　江西省创新主体专利创新发展思路建议　221

一、政府层面　221
二、企业层面　222
三、高等院校层面　223
四、科研院所层面　224

第一章　研究概述

一、研究对象

《江西省创新主体专利创新研究报告》的研究对象是在江西省注册且为存续状态的企业、高等院校及科研院所。

1. 企业

以公开日在2018年1月1日至2022年12月31日的专利数据为基础，将发明和实用新型专利申请总量排名前350名且在江西省注册的企业纳入初选范围。企业认定规则：（1）以对子公司控股50%或以上的绝对控股作为母公司的认定标准；（2）对注册地在江西省的母、子公司数据合并入母公司，以母公司名义进行综合排名分析，而对母公司注册地不在江西省内的子公司，则以该子公司的名义单独分析；（3）子公司仅涉及一级子公司，不考虑二级子公司及其他间接控股的子公司。

2. 高等院校

以公开日在2018年1月1日至2022年12月31日的专利数据为基础，将发明和实用新型申请总量排名前三十名且在江西省注册的高等院校纳入选择范围。

3. 科研院所

以公开日在2018年1月1日至2022年12月31日的专利数据为基础，将发明和实用新型申请总量排名前二十名且在江西省注册的科研院所纳入选择范围。

二、数据来源

《江西省创新主体专利创新研究报告》的专利数据来源于incoPat全球专利数据库。本书仅分析创新主体的发明专利和实用新型专利数据。书中创新主体专利创新指数分析部分（第二章至第四章），考虑到不同创新主体存续时间的不同，仅抓取公开日在2018年1月1日至2022年12月31日专利数据作为分析样本；创新主体分析部分（第五章至第七章）的专利数据专利公开日期不限。

三、评价指标体系

如表1－1所示，本书基于专利数量、专利质量、专利运用三个维度选择分项指标，在综合考虑各指标的科学性、合理性和对应数据抓取的可操作性、稳定性以及最终结果的客观性后，确定评价指标体系。根据数据指标权重，对指标进行加权得到每个创新主体的综合分数，根据综合分数的高低排出江西省专利创新百强企业、江西省专利创新三十强高等院校、江西省专利创新二十强科研院所。

表1－1　江西省创新主体专利创新指数评价指标体系

一级指标	二级指标	三级指标
专利数量	专利申请量（5年）	实用新型专利申请量
		发明专利申请量
	专利授权量（5年）	实用新型专利授权量
		发明专利授权量
专利质量	涉外专利（5年）	在海外有同族专利权的发明专利数量
		PCT专利申请量*
	专利被引（5年）	平均专利被引次数
专利运用	专利权维持（至2022年）	授权专利维持量
		维持年限超过10年的发明专利数量
	发明专利领域（5年）	战略性新兴产业发明专利申请数量
	专利运营（5年）	转让次数
		许可次数
		质押次数
	专利获奖	获国家科学技术奖数量
		获中国专利奖、江西省专利奖数量

*PCT专利申请量指通过《专利合作条约》（PCT）途径提交的专利申请量。

四、评价方法

江西省创新主体专利创新指数评价围绕专利数量、专利质量、专利运用下设

15 个具体指标，逐一查录各项指标原始数值，通过无量纲标准化方式将原始数据转化为无量纲的统计数值。

指标权重采用客观权重赋权 CRITIC 算法。CRITIC 算法基于评价指标的对比强度和指标之间的冲突性来综合衡量指标的客观权重，排除人为主观因素的干涉。对比强度是指同一个指标内数据取值差距的大小，以标准差的形式来表现。标准差越大，说明波动越大，权重会越高。指标之间的冲突性用相关系数进行表示，若两个指标之间越正相关，说明其冲突性越小，权重会越低。

专利的三大类型为发明专利、实用新型专利和外观设计专利。从创新性或技术性的角度看，发明专利、实用新型专利主要涉及技术方案的改进，而外观设计专利是从产品美感角度对产品外表的装饰性或艺术性进行设计的方案。为了更准确定位创新主体的专利技术创新实力，同时也最大可能排除外观设计专利在数量上的绝对优势带来的影响，创新指数分析排除了对外观设计专利的考量。

第二章　江西省专利创新百强企业分析

一、百强企业排名

根据前述指标体系和评价方法，本书排出江西省专利创新百强企业（以下简称“百强企业”）如表2－1所示。根据百强企业名单对企业地域、性质、行业分布情况进行描述性统计分析。企业地址以工商注册地址为准。企业性质按照传统国有企业和民营企业划定。国有企业包含国有独资和国有控股企业。民营企业采用广义定义，包括外商独资、中外合资、港澳台资企业。行业类别参照《国民经济行业分类》（GB/T 4754—2017），以企业实际经营活动提供的产品和服务为准。同时属于多个行业类别的，以企业主营产品和业务为准，并参考该企业工商登记的经营范围和专利所属行业。

表2－1　江西省专利创新百强企业

排名	名称	性质	城市
1	国网江西省电力有限公司	国有企业	南昌市
2	晶科能源股份有限公司	民营企业	上饶市
3	江铃汽车股份有限公司	国有企业	南昌市
4	江西洪都航空工业集团有限责任公司	国有企业	南昌市
5	南昌欧菲光电技术有限公司	民营企业	南昌市
6	江西济民可信集团有限公司	民营企业	南昌市
7	中国瑞林工程技术股份有限公司	国有企业	南昌市
8	联创电子科技股份有限公司	民营企业	南昌市
9	江西青峰药业有限公司	民营企业	赣州市
10	新余钢铁股份有限公司	国有企业	新余市
11	江西欧迈斯微电子有限公司	民营企业	南昌市
12	江西欧菲光学有限公司	民营企业	南昌市
13	江西铜业股份有限公司	国有企业	鹰潭市

续表

排名	名称	性质	城市
14	爱驰汽车有限公司	民营企业	上饶市
15	江西合力泰科技有限公司	国有企业	吉安市
16	泰豪科技股份有限公司	民营企业	南昌市
17	江西展耀微电子有限公司	民营企业	南昌市
18	九江德福科技股份有限公司	民营企业	九江市
19	江铃汽车集团有限公司	国有企业	南昌市
20	江西中烟工业有限责任公司	国有企业	南昌市
21	晶能光电（江西）有限公司	民营企业	南昌市
22	江中药业股份有限公司	国有企业	南昌市
23	江西和美陶瓷有限公司	民营企业	宜春市
24	江西赣锋锂业集团股份有限公司	民营企业	新余市
25	大余明发矿业有限公司	民营企业	赣州市
26	江西沃格光电股份有限公司	民营企业	新余市
27	江西晶浩光学有限公司	民营企业	南昌市
28	南昌黑鲨科技有限公司	民营企业	南昌市
29	江西吉恩重工有限公司	民营企业	九江市
30	美智光电科技股份有限公司	民营企业	鹰潭市
31	江铃控股有限公司	国有企业	南昌市
32	信丰县包钢新利稀土有限责任公司	国有企业	赣州市
33	江西蓝星星火有机硅有限公司	民营企业	九江市
34	南昌努比亚技术有限公司	民营企业	南昌市
35	江西唯美陶瓷有限公司	民营企业	宜春市
36	崇义章源钨业股份有限公司	民营企业	赣州市
37	汉腾汽车有限公司	民营企业	上饶市
38	江西五十铃汽车有限公司	民营企业	南昌市
39	江西江铃集团新能源汽车有限公司	民营企业	南昌市
40	江西普正制药股份有限公司	民营企业	吉安市
41	江西国泰民爆集团股份有限公司	国有企业	南昌市
42	长虹华意压缩机股份有限公司	国有企业	景德镇市
43	南昌矿机集团股份有限公司	民营企业	南昌市
44	江西昌河航空工业有限公司	国有企业	景德镇市
45	三川智慧科技股份有限公司	民营企业	鹰潭市
46	麦格纳动力总成（江西）有限公司	民营企业	南昌市
47	南氏实业投资集团有限公司	民营企业	宜春市
48	江西黑猫炭黑股份有限公司	国有企业	景德镇市

续表

排名	名称	性质	城市
49	赣州有色冶金研究所有限公司	国有企业	赣州市
50	江西天元药业有限公司	民营企业	宜春市
51	双胞胎（集团）股份有限公司	民营企业	南昌市
52	江西昌河汽车有限责任公司	国有企业	景德镇市
53	江西联创光电科技股份有限公司	民营企业	南昌市
54	九江天赐高新材料有限公司	民营企业	九江市
55	康达电梯有限公司	民营企业	南昌市
56	江西睿达新能源科技有限公司	民营企业	宜春市
57	江西明正变电设备有限公司	民营企业	抚州市
58	江西兆驰半导体有限公司	民营企业	南昌市
59	昌河飞机工业（集团）有限责任公司	国有企业	景德镇市
60	江西安驰新能源科技有限公司	民营企业	上饶市
61	江西卓美金属制品有限公司	民营企业	宜春市
62	江西联创宏声电子股份有限公司	民营企业	南昌市
63	孚能科技（赣州）股份有限公司	民营企业	赣州市
64	贵溪奥泰铜业有限公司	民营企业	鹰潭市
65	南昌科晨电力试验研究有限公司	民营企业	南昌市
66	中铁四局集团第五工程有限公司	国有企业	九江市
67	江西亿铂电子科技有限公司	民营企业	新余市
68	捷德（中国）信息科技有限公司	民营企业	南昌市
69	天键电声股份有限公司	民营企业	赣州市
70	赣州汇明木业有限公司	民营企业	赣州市
71	江西白莲智能科技集团有限公司	民营企业	九江市
72	中国移动通信集团江西有限公司	国有企业	南昌市
73	江西自立环保科技有限公司	民营企业	抚州市
74	中船九江精密测试技术研究所	国有企业	九江市
75	江西金力永磁科技股份有限公司	民营企业	赣州市
76	江西省亚华电子材料有限公司	民营企业	九江市
77	江西昇迪科技股份有限公司	民营企业	抚州市
78	中恒建设集团有限公司	民营企业	南昌市
79	虔东稀土集团股份有限公司	民营企业	赣州市
80	赣州逸豪新材料股份有限公司	民营企业	赣州市
81	江西衡源智能装备股份有限公司	民营企业	吉安市
82	江西红板科技股份有限公司	民营企业	吉安市
83	鹰潭市众鑫成铜业有限公司	民营企业	鹰潭市

续表

排名	名称	性质	城市
84	江西优特汽车技术有限公司	民营企业	上饶市
85	中铁大桥局集团第五工程有限公司	国有企业	九江市
86	宜春宜联科技有限公司	民营企业	宜春市
87	江西星盈科技有限公司	民营企业	上饶市
88	江西荣和特种消防设备制造有限公司	民营企业	南昌市
89	江西迪比科股份有限公司	民营企业	抚州市
90	江西景旺精密电路有限公司	民营企业	吉安市
91	全南县超亚科技有限公司	民营企业	赣州市
92	江西金虎保险设备集团有限公司	民营企业	宜春市
93	江西蓝翔重工有限公司	民营企业	萍乡市
94	江西正邦科技股份有限公司	民营企业	南昌市
95	江西保太有色金属集团有限公司	民营企业	鹰潭市
96	江西高信前沿科技有限公司	民营企业	抚州市
97	江西荧光磁业有限公司	民营企业	赣州市
98	江联重工集团股份有限公司	民营企业	南昌市
99	中材江西电瓷电气有限公司	国有企业	萍乡市
100	华能秦煤瑞金发电有限责任公司	民营企业	赣州市

2018～2022年，百强企业共申请发明专利15875件，占江西省所有企业发明专利申请量的28.71%；共获得发明专利授权4012件，占江西省所有企业发明专利授权量的22.79%。截至2022年底，江西省每万人发明专利拥有量为6.93件[1]，位居全国第19位，每万人高价值发明专利拥有量2.10件[2]。而同期全国每万人发明专利拥有量达23.74件[3]，每万人高价值发明专利拥有量达9.4件，可见江西省尚未达到全国平均水平。但江西省发展势头较为迅猛，2022年全省生产总值增速为4.7%，位居全国第一。同时全省每万人发明专利拥有量从2018年的2.40件增长到2022年的6.93件，增长188.8%，全国排名前移9位。2022年江西省每万人高价值发明专利拥有量同比增长31.3%，高于全国平均水平6个百分点。这些数据可在一定程度上反映出近几年江西省综合创新能力正在加速提升。

[1] 根据江西省知识产权局数据计算，参见http：//amr.jiangxi.gov.cn/art/2023/1/16/art_22572_4334477.html。

[2] 谭红，左阳天. 江西省去年净增市场主体超80万户［EB/OL］.（2023-02-20）［2023-09-25］. https：//xxrb.jxnews.com.cn/system/2023/02/20/019952524.shtml.

[3] 根据国家知识产权局专利数据和国家统计局人口数据计算。

（一）行业分布

对百强企业行业类别进行统计，如图 2－1 所示，共计 27 个行业类别。其中计算机、通信和其他电子设备制造业有 21 家企业入选百强企业，在所列行业中排第一位。该行业入选企业主要分布在南昌市、吉安市。南昌市数量最多，有 13 家；吉安市有 3 家，赣州市和九江市各有 2 家，新余市有 1 家（参见表 2－2）。

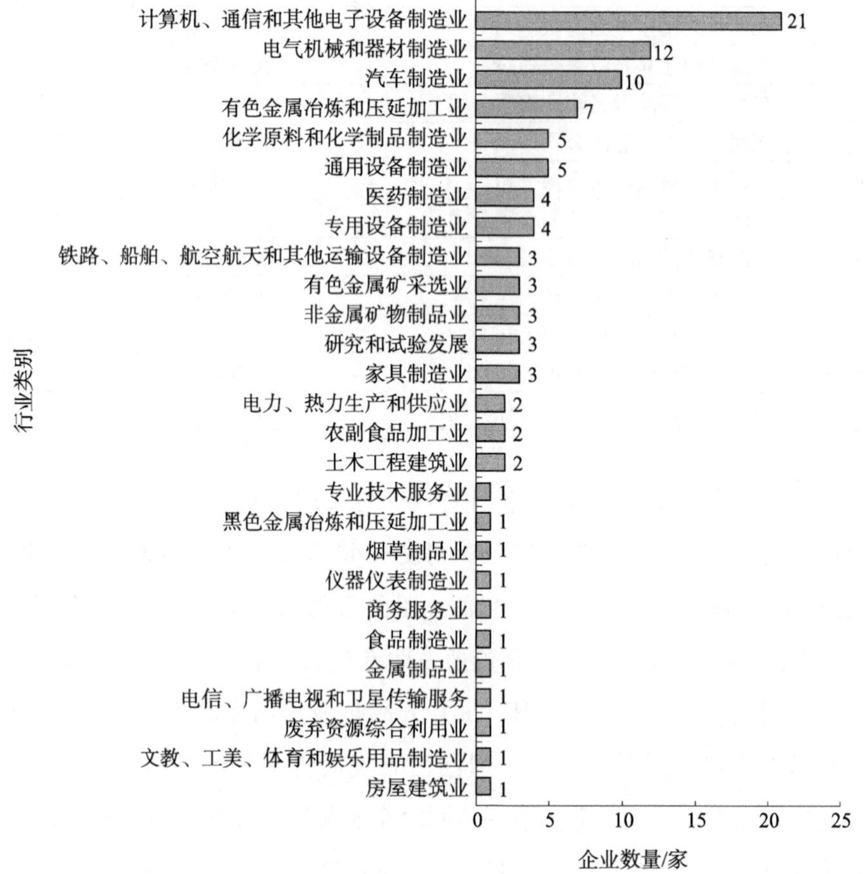

图 2－1　百强企业行业类别

表 2－2　计算机、通信和其他电子设备制造业百强企业区域分布

区域	企业名称
南昌市（13 家）	南昌欧菲光电技术有限公司
	联创电子科技股份有限公司
	江西欧迈斯微电子有限公司
	江西欧菲光学有限公司
	江西展耀微电子有限公司

续表

区域	企业名称
南昌市（13家）	晶能光电（江西）有限公司
	江西晶浩光学有限公司
	南昌黑鲨科技有限公司
	南昌努比亚技术有限公司
	江西联创光电科技股份有限公司
	江西兆驰半导体有限公司
	江西联创宏声电子股份有限公司
	捷德（中国）信息科技有限公司
吉安市（3家）	江西合力泰科技有限公司
	江西红板科技股份有限公司
	江西景旺精密电路有限公司
赣州市（2家）	天键电声股份有限公司
	赣州逸豪新材料股份有限公司
九江市（2家）	九江德福科技股份有限公司
	江西省亚华电子材料有限公司
新余市（1家）	江西沃格光电股份有限公司

电气机械和器材制造业有12家企业入选百强企业，在所列行业中排第二位。该行业入选企业主要分布在上饶市、抚州市和赣州市。上饶市数量最多，有3家；抚州市和赣州市各有2家，南昌市、新余市、九江市、鹰潭市和萍乡市各有1家（参见表2－3）。

表2－3　电气机械和器材制造业百强企业区域分布

区域	企业名称
上饶市（3家）	晶科能源股份有限公司
	江西安驰新能源科技有限公司
	江西星盈科技有限公司
抚州市（2家）	江西明正变电设备有限公司
	江西迪比科股份有限公司
赣州市（2家）	孚能科技（赣州）股份有限公司
	全南县超亚科技有限公司

续表

区域	企业名称
南昌市（1家）	泰豪科技股份有限公司
新余市（1家）	江西赣锋锂业集团股份有限公司
九江市（1家）	江西吉恩重工有限公司
鹰潭市（1家）	美智光电科技股份有限公司
萍乡市（1家）	中材江西电瓷电气有限公司

汽车制造业有10家企业入选百强企业，在所列行业中排第三位。该行业入选企业主要分布在南昌市和上饶市。南昌市有6家，上饶市有3家，景德镇市有1家（参见表2－4）。

表2－4 汽车制造业百强企业区域分布

区域	企业名称
南昌市（6家）	江铃汽车股份有限公司
	江铃汽车集团有限公司
	江铃控股有限公司
	江西五十铃汽车有限公司
	江西江铃集团新能源汽车有限公司
	麦格纳动力总成（江西）有限公司
上饶市（3家）	爱驰汽车有限公司
	汉腾汽车有限公司
	江西优特汽车技术有限公司
景德镇市（1家）	江西昌河汽车有限责任公司

有色金属冶炼和压延加工业有7家企业入选百强企业，在所列行业中排第四位。该行业入选企业主要分布于赣州市和鹰潭市。其中，赣州市有4家，鹰潭市有3家（参见表2－5）。

表2－5 有色金属冶炼和压延加工业百强企业区域分布

区域	企业名称
赣州市（4家）	大余明发矿业有限公司
	崇义章源钨业股份有限公司
	江西金力永磁科技股份有限公司
	江西荧光磁业有限公司

续表

区域	企业名称
鹰潭市（3 家）	贵溪奥泰铜业有限公司
	鹰潭市众鑫成铜业有限公司
	江西保太有色金属集团有限公司

化学原料和化学制品制造业有 5 家企业入选百强企业，在所列行业中排第五位。该行业入选企业主要分布于九江市。九江市有 2 家，南昌市、宜春市和抚州市各有 1 家（参见表 2－6）。

表 2－6　化学原料和化学制品制造业百强企业区域分布

区域	企业名称
九江市（2 家）	江西蓝星星火有机硅有限公司
	九江天赐高新材料有限公司
南昌市（1 家）	江西国泰民爆集团股份有限公司
宜春市（1 家）	江西睿达新能源科技有限公司
抚州市（1 家）	江西高信前沿科技有限公司

通用设备制造业有 5 家企业入选百强企业，在所列行业中排第六位。其中景德镇市、南昌市、新余市、吉安市、宜春市各有 1 家（参见表 2－7）。

表 2－7　通用设备制造业百强企业区域分布

区域	企业名称
景德镇市（1 家）	长虹华意压缩机股份有限公司
南昌市（1 家）	康达电梯有限公司
新余市（1 家）	江西亿铂电子科技有限公司
吉安市（1 家）	江西衡源智能装备股份有限公司
宜春市（1 家）	宜春宜联科技有限公司

其他行业还包括医药制造业，专用设备制造业，铁路、船舶、航空航天和其他运输设备制造业，有色金属矿采选业，非金属矿物制品业，研究和试验发展，家具制造业等 21 个行业。各行业百强企业区域分布情况如表 2－8 所示。

表 2-8 其他行业百强企业区域分布情况

<table>
<tr><th>行业</th><th>区域</th><th>企业名称</th></tr>
<tr><td rowspan="4">医药制造业</td><td rowspan="2">南昌市</td><td>江西济民可信集团有限公司</td></tr>
<tr><td>江中药业股份有限公司</td></tr>
<tr><td>赣州市</td><td>江西青峰药业有限公司</td></tr>
<tr><td>吉安市</td><td>江西普正制药股份有限公司</td></tr>
<tr><td rowspan="4">专用设备制造业</td><td rowspan="3">南昌市</td><td>南昌矿机集团股份有限公司</td></tr>
<tr><td>江西荣和特种消防设备制造有限公司</td></tr>
<tr><td>江联重工集团股份有限公司</td></tr>
<tr><td>萍乡市</td><td>江西蓝翔重工有限公司</td></tr>
<tr><td rowspan="3">铁路、船舶、航空航天和其他运输设备制造业</td><td rowspan="2">景德镇市</td><td>江西昌河航空工业有限公司</td></tr>
<tr><td>昌河飞机工业（集团）有限责任公司</td></tr>
<tr><td>南昌市</td><td>江西洪都航空工业集团有限责任公司</td></tr>
<tr><td rowspan="3">有色金属矿采选业</td><td rowspan="2">赣州市</td><td>信丰县包钢新利稀土有限责任公司</td></tr>
<tr><td>虔东稀土集团股份有限公司</td></tr>
<tr><td>鹰潭市</td><td>江西铜业股份有限公司</td></tr>
<tr><td rowspan="3">非金属矿物制品业</td><td rowspan="2">宜春市</td><td>江西和美陶瓷有限公司</td></tr>
<tr><td>江西唯美陶瓷有限公司</td></tr>
<tr><td>景德镇市</td><td>江西黑猫炭黑股份有限公司</td></tr>
<tr><td rowspan="3">研究和试验发展</td><td>赣州市</td><td>赣州有色冶金研究所有限公司</td></tr>
<tr><td>南昌市</td><td>南昌科晨电力试验研究有限公司</td></tr>
<tr><td>九江市</td><td>中船九江精密测试技术研究所</td></tr>
<tr><td rowspan="3">家具制造业</td><td>赣州市</td><td>赣州汇明木业有限公司</td></tr>
<tr><td>九江市</td><td>江西白莲智能科技集团有限公司</td></tr>
<tr><td>宜春市</td><td>江西金虎保险设备集团有限公司</td></tr>
<tr><td rowspan="2">电力、热力生产和供应业</td><td>南昌市</td><td>国网江西省电力有限公司</td></tr>
<tr><td>赣州市</td><td>华能秦煤瑞金发电有限责任公司</td></tr>
<tr><td rowspan="2">农副食品加工业</td><td rowspan="2">南昌市</td><td>双胞胎（集团）股份有限公司</td></tr>
<tr><td>江西正邦科技股份有限公司</td></tr>
<tr><td rowspan="2">土木工程建筑业</td><td rowspan="2">九江市</td><td>中铁四局集团第五工程有限公司</td></tr>
<tr><td>中铁大桥局集团第五工程有限公司</td></tr>
<tr><td>专业技术服务业</td><td>南昌市</td><td>中国瑞林工程技术股份有限公司</td></tr>
</table>

续表

行业	区域	企业名称
黑色金属冶炼和压延加工业	新余市	新余钢铁股份有限公司
烟草制品业	南昌市	江西中烟工业有限责任公司
仪器仪表制造业	鹰潭市	三川智慧科技股份有限公司
商务服务业	宜春市	南氏实业投资集团有限公司
食品制造业	宜春市	江西天元药业有限公司
金属制品业	宜春市	江西卓美金属制品有限公司
电信、广播电视和卫星传输服务	南昌市	中国移动通信集团江西有限公司
废弃资源综合利用业	抚州市	江西自立环保科技有限公司
文教、工美、体育和娱乐用品制造业	抚州市	江西昇迪科技股份有限公司
房屋建筑业	南昌市	中恒建设集团有限公司

（二）区域分布

从行政区划上看，江西省共设南昌、九江、景德镇、萍乡、新余、鹰潭、赣州、宜春、上饶、吉安和抚州11个设区市。截至2021年末，全省共有19个国家级开发区，其中，9个国家级高新技术产业开发区，10个国家级经济技术开发区。[1] 本书以企业注册信息为依据，划定和研究百强企业的区域分布。

根据表2－9，从区域来看，百强企业在江西省11个设区市均有分布，同时具有明显的区域聚集效应，整体呈现“一极一高多强”格局，位于南昌市和赣州市的百强企业数量远多于其他设区市。其中南昌市的百强企业数量独占鳌头，入选企业达36家。而在百强排名前十的企业中，更是有7家位于南昌市，分别为国网江西省电力有限公司、江铃汽车股份有限公司、江西洪都航空工业集团有限责任公司、南昌欧菲光电技术有限公司、江西济民可信集团有限公司、中国瑞林工程技术股份有限公司、联创电子科技股份有限公司。作为江西省省会，南昌市充分发挥“头雁”作用，党的十八大以来，深入实施创新驱动发展战略，不断

[1] 江西省统计局，国家统计局江西调查总队．江西统计年鉴2022［M］．北京：中国统计出版社，2022：334.

营造良好的双创氛围和环境，推进国家创新型城市建设、赣江两岸科创大走廊建设，加快航空科创城、中医药科创城、VR科创城等建设步伐，积极建设以“一廊、一区、三城”为引领的创新型城市。❶ 在产业方面，南昌市政府致力于构建“4+4+X”新型产业体系，即四大战略性新兴支柱产业（汽车及新能源汽车、电子信息、生物医药、航空装备）、四大特色优势传统产业（绿色食品、现代轻纺、新型材料、机电装备制造）及若干生产性服务业，产业转型升级不断迈出新步伐。❷

表2-9 百强企业的区域分布

序号	区域	企业数量/家
1	南昌市	36
2	赣州市	14
3	九江市	9
4	宜春市	8
5	上饶市	6
6	鹰潭市	6
7	吉安市	5
8	景德镇市	5
9	抚州市	5
10	新余市	4
11	萍乡市	2

赣州市有14家企业入选百强企业，数量仅在南昌之后，居第二位。赣州市是江西省人口最多、面积最大的设区市，中共江西省委、省政府赋予赣州市省域副中心城市的定位。“十四五”期间，赣州市深入推进新时代赣南苏区振兴发展、打造对接融入粤港澳大湾区桥头堡、建设省域副中心城市“三大战略”。深入实施创新驱动发展战略，构建“一核一廊多链”❸ 创新布局，建设创新型赣州。

❶ 南昌市统计局. 数说江西这十年丨南昌：踔厉笃行谱新篇 凝心聚力向未来［EB/OL］.（2022-09-26）［2023-09-25］. http://tjj.jiangxi.gov.cn/art/2022/9/26/art_72024_4157590.html.

❷ 南昌市商务局. “4+4+X”新型产业体系［EB/OL］.（2023-04-26）［2023-09-25］. http://www.nc.gov.cn/ncszf/jjcy/201905/8ea1fb6ad4f04a93927d433942d80cd3.shtml.

❸ 一核一廊多链：“一核”指中国科学院赣江创新研究院；“一廊”指围绕重点产业布局，精心打造赣州科技创新走廊；“多链”指形成多条具有较强竞争力的产业创新链。

为了进一步研究百强企业区域分布与区域产业、经济发展的关系，本书将百强企业的区域分布与所处区域的 GDP 总值进行了比较。

如图 2－2 所示，通过对比分析各设区市经济发展状况和产业布局发现，百强企业区域分布与 GDP 产值分布基本一致，较为均衡，说明江西省各设区市鼓励企业创新，充分结合区域优势构建特色产业，例如南昌航空、赣州稀有金属、抚州超算、吉安光电、鹰潭智慧、上饶大数据等。但也存在部分区域 GDP 产值高，但入选百强企业数量较少的现象。究其原因，江西省在传统产业如有色金属、石化、建材、钢铁等占比较高，经济发展较多依赖于资源环境，而以新一代信息技术产业、新材料、新能源汽车为代表的战略性新兴产业规模较小，部分产业大而不强。因此，江西必须加快推进传统产业的转型升级，利用本省资源优势，占据新兴产业链有利位置，进而培育壮大战略性新兴产业的规模，同时抓住产业数字化的发展机遇，推动实体经济和数字经济融合发展。

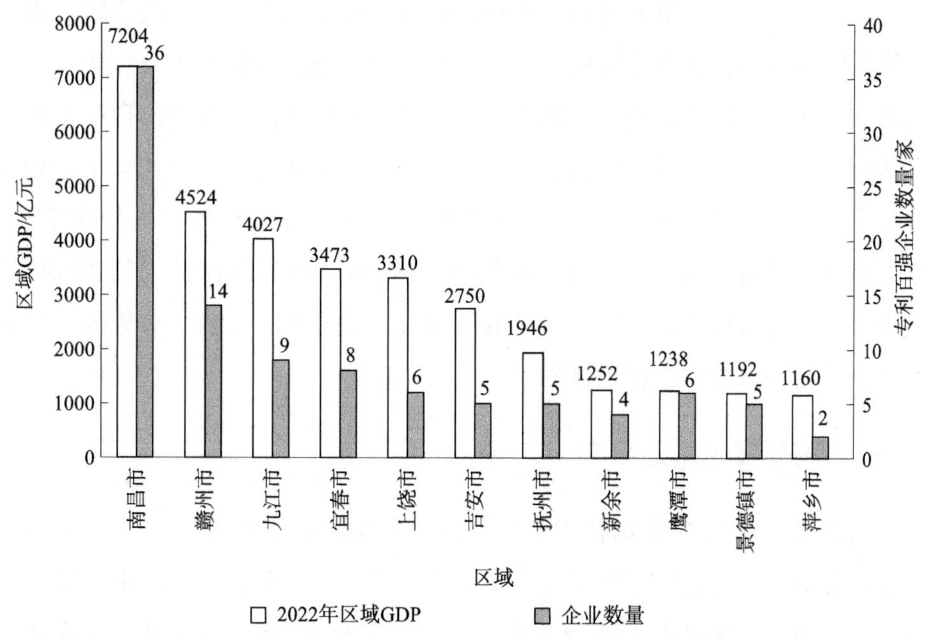

图 2－2　百强企业区域分布与 2022 年江西省各设区市 GDP 对比

（三）百强企业性质分布

在江西省百强企业中，“国有企业”包含国有独资企业和国有控股企业，对于控股比例低于 50% 的，按照国有股权的相对控制力认定。“民营企业”包含外商独资、中外合资、港澳台资等企业。

如图 2-3 所示，民营企业在江西省专利创新中起到举足轻重的作用，成为江西省创新的主要力量。从企业性质来看，在百强企业中，国有企业入选 24 家，民营企业入选 76 家，入选民营企业数量远高于国有企业数量，此外，在排名前 10 的企业中，民营企业有 5 家。根据 2022 年上半年全省工业数据❶，非公有制工业企业增加值同比增长 7.8%，对全省工业增长贡献率达 84.1%。其中，民营企业同比增长 7.7%，贡献率达 74.4%。这些数据充分表明非公有制工业在经济和创新方面贡献突出，为江西省提供了旺盛的经济活力和澎湃的创新动力。

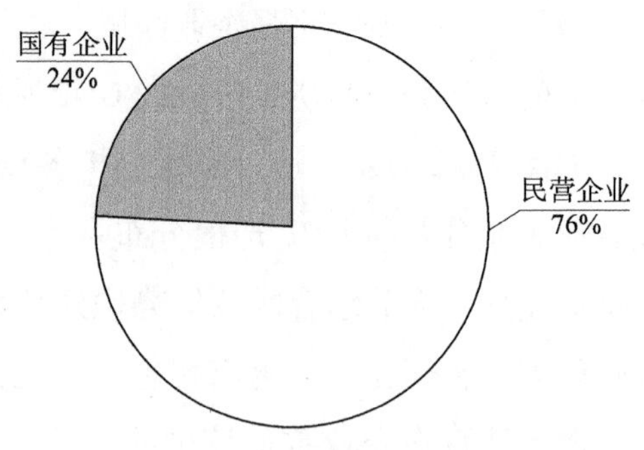

图 2-3　百强企业性质分布

当前，我国经济已由高速增长阶段转向高质量发展阶段，正处在转变发展方式、优化经济结构、转换增长动力的攻关期，民营经济将发挥重要作用。江西省正在进一步优化升级营商环境，激发民营企业创新积极性，连续出台相关政策支持民营经济发展，如《关于支持民营经济健康发展的若干意见》《关于金融支持民营经济发展的若干措施》《关于深入推进营商环境优化升级“一号改革工程”的意见》等，并且深入推进“映山红行动”，扩大“财园信贷通”“惠农信贷通”等政策融资产品的投放，破解民营企业融资难、融资贵的问题，有望进一步提高民营经济的经济活力和创新积极性。

（四）高新技术企业分布

百强企业中有 82 家高新技术企业，其中民营企业有 66 家，占比为 80.49%；国有企业有 16 家，占比为 19.51%。如表 2-10 所示，高新技术企业主要分布在南昌市（26 家）、赣州市（14 家）和九江市（7 家），该三市高新技术企业数量共计占百强企业中高新技术企业的 57.32%。

---

❶ 江西省统计局工业统计处. 解读：2022 年上半年全省工业数据［EB/OL］.（2022-07-19）［2023-09-20］. http://tjj.jiangxi.gov.cn/art/2022/7/19/art_40939_4035349.html.

表 2－10　百强企业高新技术企业区域分布

序号	区域	企业数量/家
1	南昌市	26
2	赣州市	14
3	九江市	7
4	鹰潭市	6
5	宜春市	6
6	吉安市	5
7	抚州市	5
8	新余市	4
9	景德镇市	4
10	上饶市	3
11	萍乡市	2

如表 2－11 所示，百强企业中高新技术企业共涉及 23 个国民经济行业类别。其中计算机、通信和其他电子设备制造业数量最多，为 19 家；电气机械和器材制造业次之，为 11 家；有色金属冶炼和压延加工业排第三位，为 7 家。

表 2－11　百强企业高新技术企业行业分布

序号	行业	企业数量/家
1	计算机、通信和其他电子设备制造业	19
2	电气机械和器材制造业	11
3	有色金属冶炼和压延加工业	7
4	汽车制造业	6
5	化学原料和化学制品制造业	4
6	通用设备制造业	4
7	专用设备制造业	4
8	医药制造业	3
9	有色金属矿采选业	3
10	非金属矿物制品业	3
11	研究和试验发展	3
12	铁路、船舶、航空航天和其他运输设备制造业	2
13	农副食品加工业	2

续表

序号	行业	企业数量/家
14	家具制造业	2
15	专业技术服务业	1
16	黑色金属冶炼和压延加工业	1
17	仪器仪表制造业	1
18	食品制造业	1
19	金属制品业	1
20	废弃资源综合利用业	1
21	文教、工美、体育和娱乐用品制造业	1
22	土木工程建筑业	1
23	电力、热力生产和供应业	1

二、百强企业产业分析

江西省百强企业的行业分类是按照《国民经济行业分类》（GB/T 4754—2017）标准对企业的经营类型进行确认，结合《江西省“2+6+N”产业高质量跨越式发展行动计划（2019—2023年左右）》《江西省国民经济和社会发展第十四个五年规划和二〇三五年远景目标纲要》《江西省“十四五”制造业高质量发展规划》《战略性新兴产业重点产品和服务指导目录（2016版）》《战略性新兴产业分类（2018）》等江西省和国家部委文件的产业界定与划分标准，分析百强企业在“2+6+N”产业与战略性新兴产业中的分布情况，探寻企业与产业发展之间的关系，为江西省深入实施创新驱动发展战略、推进江西省高质量跨越式发展提供支撑。

（一）江西省“2+6+N”产业分布

江西省将通过五年左右的努力，推动有色金属、电子信息2个产业主营业务收入迈上万亿级，装备制造、石化、建材、纺织、食品、汽车6个产业迈上五千亿级，航空、中医药、移动物联网、半导体照明、虚拟现实、节能环保等N个产业迈上千亿级。

根据江西省“2+6+N”产业对百强企业进行划分并分析。由于多数企业的经营业务通常涉及多个产业，而且江西省“2+6+N”相关文件中的产业之间亦有重叠关系，因此本书以企业经营业务所跨重点产业类别进行拆分统计，产业类别对应企业基数将大于100。

各产业百强企业入选数量具体分布情况如图2-4所示。

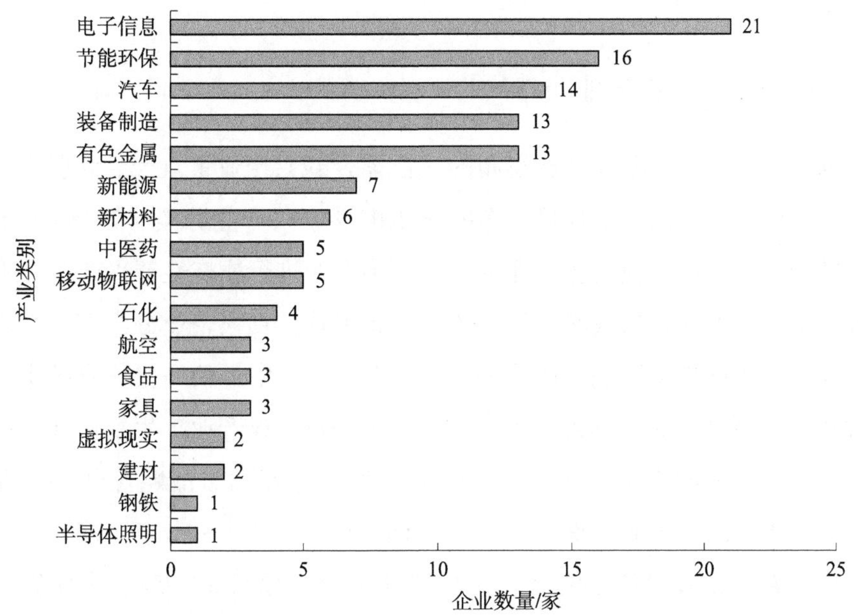

图2-4　百强企业在江西省“2+6+N”产业中的分布

百强企业经营业务主要分布于17个产业中。其中电子信息产业占主导优势，节能环保、汽车、装备制造、有色金属等产业位居前列，这些产业的创新规模大且创新能力强。节能环保相关企业业务通常涉及多个产业，包括汽车、新能源和有色金属产业。

传统产业是专利创新薄弱环节。在百强企业分布的所有产业中，11个产业属于新兴产业，只有6个是传统产业[1]，分别为有色金属、石化、食品、家具、建材和钢铁，而且涉及传统产业的企业数量仅占企业总数的21.85%，这表明传统产业的专利创新活动较少，创新能力较弱。在传统产业中，有色金属产业专利创新能力最强，相关企业通常同时涉及节能环保、新材料和新能源等产业；而石化、食品、家具、建材和钢铁产业入选企业仅有个位数；纺织服装产业更是无企

[1] 传统产业和新兴产业分类见《江西省国民经济和社会发展第十四个五年规划和二〇三五年远景目标纲要》。

业入选，是最为薄弱的环节。由于在江西省“2+6+N”产业布局中，传统产业有较大占比，因此，在做大经济总量的同时，需注重提高传统产业的发展质量和创新能力，着力推动传统产业转型升级，加快布局新兴产业，同时抓住国家大力发展数字经济的战略机遇，加快新技术、新工艺、新设备、新材料、新模式在传统产业中的转化应用。

（二）战略性新兴产业分布

根据国家发展和改革委员会发布的《战略性新兴产业重点产品和服务指导目录（2016版）》以及国家统计局发布的《战略性新兴产业分类（2018）》的统计标准，结合专创百强企业的主营业务，对百强企业进行战略性新兴产业分析。

如表2－12所示，从战略性新兴产业分布来看，百强企业分布于7个战略性新兴产业中，尚缺少数字创意产业和相关服务业。其中，新一代信息技术产业在江西省战略性新兴产业中具备规模优势，其次是新材料产业，生物产业、高端装备制造产业和新能源汽车产业居第三梯队。2022年江西省战略性新兴产业增长20.6%，占规模以上工业比重为27.1%，同比提高3.9个百分点。同时，全年电子信息产业营业收入突破万亿元，达1.03万亿元，增长23.7%；全年新能源产业营业收入4065.1亿元，增长120.3%。[1] 可以看出，战略性新兴产业在江西省产业发展中的占比正在逐步增高，产业集群效应开始显现，新动能加速释放。

表2－12　百强企业战略性新兴产业分布

战略性新兴产业	企业数量/家
新一代信息技术产业	23
新材料产业	14
生物产业	7
高端装备制造产业	7
新能源汽车产业	7
节能环保产业	5
新能源产业	3

[1] 参见“江西省2022年经济运行情况”新闻发布会。

三、百强企业单项指标分析

（一）发明专利申请量十强

发明专利申请量统计 2018 ~ 2022 年百强企业在国家知识产权局提交的发明专利申请数量。

如表 2 – 13 所示，在发明专利申请量单项排名中，国网江西省电力有限公司显著领先，排名第一位。江铃汽车股份有限公司优势明显，排名第二位。

表 2 – 13　百强企业发明专利申请量十强

单项排名	企业名称	发明专利申请量/件	综合排名
1	国网江西省电力有限公司	1594	1
2	江铃汽车股份有限公司	1220	3
3	江西洪都航空工业集团有限责任公司	765	4
4	晶科能源股份有限公司	745	2
5	江西欧迈斯微电子有限公司	585	11
6	江西欧菲光学有限公司	552	12
7	汉腾汽车有限公司	509	37
8	爱驰汽车有限公司	425	14
9	联创电子科技股份有限公司	415	8
10	南昌欧菲光电技术有限公司	399	5

除发明专利申请量外，国网江西省电力有限公司在发明专利授权量、实用新型专利授权量、战略性新兴产业发明专利申请量等排名中均列第一位，在获中国专利奖、江西省专利奖数量项目中排名前三。国网江西省电力有限公司在专利创新指数中得分最高，综合排名第一位。

国网江西省电力有限公司是国家电网有限公司的全资子公司，是以电网建设、管理、运营为核心业务的国有特大型能源供应企业。公司所属单位共 124 家，其中市级供电公司 11 家、直属单位 16 家、县级供电公司 97 家，现有用工总量 5.24 万人。[1] 在国网江西省电力有限公司的发明专利申请中，以国网江西省

[1] 参见国网江西省电力有限公司官网：http：//www. jx. sgcc. com. cn/html/main/col23/2012 – 02/24/20120224082827600327535_1. html。

电力有限公司电力科学研究院作为第一申请人的发明申请最多，有740件（占46.4%）；其次为国网江西省电力有限公司信息通信分公司，有79件（占5.0%）。

（二）发明专利授权量十强

发明专利授权量是指2018～2022年百强企业在国家知识产权局获得授权的发明专利数量。为了解百强企业近5年的发明专利授权情况，在数据样本范围内对发明专利授权量进行单项排名，如表2－14所示。

表2－14　百强企业发明专利授权量十强

单项排名	企业名称	发明专利授权量/件	综合排名
1	国网江西省电力有限公司	487	1
2	联创电子科技股份有限公司	289	8
3	江铃汽车股份有限公司	249	3
4	江西洪都航空工业集团有限责任公司	231	4
5	江西济民可信集团有限公司	166	6
6	晶科能源股份有限公司	159	2
7	爱驰汽车有限公司	152	14
8	江西欧菲光学有限公司	92	12
9	江西中烟工业有限责任公司	86	20
10	江西兆驰半导体有限公司	72	58

除国网江西省电力有限公司外，联创电子科技股份有限公司位居第2。联创电子科技股份有限公司于2006年成立，2015年成功在深交所借壳上市。该公司重点发展光学镜头及影像模组、触控显示器件等新型光学光电产业，公司产品广泛应用于智能终端、智能汽车、智慧家庭、智慧城市等领域。2017年，公司成为特斯拉镜头供应商。2020年，联创电子黄石中大尺寸触控显示屏产业化项目签约。2021年，公司车载光学业务从镜头端延伸到车载影像模组，与蔚来、比亚迪合作开发影像模组。

（三）实用新型专利授权量十强

实用新型专利授权量是指2018～2022年百强企业在国家知识产权局获得授权的实用新型专利数量。如表2－15所示，在实用新型专利授权量排名中，国网江西省电力有限公司排名第一位，江铃汽车股份有限公司排名第二位，同时十强内有 1 家关联企业入榜，为江铃汽车集团有限公司。江铃汽车股份有限公司是以商用车为核心竞争力的中国汽车行业劲旅，并拓展至运动型多功能汽车（SUV）及多功能汽车（MPV）等领域。通过对专利数据分析发现，在汽车制造领域，江铃汽车股份有限公司进行了“发明专利 + 实用新型专利”的组合布局。

表 2－15 百强企业实用新型专利授权量十强

单项排名	企业名称	实用新型专利授权量/件	综合排名
1	国网江西省电力有限公司	962	1
2	江铃汽车股份有限公司	865	3
3	晶科能源股份有限公司	829	2
4	江西合力泰科技有限公司	732	15
5	江西洪都航空工业集团有限责任公司	714	4
6	江西欧迈斯微电子有限公司	671	11
7	江铃汽车集团有限公司	537	19
8	江西五十铃汽车有限公司	512	38
9	江铃控股有限公司	497	31
10	南昌欧菲光电技术有限公司	466	5

此外，晶科能源股份有限公司和江西洪都航空工业集团有限责任公司 2 家企业也同时位列实用新型专利授权量十强和发明专利授权量十强，表明这些企业不仅注重发明专利，在实用新型专利上也展开了相关部署，具有很强的专利布局意识。

晶科能源股份有限公司在实用新型专利授权量排名中居第三位。晶科能源股份有限公司主要从事光伏组件、电池、硅片的研发、生产和销售，2020 年、2021 年分别位列全球光伏组件出货量第二、第四名。2022 年底，晶科能源股份有限公司宣布其自主研发的 182N 型高效单晶硅电池技术取得重大突破，全面积转化效率已达 26.4%。其已累计 22 次打破电池效率和组件功率世界纪录，尤其是在 N 型 TOPCon 领域的领先积累，在过去 2 年里，已经连续 7 次打破 N 型 TOPCon 电池的世界纪录。

（四）平均专利被引次数十强

平均专利被引次数是指企业平均每件专利申请（包括发明专利和实用新型专

利）被其他专利引用的次数，是从整体出发评估一个公司所申请专利的重要性和受到关注的程度。平均被引次数高说明该公司所申请专利的整体水平高，影响力大，因而该公司的技术实力也相对更强。

如表2－16所示，在平均专利被引次数方面，江西吉恩重工有限公司优势明显，稳居第一位。江西吉恩重工有限公司的被引专利中100%为他引量，且引用方基本为同行业者以及知名国网电力公司，引用方数量多且不集中，主要包括国家电网有限公司（5.26%）、贵州航天南海科技有限责任公司（1.58%）、国网河北省电力有限公司（1.05%）等，表明该公司的专利具有较大行业影响力。结合专利申请量和授权量发现，江西吉恩重工有限公司的专利申请量和授权量并不靠前，说明该公司虽然专利数量不多但整体质量较高，属于专利“少而精”的企业。类似的还有信丰县包钢新利稀土有限责任公司、宜春宜联科技有限公司、江西白莲智能科技集团有限公司，这些企业都在专利申请数量排名靠后的情况下入选平均专利被引次数前十。

表2－16　百强企业平均专利被引次数十强

单项排名	企业名称	平均专利被引次数/次	综合排名
1	江西吉恩重工有限公司	3.20	29
2	南昌努比亚技术有限公司	3.00	34
3	江西唯美陶瓷有限公司	2.27	35
3	江西和美陶瓷有限公司	2.27	23
5	爱驰汽车有限公司	1.95	14
6	信丰县包钢新利稀土有限责任公司	1.82	32
7	宜春宜联科技有限公司	1.61	86
8	中国移动通信集团江西有限公司	1.58	72
9	联创电子科技股份有限公司	1.53	8
10	江西白莲智能科技集团有限公司	1.48	71

位居第一的江西吉恩重工有限公司总投资10亿元人民币[1]，是目前世界上少数几家能够生产大长度、高等级海洋管缆的厂家之一，专业生产500千伏以下交直流光纤复合海底电缆、超高压电力电缆、脐带缆、海洋管等，同时创建计算机

[1] 参见江西吉恩重工有限公司官网：http：//www.jienzhonggong.cn/html/gongsijianjie/list_1_1.html。

模拟仿真中心，为研发制造高品质的产品提供强有力的支持。

（五）维持年限超过 10 年的发明专利数量十强

本书选取有效发明专利的维持时间为专利申请日至 2022 年 12 月。我国专利制度规定专利授权之后每年要缴纳一定金额的年费。一般来说，维持超过 10 年的发明专利（即申请日在 2013 年 1 月 1 日之前），往往涉及核心技术，具有高创新性及商业价值。维持年限超过 10 年的发明专利数量可以反映企业技术含金量和核心竞争力。

如表 2－17 所示，在维持年限超过 10 年的发明专利方面，江西青峰药业有限公司以微小优势领先，位居第一。南昌欧菲光电技术有限公司和江西济民可信集团有限公司并列第二，与江西青峰药业有限公司同处第一梯队。

表 2－17 百强企业维持年限超过 10 年的发明专利数量十强

单项排名	企业名称	维持年限超过 10 年的发明专利数量/件	综合排名
1	江西青峰药业有限公司	87	9
2	南昌欧菲光电技术有限公司	82	5
2	江西济民可信集团有限公司	82	6
4	中国瑞林工程技术股份有限公司	66	7
5	江西洪都航空工业集团有限责任公司	65	4
6	江中药业股份有限公司	51	22
7	泰豪科技股份有限公司	48	16
8	晶能光电（江西）有限公司	35	21
9	晶科能源股份有限公司	29	2
9	江西蓝星星火有机硅有限公司	29	33

江西青峰药业有限公司是一家集药品研发、生产与销售于一体的创新型医药企业集团，是中国医药工业百强企业，下辖十余家子公司。其已在上海、北京、杭州、赣州等地打造了协同高效的化学创新药平台、高价值仿制药平台、创新天然药物平台、中试转化平台及全球体量最大的 Class A 级别生物医药创新专业加速器。该公司在研新药品种近 60 个，多个创新药在美国开展临床研究。[1]

[1] 参见江西青峰药业有限公司官网：https：//www. qfyy. com. cn/col. jsp？ id＝109。

南昌欧菲光电技术有限公司是欧菲光集团股份有限公司（以下简称“欧菲光集团”）的一级控股子公司，主要业务是研发生产经营光电器件、光学零件及系统设备。

欧菲光集团是光学光电行业龙头公司，全球市场占有率约为10%，位列第5，中国市场占有率排名首位，2021年入选中国500强企业。该集团在江西省的产业和技术布局对江西省的经济增长和创新能力起到很大带动作用，例如2018年和2019年分别在南昌布局P镜片生产线和精密模具自制。❶ 旗下5家子公司入选百强企业，除南昌欧菲光电技术有限公司外，还包括江西欧迈斯微电子有限公司、江西欧菲光学有限公司、江西展耀微电子有限公司和江西晶浩光学有限公司，占计算机、通信和其他电子设备制造业企业数量的约1/4，专利创新指数综合排名均在前三十。

（六）战略性新兴产业发明专利申请量十强

战略性新兴产业是以重大技术突破和重大发展需求为基础，对经济社会全局和长远发展具有重大引领带动作用，知识技术密集、物质资源消耗少、成长潜力大、综合效益好的产业。

如表2－18所示，战略性新兴产业发明专利件数方面，排名靠前的依然是国网江西省电力有限公司、晶科能源股份有限公司、江铃汽车股份有限公司、欧菲光集团的4家子公司和联创电子科技股份有限公司等企业，说明这些企业综合创新能力靠前，并且能推动江西省经济高质量跨越式发展。从行业分布来看，其主要集中在江西省“2＋6＋N”产业中的电子信息、新能源、汽车、航空等产业。

表2－18　百强企业战略性新兴产业发明专利申请量十强

单项排名	企业名称	战略性新兴产业发明专利申请量/件	综合排名
1	国网江西省电力有限公司	1474	1
2	晶科能源股份有限公司	1262	2
3	江铃汽车股份有限公司	947	3
4	江西欧菲光学有限公司	745	12
5	江西欧迈斯微电子有限公司	634	11

❶ 太平洋证券股份有限公司．涅磐重生，砥砺前行［EB/OL］．［2023－09－25］．https：//bigdata－s3.wmcloud.com/researchreport/2021－08/697ab3cac960aa54e0c12bee892bc1ef.pdf.

续表

单项排名	企业名称	战略性新兴产业发明专利申请量/件	综合排名
6	南昌欧菲光电技术有限公司	629	5
7	联创电子科技股份有限公司	542	8
8	江西洪都航空工业集团有限责任公司	537	4
9	江西济民可信集团有限公司	472	6
10	江西展耀微电子有限公司	369	17

（七）企业海外专利布局分析

从 PCT 国际专利申请数量来看，近 5 年，江西省百强企业中有 42 家提交了 PCT 专利申请。百强企业中 PCT 专利申请数量十强企业排名情况如表 2－19 所示。

表 2－19 百强企业 PCT 专利申请数量十强

单项排名	企业名称	PCT 专利申请量/件	综合排名
1	江西欧菲光学有限公司	136	12
2	南昌欧菲光电技术有限公司	127	5
3	江西济民可信集团有限公司	75	6
4	江西欧迈斯微电子有限公司	70	11
5	联创电子科技股份有限公司	69	8
6	晶科能源股份有限公司	47	2
6	南昌黑鲨科技有限公司	47	28
8	爱驰汽车有限公司	24	14
9	江西展耀微电子有限公司	22	17
10	信丰县包钢新利稀土有限责任公司	14	32

从企业 PCT 专利申请数量来看，欧菲光集团的 4 家子公司名列前茅，海外布局意识较强，其中江西欧菲光学有限公司数量最多。这是因为欧菲光集团在全球具有较高的市场占有率，其在智能手机摄像头模组、指纹识别模组领域出货量位居前列。除此之外，排名靠前的还有江西济民可信集团有限公司和联创电子科技股份有限公司。从江西省“2＋6＋N”产业分布来看，PCT 专利申请数量较多的企业主要集中在电子信息产业，还包括中医药、新能源、汽车等产业。

"同族"指的是一项发明专利在不同国家多次申请或公开，要求相同的优先权，那么这些专利就属于同一个专利族。根据《"十四五"国家知识产权保护和运用规划》，在海外有同族专利权的发明专利属于高价值发明专利。

由表2-20可知，江西省百强企业的海外有同族的发明专利申请量整体较少，只有晶科能源股份有限公司以压倒性优势位居第1。分析晶科能源股份有限公司海外有同族的148件发明专利申请，其中有57件最初申请人为晶科能源股份有限公司及其子公司，其余91件（占总数60%）受让自其他企业或个人，其中88件来自LG电子株式会社。这说明通过结合自主研发和专利运营可以显著提高企业的高价值专利数量。

表2-20　百强企业海外有同族专利权的发明专利申请量十强

单项排名	企业名称	海外有同族专利权的发明专利申请量/件	综合排名
1	晶科能源股份有限公司	148	2
2	南昌欧菲光电技术有限公司	47	5
2	联创电子科技股份有限公司	47	8
4	江西济民可信集团有限公司	33	6
5	南昌黑鲨科技有限公司	16	28
6	江西欧迈斯微电子有限公司	13	11
7	国网江西省电力有限公司	9	1
7	江中药业股份有限公司	9	22
9	江西亿铂电子科技有限公司	6	67
9	捷德（中国）信息科技有限公司	6	68

（八）获国家科学技术进步奖和中国专利奖、江西省专利奖十强

本书统计百强企业在10年内获国家科学技术进步奖数量和2010~2022年获中国专利奖、江西省专利奖数量。国家科学技术奖是国务院为奖励在科技进步活动中作出突出贡献的公民、组织，设立的五大奖项之一。中国专利奖由国家知识产权局和世界知识产权组织共同主办，是中国唯一的专门对授予专利权的发明创造给予奖励的政府部门奖，也是中国专利领域的最高荣誉。江西省专利奖是江西省人民政府为表彰在本省行政区域内实施并具有显著经济社会效益的专利而设立

的专项奖励。

如表 2－21 和表 2－22 所示，其中，中国瑞林工程技术股份有限公司、新余钢铁股份有限公司多次获得国家科学技术进步奖和中国专利奖、江西省专利奖，在获奖方面表现最为突出。江铃汽车股份有限公司、江西青峰药业有限公司、江西铜业股份有限公司等企业，多次获得中国专利奖和江西省专利奖，获得 1 次国家科学技术进步奖，专利创新能力表现优异。此外，欧菲光集团子公司南昌欧菲光显示技术有限公司曾获第 16 届中国专利奖金奖，实现了江西省在该奖项历史上零的突破。

表 2－21　百强企业 10 年内获国家科学技术进步奖十强

单项排名	企业名称	获奖数量	综合排名
1	中国瑞林工程技术股份有限公司	3	7
1	新余钢铁股份有限公司	3	10
3	江铃汽车股份有限公司	1	3
3	江西济民可信集团有限公司	1	6
3	江西青峰药业有限公司	1	9
3	江西铜业股份有限公司	1	13
3	江铃汽车集团有限公司	1	19
3	江中药业股份有限公司	1	22
3	崇义章源钨业股份有限公司	1	36
3	双胞胎（集团）股份有限公司	1	51

表 2－22　2010～2022 年百强企业获中国专利奖、江西省专利奖十强

单项排名	企业名称	获奖数量	综合排名
1	江铃汽车股份有限公司	4	3
1	江西青峰药业有限公司	4	9
3	国网江西省电力有限公司	3	1
3	江西洪都航空工业集团有限责任公司	3	4
3	中国瑞林工程技术股份有限公司	3	7
3	新余钢铁股份有限公司	3	10
3	晶能光电（江西）有限公司	3	21
3	江西赣锋锂业集团股份有限公司	3	24
9	江西铜业股份有限公司	2	13
9	江西沃格光电股份有限公司	2	26

（九）专利运营情况

专利运营是通过对专利或专利申请进行管理，促进专利技术的应用和转化，实现专利技术价值或者效能的活动，主要包括专利转让、专利许可和专利质押三种形式。

百强企业专利转让次数十强如表 2 – 23 所示。晶科能源股份有限公司排名第一位，通过分析专利的转让人和受让人可知，该公司于 2022 年从 LG 电子株式会社受让大量发明专利，体现出其具有较强的市场化专利运营能力。

表 2 – 23　百强企业专利转让次数十强

单项排名	企业名称	专利转让次数/次	综合排名
1	晶科能源股份有限公司	743	2
2	江西展耀微电子有限公司	409	17
3	南昌欧菲光电技术有限公司	252	5
4	联创电子科技股份有限公司	248	8
5	江西晶浩光学有限公司	154	27
6	美智光电科技股份有限公司	135	30
7	江铃汽车股份有限公司	127	3
8	江西济民可信集团有限公司	107	6
9	爱驰汽车有限公司	74	14
10	江西唯美陶瓷有限公司	67	35

其他公司专利转让在集团公司内部之间进行较多，市场化运营较少。例如江西展耀微电子有限公司，其专利受让人主要为江西新菲新材料有限公司和江西卓讯微电子有限公司，这两家公司均为江西展耀微电子有限公司的投资子公司。南昌欧菲光电技术有限公司专利主要转让给江西晶浩光学科技有限公司。联创电子科技有限公司的主要专利受让人是合肥联创光学有限公司，主要专利转让人是江西联创电子有限公司，两家公司均为联创电子科技有限公司的子公司。美智光电科技股份有限公司是美的集团股份有限公司旗下子公司，其专利转让人主要为美的集团股份有限公司和美的智慧家居科技有限公司。

百强企业在专利许可方面整体数量较少，仅有 10 家企业进行过专利许可活动。在专利许可次数方面，晶科能源股份有限公司最多，许可次数为 21 次；贵溪奥泰铜业有限公司位居第二，许可次数为 10 次；江西白莲智能科技集团有限公司位居第三，许可次数为 4 次。

专利质押是拓宽融资渠道、改善创新主体发展环境、促进创新资源良性循环的有效手段。

如表 2－24 所示，在质押次数方面，大余明发矿业有限公司和九江德福科技股份有限公司位居前列。其中，大余明发矿业有限公司质押次数最多，平均专利质押次数为 1.75 次，主要质权人为大余县财政局。九江德福科技股份有限公司的主要质权人为交通银行股份有限公司九江分行和九江银行股份有限公司。但百强企业中仅有 26 家企业存在专利质押情况，大多企业专利质押次数也较少，说明专利质押还未能成为普遍的融资渠道。

表 2－24　百强企业专利质押次数十强

单项排名	企业名称	质押次数/次	综合排名
1	大余明发矿业有限公司	105	25
2	九江德福科技股份有限公司	101	18
3	江西济民可信集团有限公司	53	6
4	江西睿达新能源科技有限公司	51	56
5	江西卓美金属制品有限公司	47	61
6	信丰县包钢新利稀土有限责任公司	40	32
7	江西天元药业有限公司	36	50
8	贵溪奥泰铜业有限公司	16	64
9	江西明正变电设备有限公司	10	57
9	江西省亚华电子材料有限公司	10	76

四、企业部分结论

本章从专利创新综合能力、区域、产业、单项指标等多个维度分析江西省企业在专利创新方面的情况，对在江西省注册企业近 5 年（2018—2022 年）的专利数量、专利质量、专利运用进行评价，测算企业专利创新指数，综合排出百强企业，并根据单项指标例如发明专利授权量、专利获奖数量等排出十强企业。

江西省百强企业体现出以下特点。

1. 行业聚集特征较为明显

百强企业分布于27个行业类别，其中，计算机、通信和其他电子设备制造业企业有21家，电气机械和器材制造业企业12家，汽车制造业企业10家，有色金属冶炼和压延加工业企业7家。这4个行业有50家企业，占百强企业半数。在“2+6+N”产业中，电子信息、节能环保、汽车、装备制造、有色金属产业入选企业数量排名前五。在战略性新兴产业中，新一代信息技术产业、新材料产业入选企业最多。

2. 区域分布呈现“一极一高多强”格局

百强企业具有明显的区域聚集效应，南昌市和赣州市的百强企业数量远多于其他设区市。其中，南昌市的百强企业数量独占鳌头，入选企业达36家；排名前十的百强企业中，南昌市占7家。赣州市有14家企业入选，数量位居第二。百强企业在其他9个设区市均有分布。通过对比分析，百强企业区域分布与各设区市GDP产值分布基本一致。

3. 民营企业成为创新主要力量

从百强企业的性质来看，国有企业入选24家，民营企业入选76家；在排名前十的企业中，民营企业有5家。这表明民营企业在江西省专利创新中发挥了重要作用，成为江西省创新的主要力量，提升了江西省经济活力和创新动力。

4. 高新技术企业占比高

在百强企业中，有82家高新技术企业，主要分布在南昌市（26家）、赣州市（14家）和九江市（7家），该三市高新技术企业数量占百强企业中高新技术企业的57.32%。高新技术企业所在行业主要集中在计算机、通信和其他电子设备制造业（19家），电气机械和器材制造业（11家），有色金属冶炼和压延加工业（7家）。

5. 新兴产业专利创新能力强劲，而传统产业是薄弱环节

电子信息产业是江西省专利创新能力最强、最为活跃的产业，入选百强企业的数量最多，入选企业在专利创新综合评分、维持年限超过10年的发明专利数量、海外专利布局方面均位居前列。新能源产业以晶科能源股份有限公司为领头羊，在实用新型专利授权量、战略性新兴产业发明专利申请量、海外有同族专利权的发明专利数量、专利转让次数方面位居前列。但百强企业涉及产业中只有6

个传统产业，其中石化、食品、家具、建材和钢铁产业入选企业仅为个位数，而纺织服装产业无企业入选，是最为薄弱的环节。

6. 专利运营尚不成熟

在专利转让方面，企业专利转让在集团公司内部之间进行较多，市场化运营较少。在专利许可方面，百强企业中仅 10 家企业进行过专利许可。在专利质押方面，百强企业中仅有 26 家企业进行过专利质押，且大多企业质押次数较少，说明专利质押未能成为普遍的融资渠道。综合来看，江西省企业专利运营还不成熟，专利转让、许可和质押各方面有较大的提升空间。

第三章　江西省专利创新三十强高等院校分析

一、三十强高等院校分析

（一）三十强高等院校排名

根据第一章所述评价指标体系，本书排出江西省专利创新三十强高等院校（以下简称“三十强高等院校”），并进一步分析三十强高等院校所处区域、类型及性质等分布情况，如表3－1所示。其中，高等院校所处区域以主校区所在地为准。高等院校类型按照综合类高等院校、理工类高等院校、师范类高等院校及专业类高等院校划定，专业类高等院校则涵盖了农林类高等院校、政法类高等院校、医药类高等院校、财经类高等院校、艺术类高等院校、军事类高等院校、旅游类高等院校等。

表3－1　江西省专利创新三十强高等院校

排名	高等院校名称	所处区域	类型
1	南昌大学	南昌市	综合类
2	江西理工大学	赣州市	理工类
3	华东交通大学	南昌市	理工类
4	南昌航空大学	南昌市	理工类
5	江西农业大学	南昌市	专业类
6	景德镇陶瓷大学	景德镇市	专业类
7	东华理工大学	南昌市	理工类
8	江西中医药大学	南昌市	专业类
9	九江学院	九江市	综合类
10	江西师范大学	南昌市	师范类

续表

排名	高等院校名称	所处区域	类型
11	南昌工程学院	南昌市	理工类
12	宜春学院	宜春市	综合类
13	江西服装学院	南昌市	专业类
14	九江职业技术学院	九江市	综合类
15	江西科技学院	南昌市	综合类
16	江西科技师范大学	南昌市	师范类
17	江西应用技术职业学院	赣州市	理工类
18	江西工程学院	新余市	理工类
19	南昌工学院	南昌市	理工类
20	井冈山大学	吉安市	综合类
21	赣南师范大学	赣州市	师范类
22	赣南医学院	赣州市	专业类
23	萍乡学院	萍乡市	综合类
24	上饶师范学院	上饶市	师范类
25	江西环境工程职业学院	赣州市	专业类
26	江西现代职业技术学院	南昌市	理工类
27	吉安职业技术学院	吉安市	综合类
28	景德镇学院	景德镇市	综合类
29	新余学院	新余市	综合类
30	江西交通职业技术学院	南昌市	综合类

2018～2022年，三十强高等院校共申请发明专利16677件，占江西省所有高等院校发明专利申请量的97.24%；共获得发明专利授权5302件，占江西省所有高等院校发明专利授权量的71.71%。专利创新强势高等院校数量少，总体得分不高，说明高等院校创新能力整体不强。

（二）三十强高等院校区域分布

从行政区划上看，江西省下辖11个设区市、100个县（市、区）。随着大南昌都市圈“强核行动”启动，国家对口支援赣南等原中央苏区政策延续至2030年，2021年11个设区市地区生产总值全部突破千亿元。城市功能与品质提升三年行动胜利收官，部省共建城市体检评估机制、推进城市高质量发展示范省建设启动，南昌和景德镇入选全国首批城市更新试点城市，南昌、景德镇和赣州入选2022年全国城市体检样本城市，南昌入选全国首批15分钟便民生活圈试点地区，鹰潭入选全国首批系统化全域推进海绵城市建设示范城市，赣州和上饶分获中国十大“心仪之城”“秀美之城”。本书以高等院校主校区所在地为依据，划定和研究三十强高等院校的区域分布。

如表3－2所示，南昌市高等院校专利创新实力遥遥领先。南昌市入选三十强的高等院校共有14所，入选高等院校数量排名第一位。在三十强排名前十位的高等院校中，南昌市有7所高等院校入选，分别是南昌大学、华东交通大学、南昌航空大学、江西农业大学、东华理工大学、江西中医药大学和江西师范大学。作为江西省的省会城市，南昌市共有高等院校54所，占江西省高等院校数量超过一半，是我国中部地区高等院校数量最多的城市之一。南昌作为江西省高等教育资源最发达的地区，在高等教育方面发展较快，涌现出了以南昌大学为代表的一批高水平大学。南昌大学是江西省唯一一所被教育部列入国家“211工程”重点建设的高等院校，2017年入选国家“双一流”世界一流学科建设高等院校行列，凝聚了江西省最为丰富的教育资源和师资力量。

表3－2　三十强高等院校区域分布

排名	所在地	数量/所
1	南昌市	14
2	赣州市	5
3	九江市	2
3	吉安市	2
3	新余市	2
3	景德镇市	2
7	宜春市	1
8	上饶市	1
9	萍乡市	1

赣州市有5所高等院校入选，分别是江西理工大学、江西应用技术职业学院、赣南师范大学、赣南医学院和江西环境工程职业学院。作为江西省域副中心

城市，同时也是江西省最大的行政区，位于赣州市的高等院校规模仅次于南昌市，高等院校毕业生在赣州就业的数量占毕业生总数的比例为 26.82%，高出全省 8.37 个百分点，为赣南苏区振兴发展培养了大批人才。❶

从区域分布来看，三十强高等院校分布于江西省的 9 个设区市，其中 14 所高等院校位于南昌市，占比接近三十强高等院校的 50%。赣州市有 5 所高等院校入选，吉安市、九江市、新余市和景德镇市各有 2 所高等院校入选，上饶市、宜春市和萍乡市各仅有 1 所高等院校入选，而鹰潭市和抚州市则无高等院校入选。由此可见，三十强高等院校区域分布集中度较高。在此背景下，《江西省“十四五”教育事业发展规划》提出，优化高等教育空间布局，支持和引导新增高等教育资源向自主创新示范区、产业集聚区延伸，打造大南昌都市圈高等教育发展高地，支持赣州、吉安等赣南原中央苏区和革命老区加快高等教育发展，支持鹰潭建设本科院校。

为进一步研究江西省专利创新三十强高等院校区域分布与区域产业、经济发展的关系，本书将三十强高等院校的区域分布与所处区域的 GDP 总值进行了比较。如图 3－1 所示，通过比较发现，三十强高等院校区域分布与 GDP 产值分布存在不均衡、不对等现象，部分区域 GDP 产值高，但对应区域入选三十强的高等院校数量少。究其原因，这与我国高等院校整体的区域分布结构特点有关。研究表明，省会城市是我国各类高等院校的聚集地，❷ 充分体现出省会城市作为一省政治中心，往往具备政策优惠、经济发达、资源丰富和交通便捷等优势。然而，这一区域分布结构特点也反映出，无论是全国还是江西省，高等院校的区域分布与本地的发展战略结合情况不佳。高等教育对经济的影响是通过人才培养和技术创新两个间接途径实现的，直接表现为对 GDP 增长的贡献、劳动者素质的提高，进而提高劳动效率，增加个人收益。由此可见，区域经济的发展与高等院校的发展是相辅相成、互相促进的。因此，江西省也应通过优化高等教育空间布局，缩小江西省省会城市和地级城市之间高等教育的发展差距，为地级城市的经济发展提供助力。

---

❶ 张海香，温居林．力争赣州走在江西前列！提升赣南人民获得感和幸福感［EB/OL］．（2019－08－13）［2023－09－25］．https：//m. thepaper. cn/baijiahao_4163271.

❷ 余宏亮，孟宪云．我国高校区域分布的实证分析及对策建议［J］．国家教育行政学院学报，2013（11）：32－38.

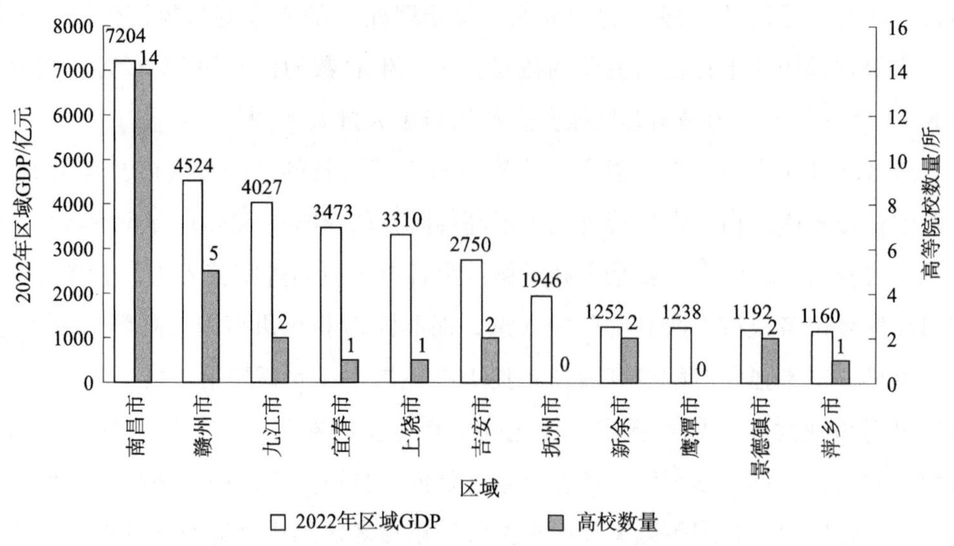

图 3－1　三十强高等院校区域分布与 2022 年区域 GDP 对比

(三) 三十强高等院校类型与性质分布

如图 3－2 所示，从类型分布来看，三十强高等院校中，综合类高等院校有 11 所入选，理工类高等院校有 9 所入选，专业类高等院校有 6 所入选，师范类高等院校有 4 所入选。即：综合类高等院校数量占三十强高等院校数量的 36.67%，理工类高等院校数量占三十强高等院校数量的 30.00%，专业类高等院校数量占三十强高等院校数量的 20.00%，师范类高等院校数量占三十强高等院校数量的 13.33%。

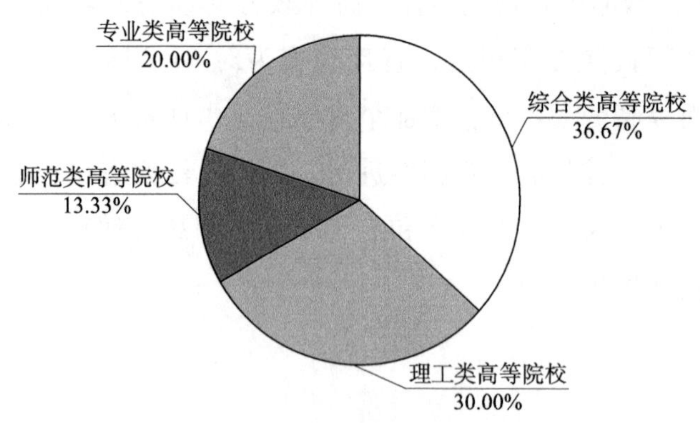

图 3－2　三十强高等院校类型分布

与区域分布相较而言，三十强高等院校类型分布并未呈现较为集中的分布情况。对此，可从以下角度加以解释。其一，近年来高等院校专业设置存在趋同趋势，综合类高等院校与师范类高等院校的专业设置往往都已涵盖人文社科与理工农医等大部分领域。其二，近年来高等院校人才评价标准也存在趋同趋势。不论是高等院校学生为顺利毕业就业奠定基础，还是高等院校教师为职称评定积累素材，申请专利都是人才评价标准中的重要指标。其三，不同类型高等院校科技创新效率确实存在差异，虽然理工类高等院校与专业类高等院校具有专利创新效率方面的优势，但综合类高等院校与师范类高等院校的创新规模也不容忽视。

二、三十强高等院校单项指标分析

（一）发明专利申请量十强

为了解三十强高等院校近 5 年的发明专利申请情况，在数据样本范围内对发明专利申请量进行单项排名，如表 3－3 所示。

表 3－3　三十强高等院校发明专利申请量十强

单项排名	高等院校名称	所处区域	综合排名
1	南昌大学	南昌市	1
2	南昌航空大学	南昌市	4
3	江西理工大学	赣州市	2
4	华东交通大学	南昌市	3
5	东华理工大学	南昌市	7
6	江西师范大学	南昌市	10
7	江西农业大学	南昌市	5
8	南昌工程学院	南昌市	11
9	江西中医药大学	南昌市	8
10	九江学院	九江市	9

如图 3－3 所示，南昌大学发明专利申请量在所有入选三十强的高等院校中以绝对优势居第一位，其发明专利授权量以微小差距居第二位；此外，该校在实用新型授权量、维持年限超过 10 年的发明专利数量、战略性新兴产业发明专利申请量、专利转让次数和获中国专利奖及江西省专利奖情况等多项指标排名中均

以显著优势居第一位。因此，南昌大学在高等院校中专利创新指数得分最高，综合排名居第一位。南昌大学的科学研究、科技创新和成果转化能力在江西省内较为突出，其依托所拥有的多个国家级和省级创新平台，取得了一批原创性、标志性、有特色的科研成果，被列入首批国家高等院校科技成果转化和技术转移基地。

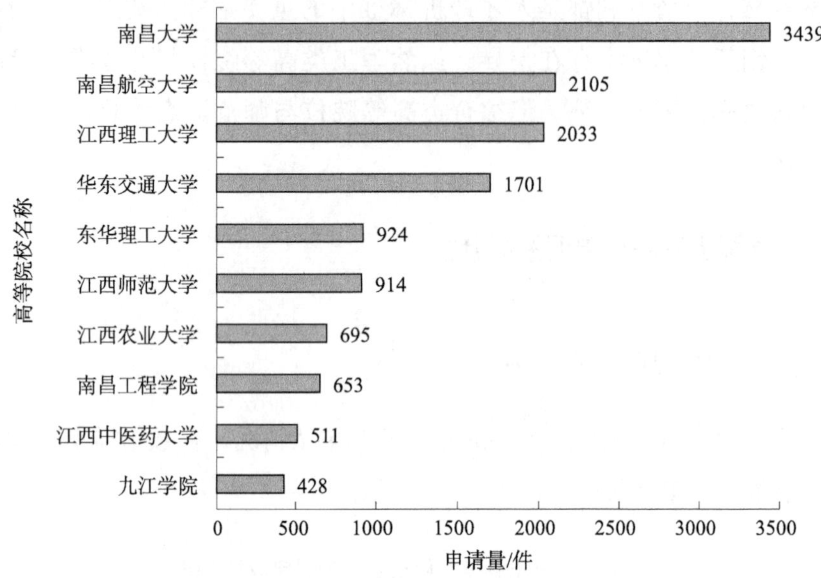

图3－3　三十强高等院校发明专利申请量十强数量对比

（二）发明专利授权量十强

为了解三十强高等院校近5年的发明专利授权情况，在数据样本范围内对发明专利授权量进行单项排名，如表3－4所示。

表3－4　三十强高等院校发明专利授权量十强

单项排名	高等院校名称	所处区域	发明专利授权量/件	综合排名
1	江西理工大学	赣州市	893	2
2	南昌大学	南昌市	890	1
3	南昌航空大学	南昌市	748	4
4	华东交通大学	南昌市	510	3
5	江西师范大学	南昌市	337	10
6	东华理工大学	南昌市	256	7
7	景德镇陶瓷大学	景德镇市	218	6

续表

单项排名	高等院校名称	所处区域	发明专利授权量/件	综合排名
8	南昌工程学院	南昌市	207	11
9	江西农业大学	南昌市	175	5
10	江西中医药大学	南昌市	154	8

发明专利授权量在所有入选高等院校中居第一位的江西理工大学，综合排名位列第二。在所有入选高等院校中，该校的平均专利被引次数、PCT 国际专利申请数量和海外有同族专利权的发明专利数量也均居第一位。该校创办于 1958 年，多年来积极服务于我国有色金属工业和钢铁工业，现已构建矿业工程、冶金工程、材料工程、机电一体化、信息技术等一批强势学科，形成了稀土、铜、钨、锂资源综合开发与利用四大特色和优势，是我国有色金属工业和钢铁工业重要的科研基地。

（三）实用新型专利授权量十强

如表 3－5 所示，三十强高等院校实用新型专利授权量排名居第二位的是华东交通大学，其在发明专利授权量排名中居第四位，由此可见其在发明专利和实用新型专利领域均有良好布局。该校综合排名位列第三，是一所以交通为特色、以轨道为核心、多学科协调发展的教学研究型大学，是中国国家铁路集团有限公司、国家铁路局与江西省人民政府共建高等院校。该校建有轨道交通技术创新中心，充分凸显其“交通特色，轨道核心”的办学定位，助力轨道交通行业科技进步，服务区域经济社会发展，着力打造建设轨道交通技术领域国内一流的教学科研共享平台。

表 3－5　三十强高等院校实用新型专利授权量十强

单项排名	高等院校名称	所处区域	实用新型专利授权量/件	综合排名
1	南昌大学	南昌市	2823	1
2	华东交通大学	南昌市	1722	3
3	东华理工大学	南昌市	1396	7
4	江西服装学院	南昌市	1247	13
5	九江学院	九江市	1140	9
6	宜春学院	宜春市	951	12

续表

单项排名	高等院校名称	所处区域	实用新型专利授权量/件	综合排名
7	江西科技学院	南昌市	907	15
8	南昌航空大学	南昌市	812	4
9	江西工程学院	新余市	778	18
10	南昌工学院	南昌市	666	19

三十强高等院校实用新型专利授权量排名居第三位的东华理工大学，其在发明专利授权量排名中居第六位，由此可见其在发明专利和实用新型专利领域也是均有布局。该校综合排名位列第七，现已构建起以核学科为特色、以地学为优势的学科专业群，建成了以核燃料循环前端和后端为优势的全链条人才培养和科学研究体系。2021 年 6 月，东华理工大学科技园被认定为国家大学科技园，这是江西省第四家国家大学科技园。

（四）平均专利被引次数十强

平均专利被引次数是指高等院校平均每件专利被引用的次数。本指标是评价专利质量的重要指标，可以反映专利的价值及其被关注的程度。

如表 3－6 所示，南昌航空大学在三十强高等院校平均专利被引次数排名中居第二位，除 PCT 国际专利申请数量和获国家科学技术进步奖情况外，其在其余指标中的排名均居前列，综合排名位列第四位。该校在航空制造、无损检测、金属污染治理等领域形成了特色鲜明的优势，为国家国防事业、航空工业和地方经济社会发展夯基垒台、聚力赋能。

表 3－6　三十强高等院校平均专利被引次数十强

单项排名	高等院校名称	所处区域	平均专利被引次数/次	综合排名
1	江西理工大学	赣州市	1.61	2
2	南昌航空大学	南昌市	1.35	4
3	景德镇陶瓷大学	景德镇市	1.18	6
4	华东交通大学	南昌市	1.10	3
5	江西科技师范大学	南昌市	1.01	16
6	江西师范大学	南昌市	0.88	10
7	南昌工程学院	南昌市	0.82	11

续表

单项排名	高等院校名称	所处区域	平均专利被引次数/次	综合排名
8	东华理工大学	南昌市	0.81	7
9	南昌大学	南昌市	0.81	1
10	萍乡学院	萍乡市	0.78	23

三十强高等院校平均专利被引次数排名居第三位的景德镇陶瓷大学，综合排名位列第六。景德镇陶瓷大学与景德镇这座城市密不可分。围绕陶瓷产业发展的关键和瓶颈，该校专门成立了景德镇陶瓷大学先进陶瓷材料研究所等三个研究所，打造方向特色，深化校地合作，加快科研成果本地应用转化，助力景德镇“做大日用陶瓷、做精艺术陶瓷、做特先进陶瓷”。

（五）维持年限超过10年的发明专利数量十强

维持专利效力需按期缴纳专利年费。对于持有大量专利的高等院校而言，专利维持成本高昂。高等院校愿意支付维持费用保证专利有效性，便反映出该专利对于高等院校具有重要意义，即从侧面反映出专利价值。

如表3－7所示，从三十强高等院校维持年限超过10年的发明专利数量来看，南昌大学位列第一，且其他学校数据与其差距较大，这反映出该校对授权发明专利的维持程度相对较高。

表3－7 三十强高等院校维持年限超过10年的发明专利数量十强

单项排名	高等院校名称	所处区域	维持年限超过10年的发明专利数量/件	综合排名
1	南昌大学	南昌市	94	1
2	南昌航空大学	南昌市	35	4
3	景德镇陶瓷大学	景德镇市	26	6
4	江西理工大学	赣州市	15	2
5	江西师范大学	南昌市	13	10
6	江西中医药大学	南昌市	10	8
7	江西农业大学	南昌市	8	5
8	华东交通大学	南昌市	6	3
9	东华理工大学	南昌市	4	7
10	上饶师范学院	上饶市	3	24

（六）战略性新兴产业发明专利申请量十强

战略性新兴产业是引领国家未来发展、提升城市核心竞争力的重要决定性力量，对我国城市形成新的竞争优势和实现跨越式发展具有重要推动作用。高等院校则是技术创新的重要主体，其创新能力水平的提升和成果价值的释放能够极大地提高国家战略科技创新能力与区域经济发展水平。

近年来，江西持续优化重大科技创新布局，全面建设创新江西，战略性新兴产业专利产出量随之攀升，展现出了科技创新的强劲势头。从表3－8中可以看出，无论是何种类型、何种性质，无论具体位于何地，江西省各大高等院校都在充分利用自身科研资源，形成了一批战略性新兴产业方向相关的专利成果，为江西省的创新型发展贡献了重要力量。

表3－8　三十强高等院校战略性新兴产业发明专利申请量十强

单项排名	高等院校名称	所处区域	战略性新兴产业发明专利申请量/件	综合排名
1	南昌大学	南昌市	2785	1
2	江西理工大学	赣州市	1705	2
3	南昌航空大学	南昌市	1692	4
4	华东交通大学	南昌市	1226	3
5	江西师范大学	南昌市	709	9
6	东华理工大学	南昌市	628	7
7	江西农业大学	南昌市	548	5
8	南昌工程学院	南昌市	508	11
9	江西中医药大学	南昌市	458	8
10	景德镇陶瓷大学	景德镇市	374	6

（七）高等院校海外专利布局分析

从PCT国际专利申请数量来看，近5年，江西省专利创新三十强高等院校中有13所提交了PCT专利申请，即数量近半的高等院校布局了海外专利，具体情况如表3－9所示。

表 3－9　三十强高等院校 PCT 专利申请数量十强

单项排名	高等院校名称	所处区域	PCT 专利申请数量/件	综合排名
1	江西理工大学	赣州市	30	2
2	南昌大学	南昌市	11	1
3	江西师范大学	南昌市	5	10
4	景德镇陶瓷大学	景德镇市	4	6
5	华东交通大学	南昌市	3	3
5	赣南师范大学	赣州市	3	21
7	江西中医药大学	南昌市	2	8
7	南昌工程学院	南昌市	2	11
7	江西应用技术职业学院	赣州市	2	17
10	江西农业大学	南昌市	1	5

从高等院校 PCT 专利申请数量来看，江西理工大学申请数量为 30 件，南昌大学申请数量为 11 件，说明这两所高等院校具有一定海外布局意识；其余高等院校申请数量均未超过 10 件，海外布局意识有待加强。从高等院校类型来看，提交了 PCT 专利申请的 13 所高等院校中，5 所为理工类高等院校，数量占比近 40%；4 所为专业类高等院校；师范类高等院校和综合类高等院校各有 2 所。

如表 3－10 所示，三十强高等院校海外有同族专利权的发明专利十强高等院校中，海外有同族的发明专利数量整体较少。排名居第一位的是江西理工大学，其海外有同族专利权的数量未超过 50 件。排名居第二位和第三位的两所高等院校海外有同族专利权的数量均未超过 30 件，排名居后 6 位的高等院校海外有同族专利权的数量则未超过 10 件。

表 3－10　三十强高等院校海外有同族专利权的发明专利十强

单项排名	高等院校名称	所处区域	海外有同族专利权的发明专利数量/件	综合排名
1	江西理工大学	赣州市	47	2
2	华东交通大学	南昌市	24	3
3	南昌航空大学	南昌市	22	4
4	南昌大学	南昌市	11	1
5	江西农业大学	南昌市	8	5

续表

单项排名	高等院校名称	所处区域	海外有同族专利权的发明专利数量/件	综合排名
6	南昌工程学院	南昌市	6	11
7	景德镇陶瓷大学	景德镇市	5	6
8	东华理工大学	南昌市	3	7
8	江西师范大学	南昌市	3	10
10	江西中医药大学	南昌市	2	8

（八）获国家科学技术进步奖和中国专利奖、江西省专利奖情况

本书统计三十强高等院校在10年内获国家科学技术进步奖数量和2010～2022年获中国专利奖、江西省专利奖数量。各奖项详细情况百强企业部分已有介绍，此处不再赘述。

如表3－11和表3－12所示，南昌大学和江西理工大学都曾获得国家科学技术进步奖和中国专利奖、江西省专利奖，江西农业大学和江西中医药大学多次获得国家科学技术进步奖，在获奖方面表现较为突出。南昌航空大学和东华理工大学曾获国家科学技术进步奖，华东交通大学和景德镇陶瓷大学曾获中国专利奖或江西省专利奖，专利创新能力优异。

表3－11　三十强高等院校10年内获国家科学技术进步奖情况

单项排名	高等院校名称	所处区域	获奖数量	综合排名
1	江西农业大学	南昌市	5	5
2	南昌大学	南昌市	3	1
2	江西理工大学	赣州市	3	2
2	江西中医药大学	南昌市	3	8
5	南昌航空大学	南昌市	1	4
5	东华理工大学	南昌市	1	7

表 3－12　2010～2022 年三十强高等院校获中国专利奖、江西省专利奖情况

单项排名	高等院校名称	所处区域	获奖数量	综合排名
1	南昌大学	南昌市	2	1
2	江西理工大学	赣州市	1	2
2	华东交通大学	南昌市	1	3
2	景德镇陶瓷大学	景德镇市	1	6

（九）专利运营情况

对高等院校专利转让、质押及许可等专利运营趋势进行剖析，能够体现其近年来校企成果转化、技术转移的发展态势，并展现其专利技术的活跃度和认可度。

如表 3－13 所示，三十强高等院校专利转让次数十强排名居第六位的是江西中医药大学，专利转让 36 次，其综合排名位列第八位。该校现在中药药剂、针灸推拿、中药炮制学等学科领域已经形成突出优势，研发的中药制药系列关键技术和设备被 100 多家企业采用。该校产学研结合办学特色鲜明，创建并发展了华润江中制药集团有限责任公司，该公司现为国家级企业技术中心。

表 3－13　三十强高等院校专利转让次数十强

单项排名	高等院校名称	所处区域	专利转让次数/次	综合排名
1	南昌大学	南昌市	152	1
1	江西理工大学	赣州市	152	2
3	东华理工大学	南昌市	76	7
4	南昌航空大学	南昌市	53	4
5	华东交通大学	南昌市	48	3
6	江西中医药大学	南昌市	36	8
7	宜春学院	宜春市	27	12
8	江西农业大学	南昌市	24	5
9	江西环境工程职业学院	赣州市	22	25
10	九江学院	九江市	20	9

三十强高等院校专利转让次数十强排名居第八位的江西农业大学，综合排名位列第五。该校是一所以农为优势、以生物技术为特色、多学科协调发展的特色

高水平农业大学，先后选育果皮光滑型脐橙、毛花猕猴桃、厚壁毛竹和高产花生等特色植物新品种20余个，在生猪精准营养、林地地力提升及林业资源高效利用等领域关键技术研发均取得突破。

除专利转让次数外，专利运营情况还包括专利许可情况和专利质押情况。三十强高等院校中，景德镇陶瓷大学专利许可2次，江西理工大学专利许可1次；华东交通大学专利质押3次，江西农业大学专利质押2次，九江学院、江西中医药大学和九江职业技术学院专利质押次数均为1次。

三、高等院校部分结论

本章从专利创新综合能力、区域、产业、单项指标等多个维度，分析江西省高等院校在专利创新方面的情况，对近5年（2018～2022年）江西省高等院校的专利数量、专利质量、专利运用进行评价，测算高等院校专利创新指数，综合排出三十强高等院校，并根据单项指标发明专利授权量、专利获奖等选出十强高等院校。

江西省三十强高等院校体现出以下特点。

1. 区域集聚特征较明显

三十强高等院校具有明显的区域集聚效应，地处南昌市的高等院校共有14所入选，数量接近三十强高等院校半数。其中，公办高等院校11所，民办高等院校3所，分别占公办高等院校总数的42.31%和民办高等院校总数的75%；理工类高等院校6所，综合类高等院校和专业类高等院校各3所，师范类高等院校2所，南昌市的理工类高等院校占江西省所有入选理工类高等院校的2/3，师范类高等院校和专业类高等院校占比均为1/2。

2. 公办高等院校占比较高

三十强高等院校中，公办高等院校有26所，民办高等院校4所。入选的公办高等院校所在区域主要为南昌市和赣州市，这两个市入选的公办高等院校数量分别为11所和5所，共占三十强高等院校中公办高等院校数量的61.54%。入选的公办高等院校类型较为平均：综合类高等院校有10所，理工类高等院校7所，专业类高等院校5所，师范类高等院校4所。江西省公办高等院校办学历史悠久，无论是在数量上还是在质量上都具有明显优势。公办高等院校是以国家或地方政府资助为主的高等学府，也是集颠覆性、前瞻性、创新性技术于一体的发展前沿阵地，现已成为服务国家和地方经济建设发展的重要力量。

3. 综合类高等院校和理工类高等院校创新活跃

三十强高等院校中，综合类高等院校入选 11 所，理工类高等院校入选 9 所，这两类高等院校数量共占三十强高等院校数量的 2/3。部分高等院校排名靠前，创新较活跃：排名第一位的南昌大学为综合类高等院校，排名第二位至第四位的江西理工大学、华东交通大学和南昌航空大学则均为理工类高等院校。迅猛发展的理工科高等教育对中国科技创新事业带来深刻影响，在科技发展事业中拥有不可替代的作用。随着高等院校创新体系的不断完善，其在科技创新领域的资源配置与使用、规模投入等方面也将进一步改进或提高。

4. 高等院校整体专利运营情况一般

三十强高等院校中，南昌大学和江西理工大学专利转让次数均为 152 次，其余高等院校专利转让次数均未超过 100 次。除专利转让外，进行过专利许可的仅有景德镇陶瓷大学和江西理工大学，专利许可次数均未超过 5 次；进行过专利质押的仅有华东交通大学、江西农业大学、九江学院、江西中医药大学和九江职业技术学院，专利质押次数同样均未超过 5 次。近些年，随着国家大力推进产学研深度融合以及深化科技体制改革，全国各地高等院校越来越重视专利运营活动。但就三十强高等院校而言，专利运营情况较为一般。

5. 高等院校海外专利布局数量较少

近 5 年，高等院校的海外专利布局数量整体偏少：三十强高等院校 PCT 专利申请量仅为 66 件，超过一半的三十强高等院校 PCT 专利申请量为 0；排名第一位的江西理工大学，PCT 专利申请量占所有三十强高等院校 PCT 专利申请量数量的 45. 45%。同时，三十强高等院校的海外有同族专利权的发明专利仅有 135 件，数量整体较少；且排名前三位的高等院校海外有同族专利权的发明专利数量为 93 件，占总数比例达 68. 89%。党的二十大报告提出，要推进高水平对外开放。在此背景下，江西高等院校对海外市场的专利布局和保护亦应予以足够的重视。

第四章　江西省专利创新二十强科研院所分析

一、二十强科研院所分析

（一）二十强科研院所排名

根据第一章所述评价指标体系，如表4－1所示，本书排出江西省专利创新二十强科研院所（以下简称“二十强科研院所”），并进一步分析二十强科研院所所处区域、单位类型及服务行业等分布情况。服务行业参照《国民经济行业分类》（GB/T 4754—2017），以科研院所实际研究领域为准，存在多个行业类别时，以科研院所主要研究领域为准，同时参考其官方网站介绍和专利所属行业领域。

表4－1　江西省专利创新二十强科研院所

排名	名称	区域	行业	单位类型
1	航空工业直升机设计研究所	景德镇市	航空航天设备制造业	央企科研机构
2	江西省科学院	南昌市	综合	省属事业单位
3	江西省农业科学院	南昌市	农业	省属事业单位
4	江西省水利科学院	南昌市	水利管理业	省属事业单位
5	江西省林业科学院	南昌市	林业	省属事业单位
6	中国科学院赣江创新研究院	赣州市	综合	中国科学院直属科研机构
7	江西省智能产业技术创新研究院	南昌市	综合	联合共建的科研机构
8	哈工大机器人（南昌）智能制造研究院	南昌市	通用设备制造业	联合共建的科研机构

续表

排名	名称	区域	行业	单位类型
9	中科数字经济研究院	上饶市	信息技术服务业	联合共建的科研机构
10	华东数字医学工程研究院	上饶市	专业公共卫生服务业	市属事业单位
11	赣南科学院	赣州市	综合	市属事业单位
12	江西省纳米技术研究院	南昌市	其他电子设备制造业	联合共建的科研机构
13	江西省水产科学研究所	南昌市	农业	省属事业单位
14	江西省红壤及种质资源研究所	南昌市	农业	省属事业单位
15	南昌智能新能源汽车研究院	南昌市	汽车制造业	联合共建的科研机构
16	江西省食品发酵研究所	宜春市	食品制造业	省属事业单位
17	江西省经济作物研究所	南昌市	农业	省属事业单位
18	江西省药品检验检测研究院	南昌市	医药制造业	省属事业单位
19	江西省养蜂研究所	南昌市	农业	省属事业单位
20	南昌市农业科学院	南昌市	农业	市属事业单位

2018～2022 年，二十强科研院所共申请发明专利 3056 件，占江西省所有科研院所发明专利申请量的 85.99%；共获得发明专利授权 944 件，占江西省所有科研院所发明专利授权量的 72.01%。专利创新强势科研院所数量少，总体得分不高，说明科研院所创新能力整体不强。

（二）二十强科研院所单位类型与区域分布

科研院所是科学研究和技术开发的重要基地，是科技创新体系的重要组成部分。地方科研院所是以应用研究和科技服务为目的的基层科技力量，为区域经济社会发展提供科技支撑。因此，虽然江西省的科研院所主要集中于南昌市，但是结合其服务行业以及单位类型（参见图 4－1）进行分析，可以看出其所从事研究主要是面向江西省整体展开的。

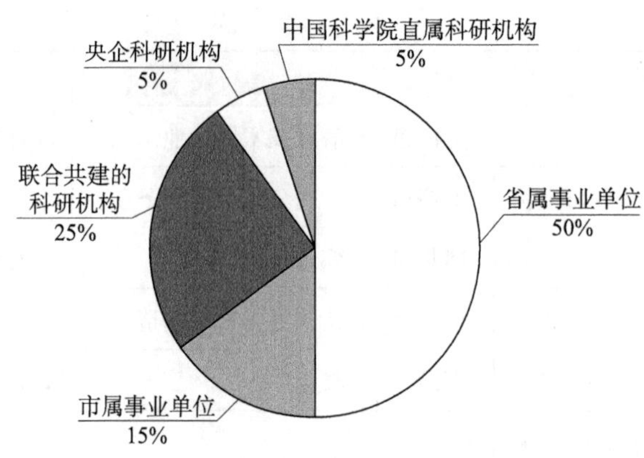

图 4－1　二十强科研院所单位类型分布

如表 4－2 所示，南昌市入选的科研院所共有 14 所，入选科研院所数量排名第一位，占江西省二十强科研院所数量的 70%。从单位类型来看，南昌市入选的 14 所科研院所中，9 所为省属事业单位，1 所为市属事业单位，4 所为南昌市政府与高等院校或其他地区科研院所共建的科研机构。从服务行业来看，作为农业大省的省会城市，南昌市科研院所服务行业相对集中于农业领域（均为事业单位），但其他各个领域也有涉猎，未显示出过度集中的情形。

表 4－2　二十强科研院所区域分布

序号	科研院所所处区域	科研院所数量
1	南昌市	14
2	赣州市	2
3	上饶市	2
4	宜春市	1
5	景德镇市	1

同时，各个地市也根据自身需求，通过与本地区主导产业相关的科研院所共建科研机构，服务于本地区经济社会发展。例如，排名第六位的中国科学院赣江创新研究院位于赣州市，是由中国科学院与江西省人民政府共同出资创建的，面向关键金属资源领域的国家和产业发展重大需求，构建全链条创新体系，建成集创新研究、人才培养、重大应用为一体的新型研发机构，实现关键金属资源产业绿色发展和高端应用方面的提升跨越，发挥国立科研机构的骨干与引领作用。

二、二十强科研院所单项指标分析

（一）发明专利申请量五强

为了解二十强科研院所近5年的发明专利申请情况，在数据样本范围内对二十强科研院所发明专利申请量进行单项排名，如表4－3所示。

表4－3　二十强科研院所发明专利申请量五强

单项排名	科研院所名称	所处区域	发明专利申请量/件	综合排名
1	航空工业直升机设计研究所	景德镇市	890	1
2	江西省科学院	南昌市	616	2
3	江西省农业科学院	南昌市	559	3
4	中国科学院赣江创新研究院	赣州市	140	6
5	江西省水利科学院	南昌市	107	4

发明专利申请量居第一位的航空工业直升机设计研究所拥有890件发明专利申请。其发明专利授权量、战略性新兴产业发明专利申请量和PCT专利申请数量也居第一位，综合排名在所有入选科研院所中位列第一。该所创建于1969年，是我国唯一以直升机技术研究和直升机型号研制为使命的大型综合性军工科研院所，现已形成军机、民机、无人机三大产品系列，拥有较为完善的轻、中、大型国产直升机型号谱系和“装备一代、研制一代、预研一代、探索一代”的研发格局，被誉为“中国直升机的摇篮”。

（二）发明专利授权量五强

为了解二十强科研院所近5年的发明专利授权情况，在数据样本范围内对二十强科研院所发明专利授权量进行单项排名，如表4－4所示。

表4－4　二十强科研院所发明专利授权量五强

单项排名	科研院所名称	所处区域	发明专利授权量/件	综合排名
1	航空工业直升机设计研究所	景德镇市	369	1
2	江西省科学院	南昌市	208	2
3	江西省农业科学院	南昌市	173	3
4	江西省药品检验检测研究院	南昌市	32	18
5	江西省林业科学院	南昌市	28	5

发明专利授权量排名居第二位的是江西省科学院，为 208 件。除获奖情况外，其在其余指标中的排名均居前五位，综合排名位列第二位。该院创建于 1958 年，时为中国科学院江西分院。因历史原因，1964 年被撤销，1979 年重新组建江西省科学院，成为直属于江西省人民政府唯一的综合型自然科学研究开发机构。截至 2023 年 10 月，全院在职职工 500 余人，其中博士 200 余人；“赣鄱英才 555 工程”人选、享受国务院政府特殊津贴人才、省“新世纪百千万工程人才”、省“跨世纪学科带头人”等领军人才 30 余人。该院拥有多个国家级平台、省级重点实验室（工程技术研究中心）和 1 个省级（重点）科技智库。

（三）实用新型专利授权量五强

如表 4 –5 所示，二十强科研院所实用新型专利授权量居第一位的是江西省农业科学院，为 195 件。其在发明专利授权量排名中居第三位，由此可见其在发明专利和实用新型专利领域均有良好布局。该院综合排名位列第三，是省政府直属的正厅级科研事业单位，前身为成立于 1934 年的江西省农业院，是全国较早设立的科研、教育、推广三位一体的省级农业科研机构。该院现有中国工程院院士 1 名、兼职院士 2 名；现有国家及省部级创新平台 30 个，其中国家级创新平台 6 个。

表 4 –5　二十强科研院所实用新型专利授权量五强

单项排名	科研院所名称	所处区域	实用新型专利授权量/件	综合排名
1	江西省农业科学院	南昌市	195	3
2	江西省水利科学院	南昌市	187	4
3	江西省科学院	南昌市	156	2
4	航空工业直升机设计研究所	景德镇市	128	1
5	赣南科学院	赣州市	110	11

（四）平均专利被引次数五强

如表 4 –6 所示，二十强科研院所平均专利被引次数排名第一位的是中科数字经济研究院，其平均专利被引次数为 2. 58 次，综合排名位列第九；排名第二位的是江西省纳米技术研究院，其平均专利被引次数为 1. 29 次，综合排名位列第 12；排名第五位的是江西省食品发酵研究所，其平均专利被引次数为 1. 01 次，综合排名位列第16。三者均在其他指标排名相对靠后的情况下专利转让次数排名居前五位，专利质量较为突出。

表4-6 二十强科研院所平均专利被引次数五强

单项排名	科研院所名称	所处区域	平均专利被引次数/次	综合排名
1	中科数字经济研究院	上饶市	2.58	9
2	江西省纳米技术研究院	南昌市	1.29	12
3	航空工业直升机设计研究所	景德镇市	1.20	1
4	江西省科学院	南昌市	1.16	2
5	江西省食品发酵研究所	宜春市	1.01	16

2017年，上饶高铁经济试验区获批江西省大数据产业基地，成为江西省唯一的省级大数据产业基地。为培育大数据生态环境，支撑大数据产业发展，在上饶市人民政府和中国科学院云计算产业技术创新与育成中心的共同支持下建立了中科数字经济研究院，该研究院是江西省首个大数据领域的创新型研发机构。

（五）维持年限超过10年的发明专利数量五强

维持专利效力需按期缴纳专利年费。对于持有大量专利的科研院所而言，专利维持成本高昂。科研院所愿意支付维持费用保证专利有效性，便反映出该专利对于科研院所具有重要意义，即从侧面反映出专利价值。

如表4-7所示，二十强科研院所维持年限超过10年的发明专利件数排名并列第四位的江西省水利科学院有1件发明专利维持年限超过10年，其综合排名位列第四。该院隶属于江西省水利厅，由原江西省水利科学研究院和江西省水土保持科学研究院合并而来，并于2020年12月27日正式挂牌。该院现有水土保持、生态水利两个优势学科，并建设了三大科研基地、五大科研平台，致力于水利基础性、全局性、关键性问题研究与实用化技术研发。

表4-7 二十强科研院所维持年限超过10年的发明专利数量五强

单项排名	科研院所名称	所处区域	维持年限超过10年的发明专利数量/件	综合排名
1	中国科学院赣江创新研究院	赣州市	19	6
2	航空工业直升机设计研究所	景德镇市	16	1

续表

单项排名	科研院所名称	所处区域	维持年限超过10年的发明专利数量/件	综合排名
3	江西省科学院	南昌市	10	2
4	江西省农业科学院	南昌市	1	3
4	江西省水利科学院	南昌市	1	4

（六）战略性新兴产业发明专利申请量五强

科研院所是面向区域内战略性新兴产业与未来产业科技需求、开展共性关键技术研究和应用技术研究的综合性研发机构。分析科研院所的战略性新兴产业专利创新情况，对促进科研院所自身发展及带动区域创新协调发展具有重要意义。

如表4－8所示，航空工业直升机设计研究所（762件）和中国科学院赣江创新研究院（122件）在二十强科研院所战略性新兴产业发明专利申请量排名中靠前，充分显示出江西省在航空和有色金属产业领域的技术优势。江西省科学院、江西省农业科学院和江西省林业科学院入选，则反映出地方科研院所作为实施创新驱动发展战略的重要力量，聚焦江西优势产业，开展核心技术攻关，取得了一定成果。

表4－8　二十强科研院所战略性新兴产业发明专利申请量五强

单项排名	科研院所名称	所处区域	战略性新兴产业发明专利申请量/件	综合排名
1	航空工业直升机设计研究所	景德镇市	762	1
2	江西省科学院	南昌市	559	2
3	江西省农业科学院	南昌市	483	3
4	中国科学院赣江创新研究院	赣州市	122	6
5	江西省林业科学院	南昌市	91	5

（七）科研院所海外专利布局分析

从PCT国际专利申请数量来看，近5年，二十强科研院所中仅有4所提交了PCT专利申请，且数量均少于5件，整体专利海外布局意识较弱，具体情况如表4－9所示。

表 4－9　二十强科研院所 PCT 专利申请情况

单项排名	科研院所名称	所处区域	PCT 专利申请量/件	综合排名
1	航空工业直升机设计研究所	景德镇市	4	1
2	江西省农业科学院	南昌市	2	3
3	江西省科学院	南昌市	1	2
3	中国科学院赣江创新研究院	赣州市	1	6

如表 4－10 所示，从海外有同族专利权的发明专利申请数量来看，近 5 年，二十强科研院所中仅有 3 所科研院所的发明专利申请在海外有同族，且数量均未超过 10 件，数量整体较少。

表 4－10　二十强科研院所海外有同族专利权的发明专利情况

单项排名	科研院所名称	所处区域	海外有同族专利权的发明专利数量/件	综合排名
1	江西省科学院	南昌市	9	2
2	江西省农业科学院	南昌市	5	3
3	航空工业直升机设计研究所	景德镇市	1	1

（八）获国家科学技术进步奖和中国专利奖、江西省专利奖情况

本书统计二十强科研院所在 10 年内获国家科学技术进步奖数量和 2010～2022 年获中国专利奖、江西省专利奖数量，如表 4－11 和表 4－12 所示。各奖项详细情况百强企业部分已有介绍，此处不再赘述。

表 4－11　二十强科研院所 10 年内获国家科学技术进步奖情况

单项排名	科研院所名称	所处区域	获奖数量	综合排名
1	江西省农业科学院	南昌市	6	3
2	江西省林业科学院	南昌市	1	5
2	江西省红壤及种质资源研究所	南昌市	1	14

表 4－12　2010～2022 年二十强科研院所获中国专利奖、江西省专利奖情况

单项排名	科研院所名称	所处区域	获奖数量	综合排名
1	航空工业直升机设计研究所	景德镇市	1	1

其中，江西省农业科学院多次获得国家科学技术进步奖，在获奖方面表现较为突出。江西省林业科学院、江西省红壤及种质资源研究所曾获国家科学技术进步奖，航空工业直升机设计研究所曾获中国专利奖、江西省专利奖，专利创新能力优异。

（九）专利运营情况

对专利转让、质押及许可等专利运营趋势进行剖析，能够体现科研院所近年来成果转化、技术转移的发展态势，并展现其专利技术的活跃度和认可度。

如表 4－13 所示，二十强科研院所专利转让次数排名第三位的是华东数字医学工程研究院，专利转让 20 次，综合排名位列第 10 位；排名居第四位的南昌智能新能源汽车研究院，专利转让 15 次，综合排名位列第 15。二者均在其他指标排名相对靠后的情况下专利转让次数排名进入前五位，体现出较强的专利运营能力。

表 4－13　二十强科研院所专利转让次数五强

单项排名	科研院所名称	所处区域	专利转让次数/次	综合排名
1	江西省水利科学院	南昌市	34	4
2	江西省科学院	南昌市	28	2
3	华东数字医学工程研究院	上饶市	20	10
4	南昌智能新能源汽车研究院	南昌市	15	15
5	江西省农业科学院	南昌市	9	3

南昌智能新能源汽车研究院是由同济大学与南昌市人民政府共建的汽车类新型研发机构。2022 年，由该研究院牵头，联合江铃集团、华东交通大学及业内知名企业等机构，组建了江西省汽车产业科技创新联合体，推动创新资源开放共享和科技创新合作联动，支持江西省汽车产业链中节能与新能源汽车、智能网联汽车、关键零部件等技术领域的技术研发，实现汽车产业链的强链及补链。

除专利转让外，进行过专利许可的仅有江西省智能产业技术创新研究院、江西省科学院和航空工业直升机设计研究所，其专利许可次数均未超过 10 次；未有任何科研院所进行过专利质押。

三、科研院所部分结论

本章从专利创新综合能力、区域、产业、单项指标等多个维度，分析江西省科研院所在专利创新方面的情况，对近5年（2018～2022年）江西省科研院所的专利数量、专利质量、专利运用进行评价，测算科研院所专利创新指数，综合排出二十强科研院所，并根据单项指标发明专利授权量、专利获奖等选出五强科研院所。

二十强科研院所体现出以下特点。

1. 区域集聚特征较明显

二十强科研院所主要集中于南昌市，该市入选科研院所共有14所，数量占比达70%。其中，省属事业单位9所，市属事业单位1所，联合共建研发机构4所。从服务行业角度来看，各行各业均有涉猎，集中度相对较高的农业领域科研院所入选6所，综合领域2所。除南昌市外，赣州市和上饶市各有2所科研院所入选，景德镇市和宜春市各有1所科研院所入选，其余地市则无科研院所入选。

2. 事业单位和科研机构分布占比相对均衡

二十强科研院所中，事业单位有13所，科研机构有7所。入选的事业单位中，省属事业单位有10所，市属事业单位有3所。入选的科研机构中，中国科学院直属科研机构有1所，联合共建科研机构有5所，央企下属科研机构有1所。近年来，为实施创新驱动发展战略，科研院所都是结合江西省或各地市现代经济社会发展需求设置，进而开展科技创新和技术推广活动，为各行各业发展提供科技支撑和引领。

3. 科研院所服务领域广泛且较为均衡

二十强科研院所中，服务于农业领域的科研院所入选6所，提供综合服务的科研院所入选4所，服务于航空航天设备制造业、林业、其他电子设备制造业、汽车制造业、食品制造业、水利管理业、通用设备制造业、信息技术服务业、医药制造业和专业公共卫生服务业的科研院所各入选1所。在提供综合服务的科研院所中，江西省科学院现已在新材料、电子信息和新能源等技术领域具备鲜明的技术优势，中国科学院赣江创新研究院的研究领域涵盖关键金属资源绿色高效开发和高端高值利用、矿产与二次资源综合利用、矿区环境治理、新材料创制与应用等，江西省智能产业技术创新研究院重点开展智能机器人、智能制造和工业互联网领域基础研究、产品开发、成果转化与产业孵化。综上，二十强科研院所涉猎行业与江西省“2 + 6 + N”产业高度重合。

4. 科研院所整体专利成果转化情况一般

二十强科研院所中，江西省水利科学院专利转让次数为 34 次，江西省科学院专利转让次数为 28 次，华东数字医学工程研究院专利转让次数为 20 次，南昌智能新能源汽车研究院专利转让次数为 15 次，其余科研院所专利转让次数均未超过 10 次。除专利转让外，进行过专利许可的仅有江西省智能产业技术创新研究院、江西省科学院和航空工业直升机设计研究所，其专利许可次数均未超过 10 次；未有任何科研院所进行过专利质押。专利转让、专利许可和专利质押均是科技成果转化的重要形式，结合前述数据，二十强科研院所的科技成果转化情况较为一般。

第五章　江西省专利创新前十企业专利分析

一、国网江西省电力有限公司

（一）全球专利申请地域排名

如图 5 -1 所示，从采集的 2005 ~ 2022 年专利数据来看，由于在分析中考虑了同族专利的情况，国网江西省电力有限公司的专利申请量为 4184 件。这些专利申请集中在中国，有 4161 件（占比 99.45%）；少数专利申请分布于美国、世界知识产权组织和日本。这反映出该公司业务集中在中国国内。结合专利申请时间来看，该公司从 2011 年开始布局海外专利，2011 年向美国提出 2 件，向世界知识产权组织提出 1 件，海外专利申请集中在 2011 ~ 2019 年，平均每年申请 2.56 件海外专利。

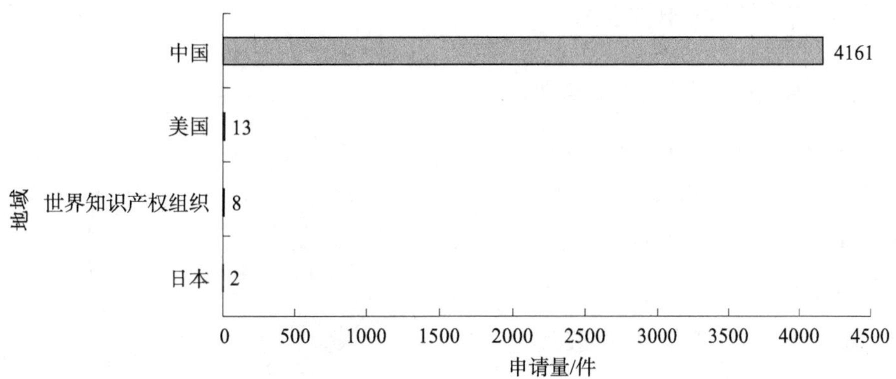

图 5 -1　国网江西省电力有限公司全球专利申请地域排名

（二）中国专利[1]申请趋势

如图 5 -2 所示，国网江西省电力有限公司自 2005 年开始在中国申请专利。

---

[1] 本书中中国专利指在中国国家知识产权局提交的专利。

2012 年之前，专利申请量增长较为平缓，平均每年专利申请量在 10 件左右。从 2014 年开始呈迅速上升趋势，4 年内达到峰值，在 2017 年最高达到 685 件，此后略有下降并呈波动状态。结合 2014 年之后专利申请类型情况，2014～2022 年该公司发明专利申请在所有专利申请中的占比呈逐年增长趋势。其中，2014～2017 年发明专利申请占比低于 50%；2019～2022 年发明专利申请占比均大于 65%，其中 2022 年达到 84.1%。据此可知，2014 年之后，国网江西省电力有限公司在专利申请的数量和质量方面均有所提升。

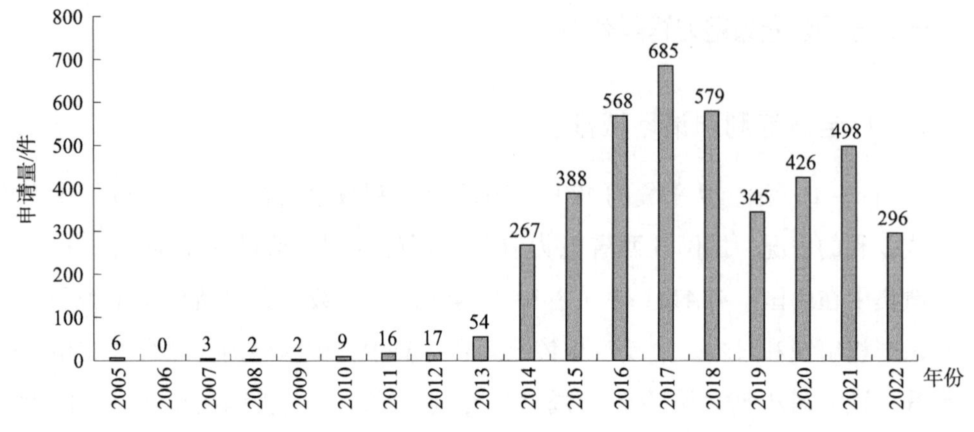

图 5－2　国网江西省电力有限公司中国专利申请趋势

（三）中国专利申请类型

根据《中华人民共和国专利法》，实用新型与发明都表现为技术方案，但两者在可专利主题、授权条件和审查程序方面存在不同，实用新型在技术的创造性上低于发明，只适用于解决一般实用技术问题。简而言之，实用新型专利制度具有“简单技术—快速授权—短期保护”的技术和法律特征。如图 5－3 所示，国网江西省电力有限公司的中国专利申请中，发明专利申请共有 2257 件，占总申请量的 54%；实用新型专利申请共有 1904 件，占总申请量的 46%。该公司超过一半的专利申请类型为发明专利，说明其具有雄厚的科技创新能力及在本领域扎实的技术实力。

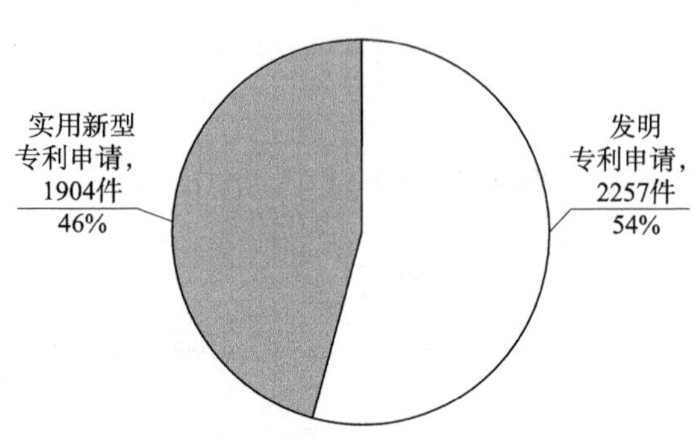

图 5－3　国网江西省电力有限公司中国专利申请类型

（四）技术构成

国际专利分类法是国际上通用的专利文献分类法。当一件专利申请涉及不同技术领域时，往往会给该专利申请赋予不同的国际专利分类号（IPC 分类号），其中该专利申请所涉及的最主要的技术分类为第一个分类，即主分类，其余为副分类。例如中国专利 CN115536067B（一种自组装钒系强疏水材料及其制备方法、涂层及其制备方法），主分类号为 C01G 31/00，副分类号有 C01G 9/02、C09D 127/16、C09D 7/61、C09D 5/18，涉及多个技术领域。只有这样才能全面表示该专利的技术内容。涉及技术领域分析部分同时包含主分类号和副分类号。由于一件专利可能会涉及若干个技术分类，拥有几个不同的专利分类号，因此按 IPC 统计出来的专利数量叠加结果会出现比检索总量高的现象。

图 5－4 列出了国网江西省电力有限公司专利申请涉及的前二十位 IPC 分类号。涉及专利申请量超过 200 件的 IPC 分类号有 2 个，分别为 G06Q 50/06 和 G06Q 10/06，其中 G06Q 50/06 专利申请量最多，达到 407 件。涉及专利申请量在 100～200 件的 IPC 分类号有 8 个，分别为 H02J 3/00、H02J 13/00、G01R 31/00、G06K 9/62、G06Q 10/04、G01R 31/08、H02G 1/02、G01R 35/04。各分类号具体含义见表 5－1。

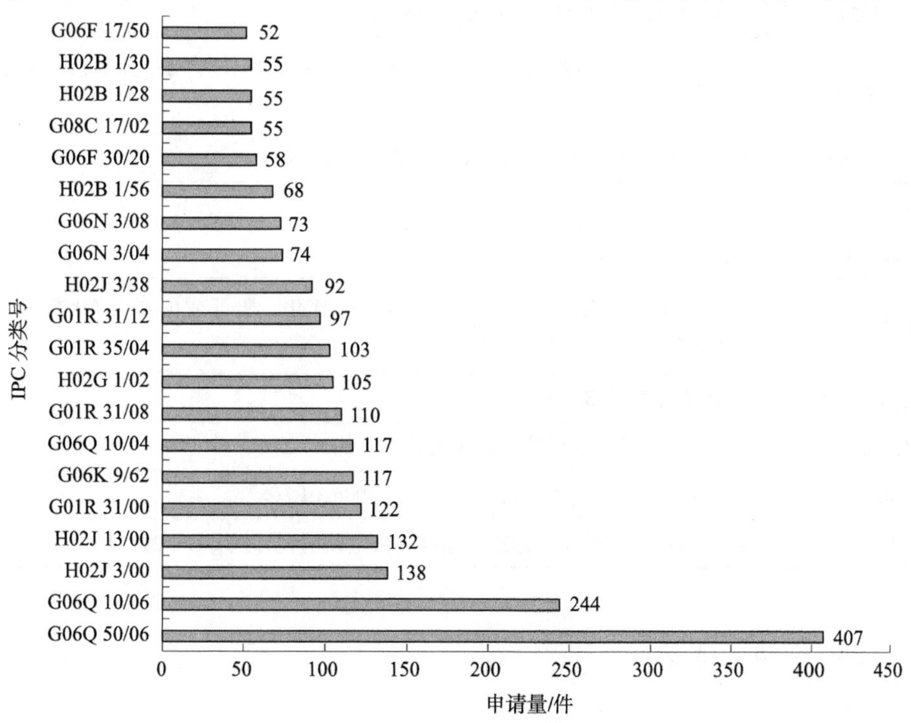

图 5－4 国网江西省电力有限公司专利申请 IPC 分类号分布前二十

表5-1 国网江西省电力有限公司专利申请涉及的前二十个IPC分类号及含义

IPC分类号	含义
G06Q 50/06	• 电力、天然气或水供应［2012.01］
G06Q 10/06	• 资源、工作流、人员或项目管理，例如组织、规划、调度或分配时间、人员或机器资源；企业规划；组织模型［2012.01］
H02J 3/00	交流干线或交流配电网络的电路装置［2006.01］
H02J 13/00	对网络情况提供远距离指示的电路装置，例如网络中每个电路保护器的开合情况的瞬时记录；对配电网络中的开关装置进行远距离控制的电路装置，例如用网络传送的脉冲编码信号接入或断开电流用户［2006.01］
G01R 31/00	电性能的测试装置；电故障的探测装置；以所进行的测试在其他位置未提供为特征的电测试装置（在制造过程中测试或测量半导体或固体器件入H01L 21/66；线路传输系统的测试入H04B 3/46）
G06K 9/62	• 应用电子设备进行识别的方法或装置［2022.01］
G06Q 10/04	• 预测或优化，例如线性规划、“旅行商问题”或“下料问题”［2012.01］
G01R 31/08	• 探测电缆、传输线或网络中的故障［2020.01］
H02G 1/02	用于架空线路或电缆的［2006.01］
G01R 35/04	• 测量功率或电流的时间积分的仪表的测试或校准［2006.01］
G01R 31/12	• 测试介电强度或击穿电压［2020.01］
H02J 3/38	• 由两个或两个以上发电机、变换器或变压器对1个网络并联馈电的装置［2006.01］
G06N 3/04	•• 体系结构，例如，互连拓扑［2006.01］
G06N 3/08	•• 学习方法［2006.01］
H02B 1/56	冷却；通风［2006.01］
G06F 30/20	• 设计优化、验证或模拟（电路设计的优化、验证或模拟入G06F 30/30）［2020.01］
G08C 17/02	• 用无线电线路［2006.01］
H02B 1/28	•• 防尘、防溅、防滴、防水或防火［2006.01］
H02B 1/30	•• 柜式外壳；它的部件或其配件［2006.01］
G06F 17/50	• 计算机辅助设计（静态存储的测试电路的设计入G11C 29/54）

（五）发明人排名

专利发明人是重要的专利信息，通过挖掘发明人信息，可以从多角度进行专利信息挖掘，例如企业的带头科技人员或研发团队的挖掘等。图 5 – 5 为国网江西省电力有限公司中国专利申请量前十位发明人排名。有 2 名发明人处于第一梯队，分别为范瑞祥、安义，其作为发明人的专利申请量分别占该公司专利申请总量的 4.64%、4.00%。前十位发明人对应的专利申请共 633 件❶，占总量的 15.21%。该公司的专利发明人较为集中，形成了特定的研发团队，范瑞祥、安义等为公司研发核心人员。

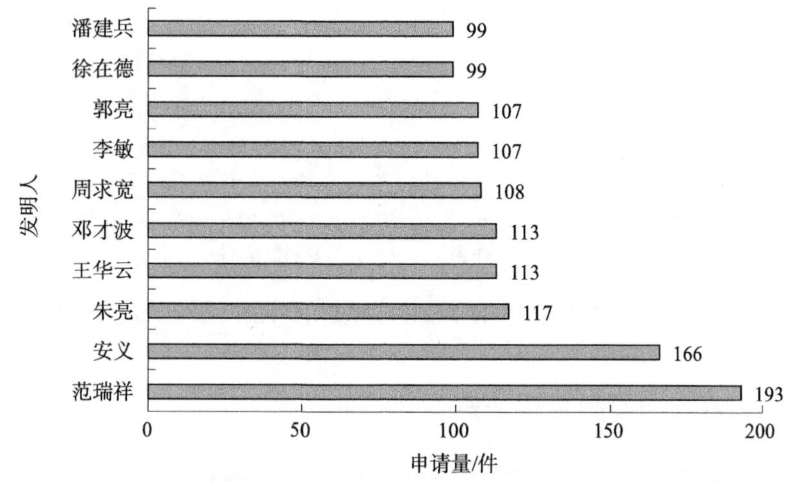

图 5 – 5　国网江西省电力有限公司中国专利主要发明人排名

（六）有效发明专利发明人统计

国网江西省电力有限公司的有效发明专利共计 797 件。在该公司的有效发明专利中，对各专利的第一发明人进行统计，可以得到如图 5 – 6 所示的结果。其中，安义作为第一发明人的专利数量最多，为 29 件；郭亮作为第一发明人的专利有 23 件；曾伟作为第一发明人的专利有 18 件；邓才波作为第一发明人的专利有 17 件；熊俊杰、熊宁等 2 位发明人分别作为第一发明人的专利数量均为 16 件；陈波作为第一发明人的专利有 13 件；其余发明人作为第一发明人的专利数量均不超过 11 件。结合发明人排名情况及有效发明专利发明人统计情况，可以明确安义和郭亮是国网江西省电力有限公司中专利申请活动较为积极的团队负责人。

❶　由于一件专利申请可能有多个发明人，多个发明人对应的专利申请总量可能不等于各发明人对应的专利申请量之和。后文此类情况不再赘述。

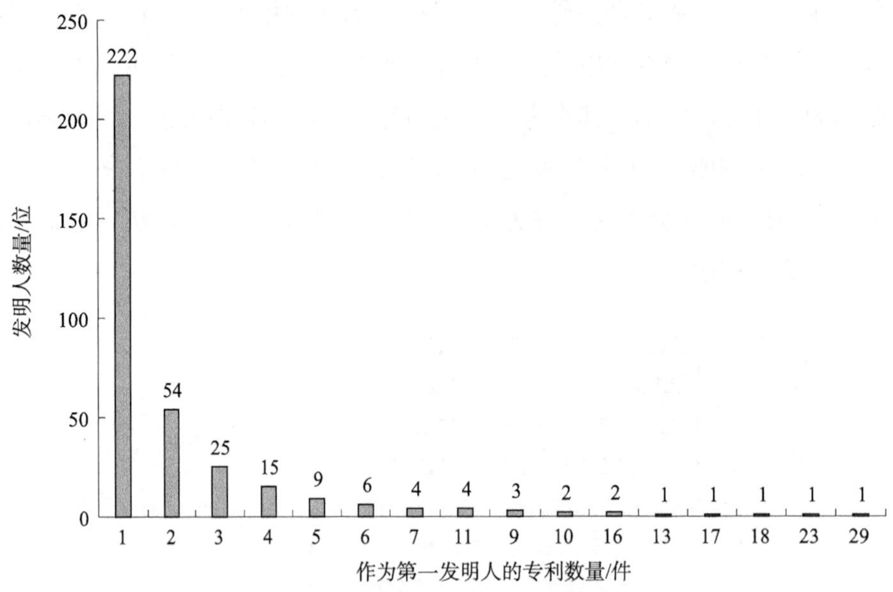

图5-6　国网江西省电力有限公司有效发明专利第一发明人统计情况

(七) 有效发明专利首权字数

首项权利要求字数（以下简称“首权字数”）是衡量专利深度和广度的一项重要指标。如图5-7所示，国网江西省电力有限公司有效发明专利中，除29件首权字数数据空缺外，首权字数分布中，1~100个字的专利只有19件，101~200个字的有187件，201~300个字的有182件，301~400个字的有129件，401~500个字的有84件，501~600个字的有60件，601~700个字的有40件，

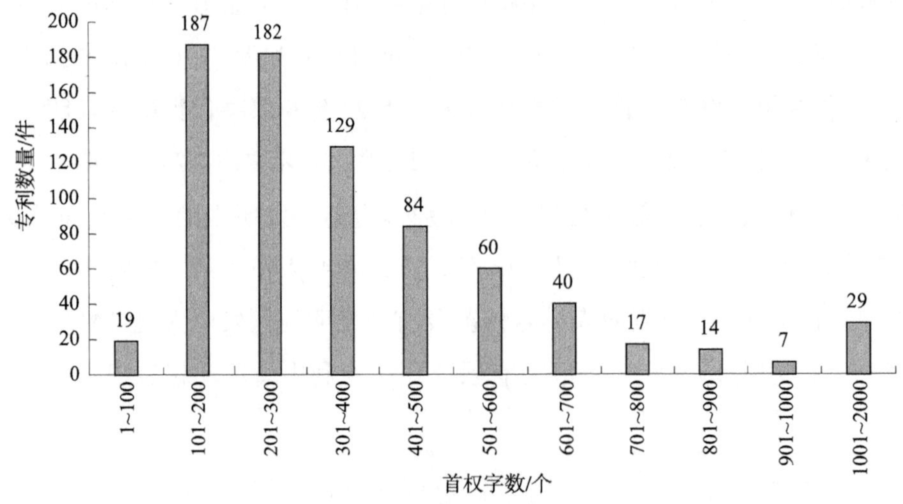

图5-7　国网江西省电力有限公司有效发明专利首权字数分布

701～800 个字的有 17 件，801～900 个字的有 14 件，901～1000 个字的有 7 件，超过 1000 个字的有 29 件。由此可见，国网江西省电力有限公司有效发明专利的首权字数集中于 100～700 个字这个区间，平均首权字数约为 389 个字。

（八）有效发明专利权利要求数量

一件专利申请的权利要求可有多项（包括独立权利要求和从属权利要求）。如图 5－8 所示，国网江西省电力有限公司有效发明专利中，权利要求数量为 1～5 个的有 249 件，权利要求数量为 6～10 个的有 517 件，权利要求数量为 11 个以上的仅有 31 件。该公司有效发明专利平均权利要求数量为 7.2 个。

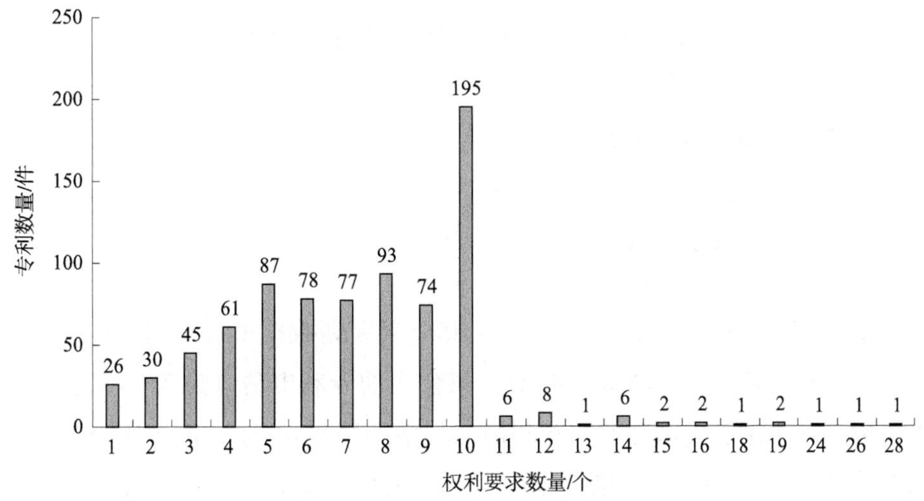

图 5－8　国网江西省电力有限公司有效发明专利权利要求数量分布

（九）有效发明专利文献页数

一件专利单行本基本包括扉页、权利要求书、说明书、附图，一般扉页占 1 页，权利要求书最少占 1 页，发明专利说明书页数最多为专利文献页数减去 2 页。如图 5－9 所示，国网江西省电力有限公司有效发明专利中，专利文献页数为 5 页以下的专利有 10 件，6～10 页的专利有 314 件，11～15 页的专利有 284 件，16～20 页的专利有 139 件，21 页以上的专利有 50 件。国网江西省电力有限公司有效发明专利文献页数集中于 6～20 页这个区间，平均专利文献页数约为 12.5 页，平均说明书页数约为 10.5 页。

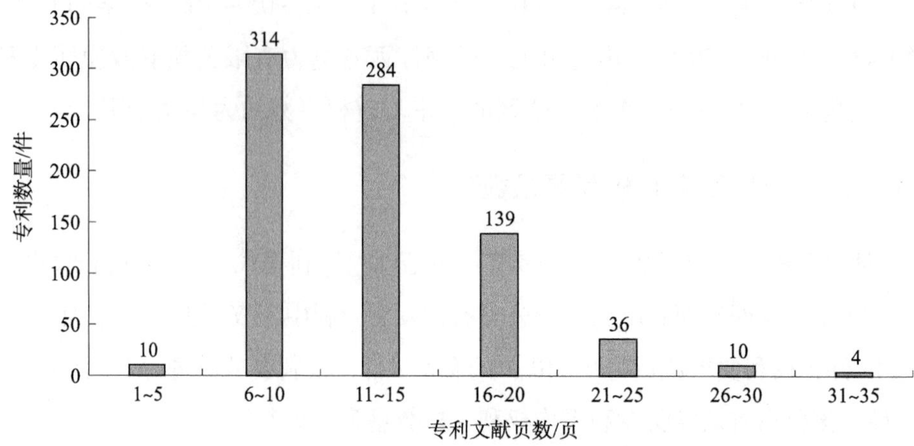

图 5－9　国网江西省电力有限公司有效发明专利文献页数分布

二、晶科能源股份有限公司

（一）全球专利申请地域排名

如图 5－10 所示，从采集的 2006～2022 年专利数据来看，由于在分析中考虑了同族专利的情况，晶科能源股份有限公司的专利申请量为 3386 件。这些专利申请集中在中国、美国和欧洲专利局，其中中国 2364 件（占比 69.82%），美国 723 件（占比 21.35%），欧洲专利局 182 件（占比 5.38%）；部分专利申请分

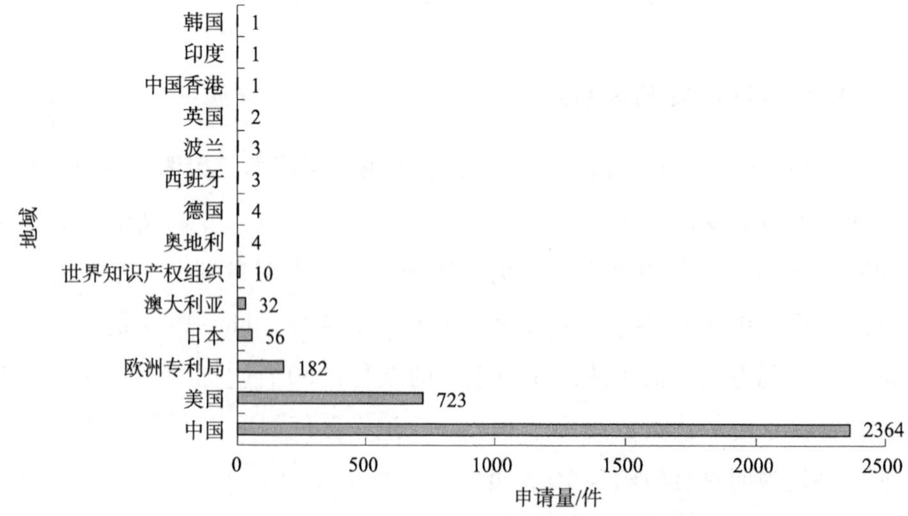

图 5－10　晶科能源股份有限公司全球专利申请地域排名

布于日本、澳大利亚、世界知识产权组织等。这反映出该公司业务集中在中国、美国和欧洲。结合专利申请时间来看，该公司从 2007 年开始向美国提出专利申请，2010 年开始向欧洲专利局提出专利申请，2019 年开始向日本提出专利申请。2007 ~ 2022 年平均每年申请 63.81 件海外专利。

（二）中国专利申请趋势

如图 5 – 11 所示，晶科能源股份有限公司自 2006 年开始在中国申请专利。2009 年之前，专利申请量较少，平均每年专利申请量在 2.5 件左右。从 2010 年开始呈稳步上升趋势，在 2018 年最高达到 333 件，此后呈波动状态。结合专利类型情况来看，2012 ~ 2022 年，该公司发明专利申请量在所有专利申请中的占比在 40% ~ 60% 波动。由此可知，2018 年以来，晶科能源股份有限公司在专利申请的数量和结构方面较为稳定和均衡。

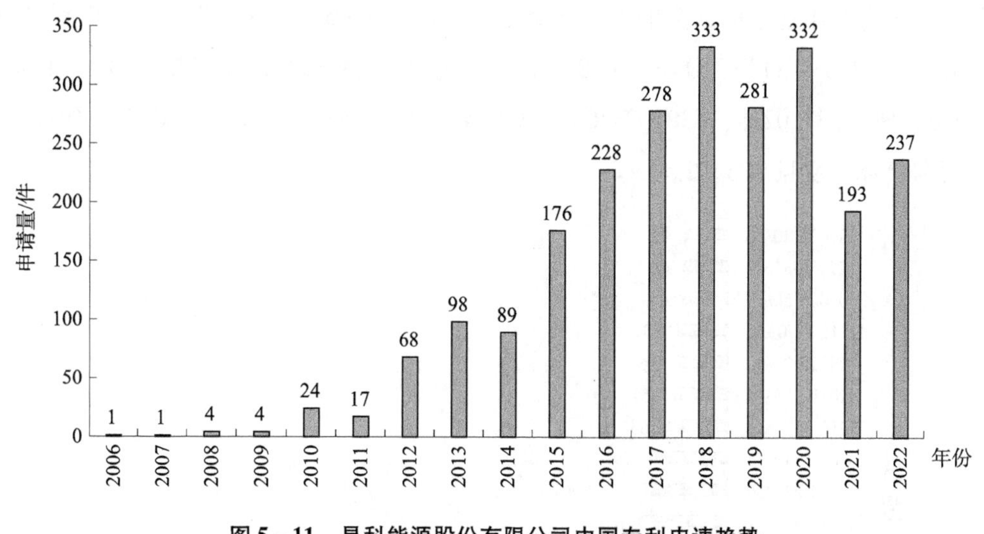

图 5 – 11　晶科能源股份有限公司中国专利申请趋势

（三）中国专利申请类型

如图 5 – 12 所示，晶科能源股份有限公司的中国专利申请中，发明专利申请共有 1134 件，占总申请量的 48%；实用新型专利申请共有 1230 件，占总申请量的 52%。该公司的发明专利申请数量略多于实用新型专利申请数量，这说明其具有雄厚的科技创新能力及在本领域扎实的技术实力。

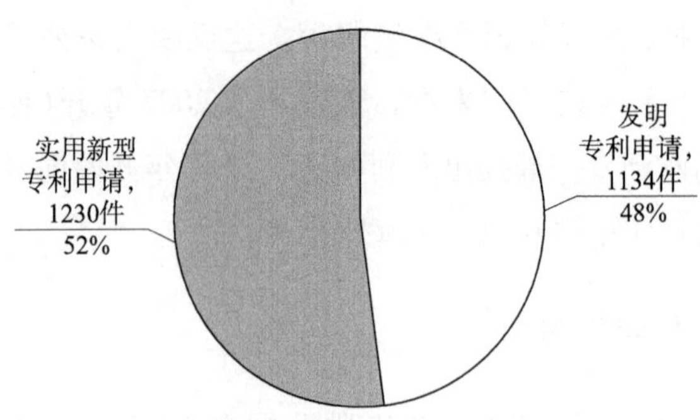

图 5-12　晶科能源股份有限公司中国专利申请类型

（四）技术构成

图 5-13 列出了晶科能源股份有限公司专利申请涉及的前二十位 IPC 分类号。涉及专利申请量超过 500 件的 IPC 分类号有 1 个，为 H01L 31/18，达到 590 件。涉及专利申请量第二多的 IPC 分类号为 C30B 29/06，达 320 件。涉及专利申请量在 100~300 件的 IPC 分类号有 8 个，分别为 H01L 31/0224、H01L 31/048、H01L 31/05、H01L 31/0216、C30B 28/06、H02S 40/34、H01L 31/068 和 H02S 30/10。各分类号具体含义见表 5-2。

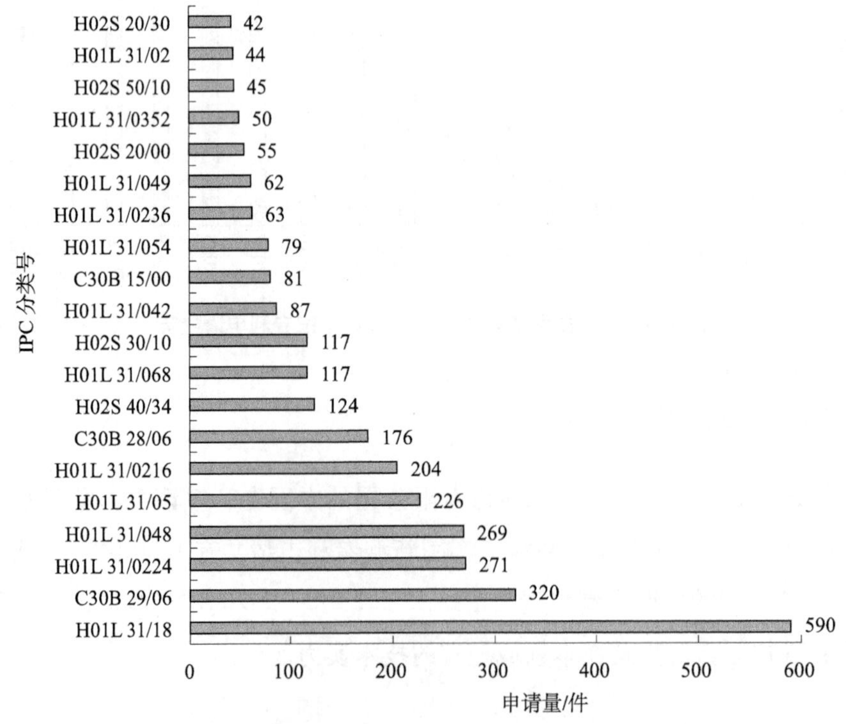

图 5-13　晶科能源股份有限公司专利申请 IPC 分类号分布前二十

表 5－2　晶科能源股份有限公司专利申请涉及的前二十个 IPC 分类号及含义

IPC 分类号	含义
H01L 31/18	• 专门适用于制造或处理这些器件或其部件的方法或设备［2006.01］
C30B 29/06	•• 硅［2006.01］
H01L 31/0224	•• 电极［2006.01］
H01L 31/048	••• 模块的封装［2014.01］
H01L 31/05	••• 光伏模块中光伏电池之间的电互连装置，例如，光伏电池的串联连接（电极入 H01L 31/0224；形成在共同衬底上的薄膜太阳能电池的电互连入 H01L 31/046；用于模块中相邻薄膜太阳能电池的电互连的特殊结构入 H01L 31/0465；专门适用于电连接两个或多个光伏模块的电互连装置入 H02S 40/36）［2014.01］
H01L 31/0216	•• 涂层（H01L 31/041 优先）［2014.01］
C30B 28/06	•• 正常凝固法或温度梯度凝固法［2006.01］
H02S 40/34	•• 包括特别适用于光伏模块结构上相关的电连接装置，如接线盒［2014.01］
H01L 31/068	••• 只是 PN 单质结型势垒的，例如体硅 PN 单质结太阳能电池或薄膜多晶硅 PN 单质结太阳能电池［2012.01］
H02S 30/10	• 框架结构［2014.01］
H01L 31/042	•• 单个光伏电池的光伏模块或者阵列（用于光伏模块的支撑结构入 H02S 20/00）［2014.01］
C30B 15/00	熔融液提拉法的单晶生长，例如 Czochralski 法（在保护流体下的入 C30B 27/00）［2006.01］
H01L 31/054	•• 与光伏电池直接联合或结合的光学元件，例如，反光装置或集光装置［2014.01］
H01L 31/0236	•• 特殊表面结构［2006.01］
H01L 31/049	•••• 保护性背板［2014.01］
H02S 20/00	光伏模块的支撑结构〔2014.01〕
H01L 31/0352	•• 以其形状或以多个半导体区域的形状、相关尺寸或配置为特征的［2006.01］
H02S 50/10	• 光伏装置的测试，如光伏模块或单个光伏电池（在制造或处理过程中的测试或测量入 H01L 21/66）［2014.01］
H01L 31/02	• 零部件［2006.01］
H02S 20/30	• 可移动或可调节的支撑结构，如角度调整［2014.01］

（五）发明人排名

图5－14为晶科能源股份有限公司中国专利申请量前十位发明人排名。其中，金浩作为发明人的专利申请量远超其他人员，为950件，占该公司中国专利申请总量的40.19%。前十位发明人对应的专利申请共1475件，占总量的62.39%。这说明该公司的专利发明人非常集中，形成了特定的研发团队，图5－14中所列发明人为公司研发核心人员。

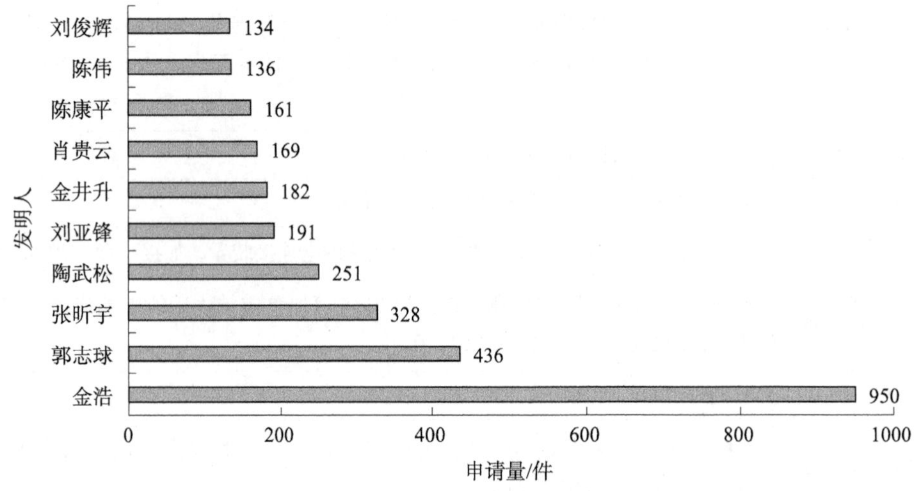

图5－14　晶科能源股份有限公司中国专利主要发明人排名

（六）有效发明专利发明人统计

晶科能源股份有限公司的有效发明专利共计339件。在该公司的有效发明专利中，对各专利的第一发明人进行统计，可以得到如图5－15所示的结果。其中，金井升作为第一发明人的专利数量最多，为11件；杨洁、于琨等2位发明人分别作为第一发明人的专利数量均为8件；欧子杨作为第一发明人的专利有7件；河廷珉、肖贵云、张大熙等3位发明人分别作为第一发明人的专利数量均为6件；其余发明人作为第一发明人的专利数量均不超过5件。结合发明人排名情况及有效发明专利发明人统计情况，可以看出金井升是晶科能源股份有限公司中专利申请活动较为积极的团队负责人。

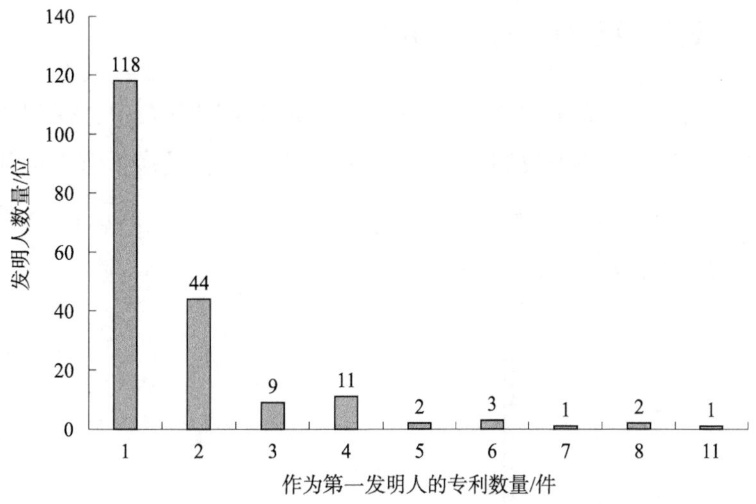

图 5-15　晶科能源股份有限公司有效发明专利第一发明人统计情况

（七）有效发明专利首权字数

如图 5-16 所示，晶科能源股份有限公司有效发明专利中除 12 件首权字数数据空缺外，首权字数分布中，1~100 个字的有 35 件，101~200 个字的有 122 件，201~300 个字的有 96 件，301~400 个字的有 52 件，401~500 个字的有 13 件，501~600 个字的有 6 件，601~700 个字的有 3 件。由此可见，晶科能源股份有限公司有效发明专利的首权字数集中于 1~400 个字这个区间，平均首权字数约为 217 个字。

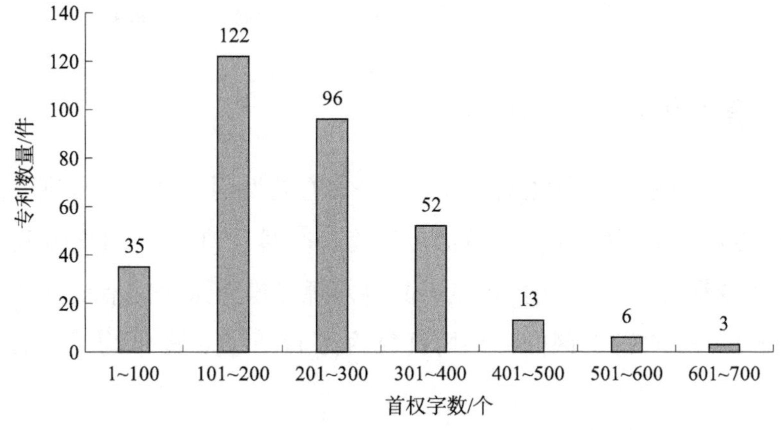

图 5-16　晶科能源股份有限公司有效发明专利首权字数分布

（八）有效发明专利权利要求数量

如图5－17所示，晶科能源股份有限公司有效发明专利中，权利要求数量为1～10个的有202件，其中权利要求数量为10个的专利最多，有114件；权利要求数量为11～20个的有112件；权利要求数量在21个以上的仅有25件。该公司有效发明专利平均权利要求数量为12.6个。

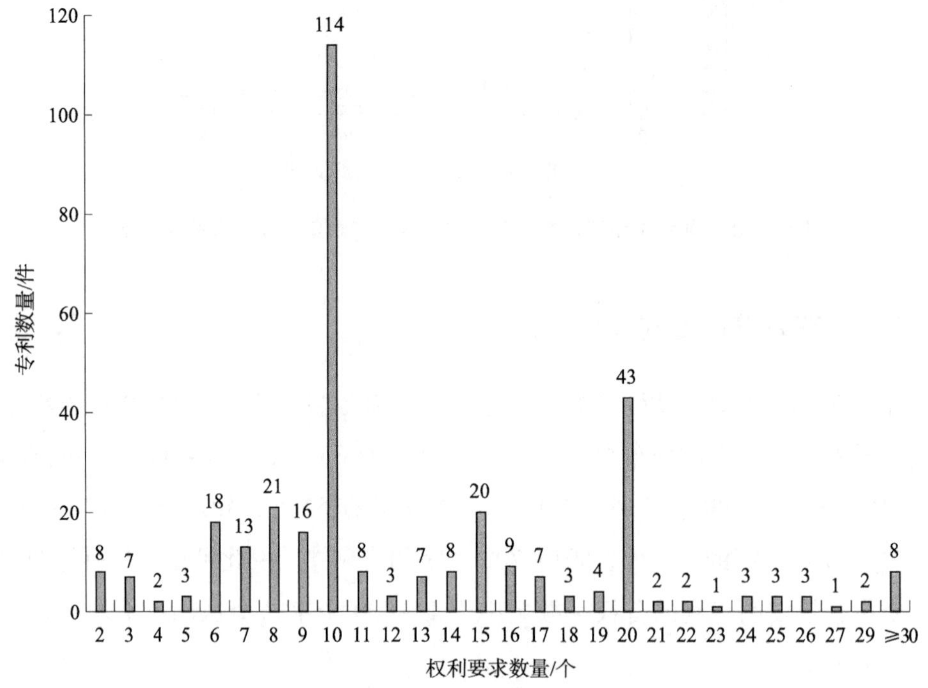

图5－17　晶科能源股份有限公司有效发明专利权利要求数量分布

（九）有效发明专利文献页数

如图5－18所示，晶科能源股份有限公司有效发明专利中，专利文献页数为5页以下的专利有10件，6～20页的专利有245件，21～30页的专利有47件，31页以上的专利有37件。由此可见，晶科能源股份有限公司有效发明专利文献页数集中于6～30页这个区间，平均页数约为17.5页，即平均说明书页数约为15.5页。

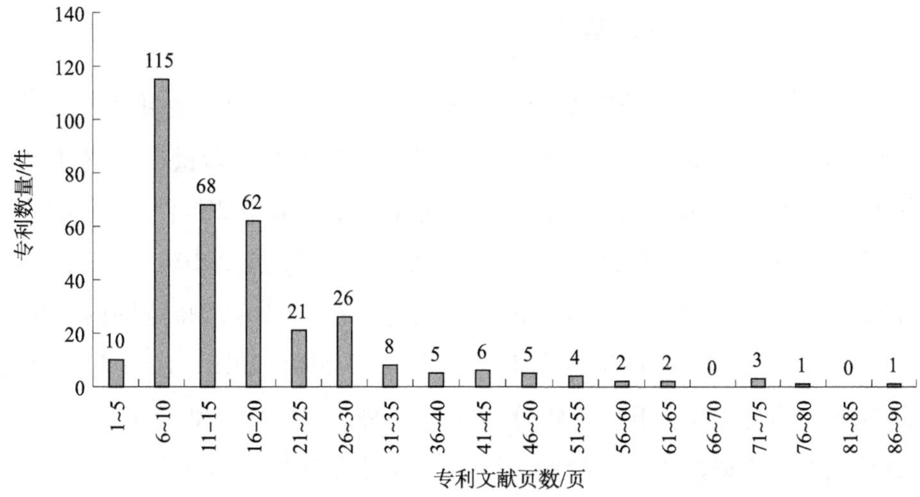

图 5-18　晶科能源股份有限公司有效发明专利文献页数分布

三、江铃汽车股份有限公司

（一）全球专利申请地域排名

如图 5-19 所示，从采集的 1999～2022 年专利数据来看，由于在分析中考虑了同族专利申请的情况，江铃汽车股份有限公司的专利申请量为 2936 件。这些专利申请集中在中国，只有极少数专利申请分布于智利、哥伦比亚和世界知识产权组织。这反映出该公司业务集中在中国国内。结合专利申请时间，该公司 2015 年开始向世界知识产权组织提出专利申请，2017 年分别向哥伦比亚和智利提出 2 件专利申请。其海外专利申请集中在 2015～2017 年，平均每年提出 2 件海外专利申请。

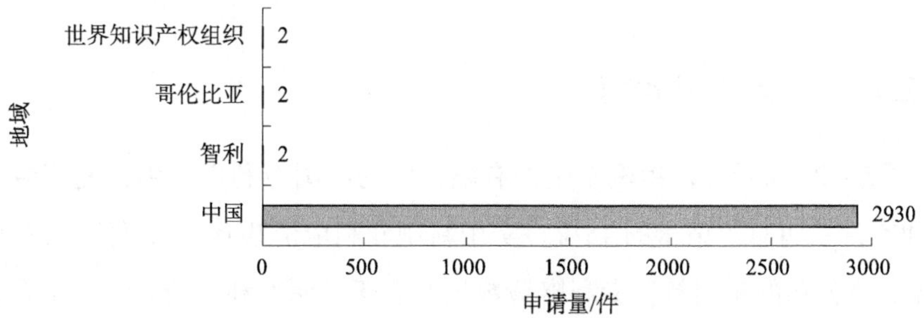

图 5-19　江铃汽车股份有限公司全球专利申请地域排名

（二）中国专利申请趋势

如图5－20所示，江铃汽车股份有限公司自1999年开始在中国申请专利。2009年之前，专利申请量增长较为平缓，平均每年专利申请量在1.36件左右。从2010年开始经历两次上升趋势，2011年达到第一个峰值201件，在2021年达到第二个峰值576件。结合2010年之后专利类型情况，在2010～2016年，该公司的发明专利申请占所有专利申请的比例较低，在10%～30%范围内；2017～2019年，该公司发明专利申请占比提高到30%～45%。2020～2022年，该公司发明专利申请占比迅速上升，三年分别为41.67%、74.83%和94.88%。据此可知，该公司专利申请经历两个阶段：第一个阶段为2010～2016年，这一阶段该公司注重提升专利申请的数量，专利申请类型以实用新型为主；第二阶段为2017年至今，这一阶段该公司在专利申请的质量和数量方面均有所提升，发明专利申请占比迅速提高。

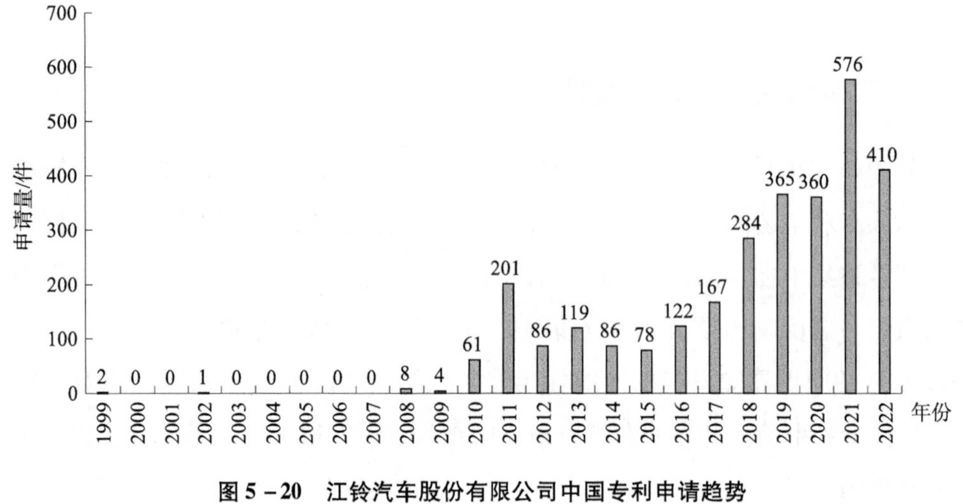

图5－20　江铃汽车股份有限公司中国专利申请趋势

（三）中国专利申请类型

如图5－21所示，江铃汽车股份有限公司的中国专利申请中，发明专利申请共有1405件，占总申请量的48%；实用新型专利申请共有1525件，占总申请量的52%。该公司的实用新型专利申请数量略多于发明专利申请数量，结合其专利申请趋势，说明该公司在本领域具有扎实的技术实力，并且正在寻求进一步提高科技创新的能力。

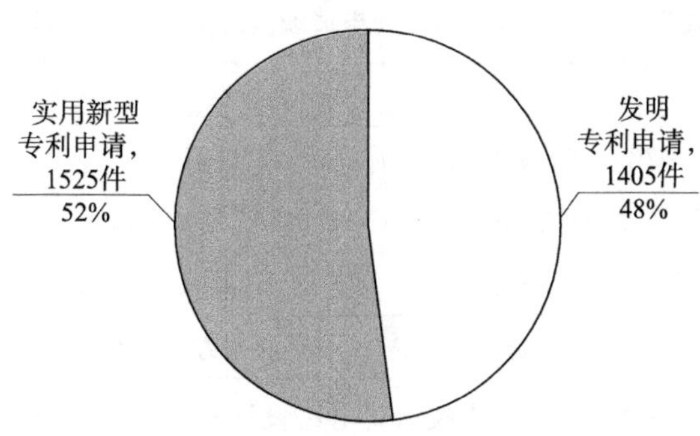

图 5－21 江铃汽车股份有限公司中国专利申请类型

（四）技术构成

图 5－22 列出了江铃汽车股份有限公司专利申请涉及的前二十位 IPC 分类号。涉及专利申请量最多的 IPC 分类号为 G06F 30/15，有 92 件。此外，涉及专利申请量在 50～100 件的 IPC 分类号有 5 个，分别为 G01M 17/007、B60R 16/023、G06F 30/23、G06F 30/20 和 G06F 119/14。各分类号具体含义见表 5－3。

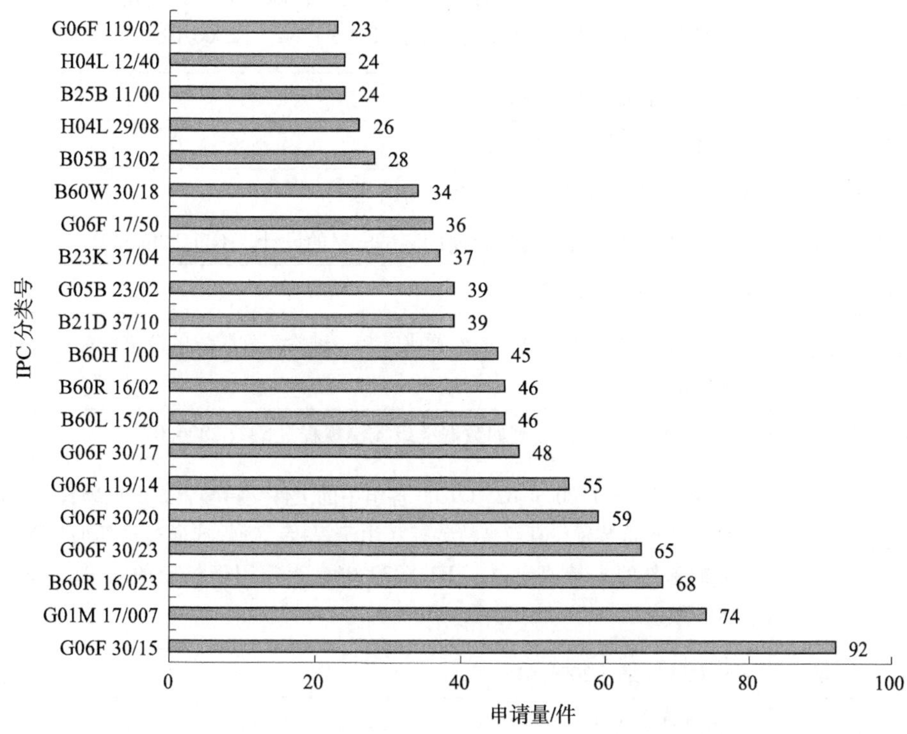

图 5－22 江铃汽车股份有限公司专利申请 IPC 分类号分布前二十

表 5-3 江铃汽车股份有限公司专利申请涉及的前二十个 IPC 分类号及含义

IPC 分类号	含义
G06F 30/15	•• 车辆、飞行器或船只的设计 [2020.01]
G01M 17/007	• 轮式或履带式车辆（G01M 17/08 优先）[2006.01]
B60R 16/023	•• 用于车辆部件之间或子系统之间传输信号的 [2006.01]
G06F 30/23	•• 使用有限元方法（FEM）或有限差方法（FDM）[2020.01]
G06F 30/20	• 设计优化、验证或模拟（电路设计的优化、验证或模拟入 G06F 30/30）[2020.01]
G06F 119/14	• 力的分析或优化，例如：静态或动态力 [2020.01]
G06F 30/17	•• 机械参量或变量的设计 [2020.01]
B60L 15/20	• 用于控制车辆或其驱动电动机，以达到期望的特性，例如速度、转矩或程序化速度变量 [2006.01]
B60R 16/02	• 电气的 [2006.01]
B60H 1/00	加热、冷却或通风设备（提供其他空气处理的加热、冷却或通风设备，与其他处理有关的入 B60H 3/00；只需打开窗、门、屋顶部件或类似部件的通风入 B60J；用于车辆座椅的加热或通风设备入 B60N 2/56；利用空气的车窗或挡风玻璃的清洁装置，例如除霜器入 B60S 1/54）[2006.01]
B21D 37/10	模具组；导向支柱 [2006.01]
G05B 23/02	• 电检验式监视 [2006.01]
B23K 37/04	• 用于工件的固定或定位 [2006.01]
G06F 17/50	• 计算机辅助设计（静态存储的测试电路的设计入 G11C 29/54）
B60W 30/18	• 车辆的牵引 [2012.01]
B05B 13/02	• 支撑工件的装置；喷头的配置或安装；进给工件装置的改进或配置（B05B 13/06 优先）[2006.01]
H04L 29/08	••• 传输控制规程，例如数据链级控制规程〔5〕[2006.01]
B25B 11/00	不包含在 B25B 1/00 至 B25B 9/00 各组中的工件夹持装置或定位装置，例如，磁性工件夹持装置、真空夹持装置（用于焊接、钎焊或通过局部加热而进行切割的工件的夹持或定位入 B23K 37/04；专门用于机床的入 B23Q 3/00）[2006.01]
H04L 12/40	•• 总线网络 [2006.01]
G06F 119/02	• 可靠性分析或可靠性优化；失效分析，例如：最坏情况下的性能、失效模式与影响分析 [2020.01]

（五）发明人排名

图 5－23 为江铃汽车股份有限公司中国专利申请量前十一位发明人排名。其中，王爱春作为发明人专利申请量最多，为 232 件，占该公司中国专利申请总量的 7.92%，其次为黄少堂，为 185 件。前十一位发明人对应的专利申请共 780 件，占总量的 26.62%。前二十位发明人对应的专利申请量占总量 60.52%。这说明该公司的专利发明人相对集中，形成了特定的研发团队，图 5－25 中所列的发明人为公司研发核心人员。

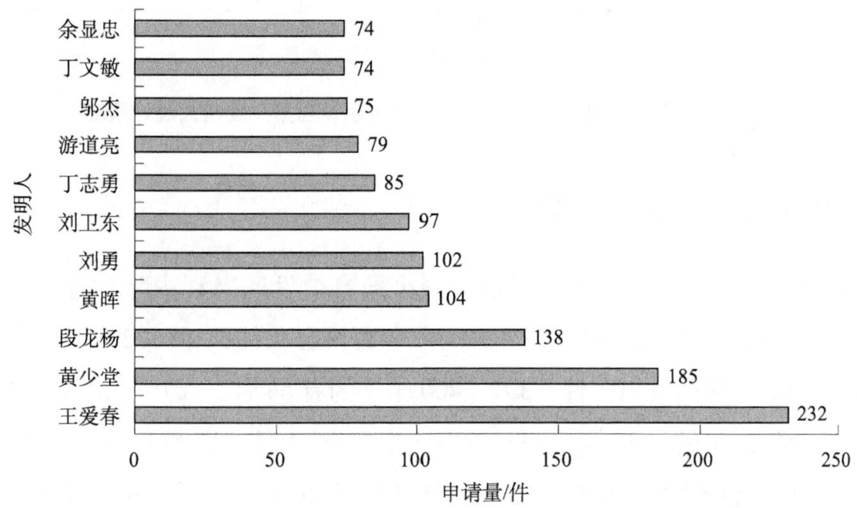

图 5－23　江铃汽车股份有限公司中国专利主要发明人排名

（六）有效发明专利发明人统计

江铃汽车股份有限公司有效发明专利共计 348 件。在该公司的有效发明专利中，对各专利的第一发明人进行统计，可以得到如图 5－24 所示的结果。其中，刘卫东作为第一发明人的专利数量最多，为 9 件；陈为欢作为第一发明人的专利有 8 件；林玉敏作为第一发明人的专利有 7 件；林金源、王功博等 2 位发明人分别作为第一发明人的专利数量均为 6 件，其余发明人作为第一发明人的专利数量均不超过 5 件。结合发明人排名情况及有效发明专利发明人统计情况，可以看出刘卫东是江铃汽车股份有限公司中专利申请活动较为积极的团队负责人。

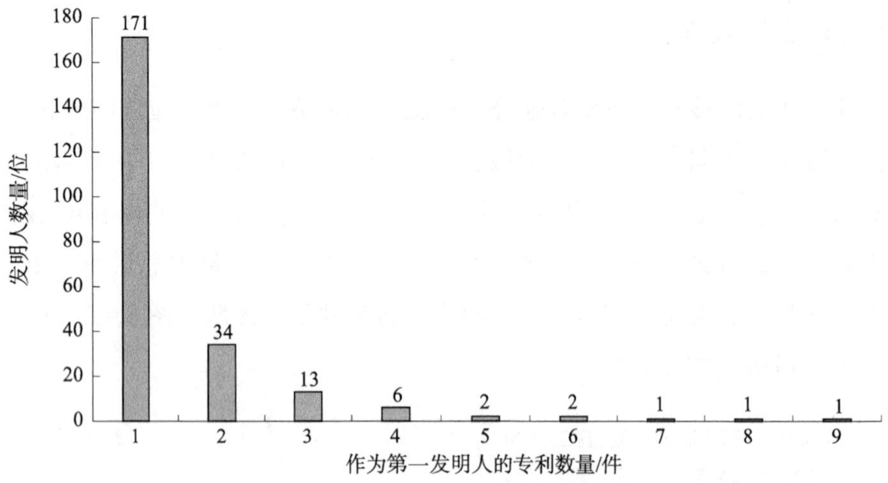

图 5-24　江铃汽车股份有限公司有效发明专利第一发明人统计情况

(七) 有效发明专利首权字数

如图 5-25 所示，江铃汽车股份有限公司有效发明专利中除 21 件首权字数数据空缺外，首权字数分布中，1~100 个字的只有 9 件，101~200 个字的有 73 件，201~300 个字的有 107 件，301~400 个字的有 54 件，401~500 个字的有 31 件，501~600 个字的有 22 件，超过 600 个字的有 31 件。由此可见，江铃汽车股份有限公司授权有效发明专利的首权字数集中于 100~600 个字这个区间内，平均首权字数约为 338 个字。

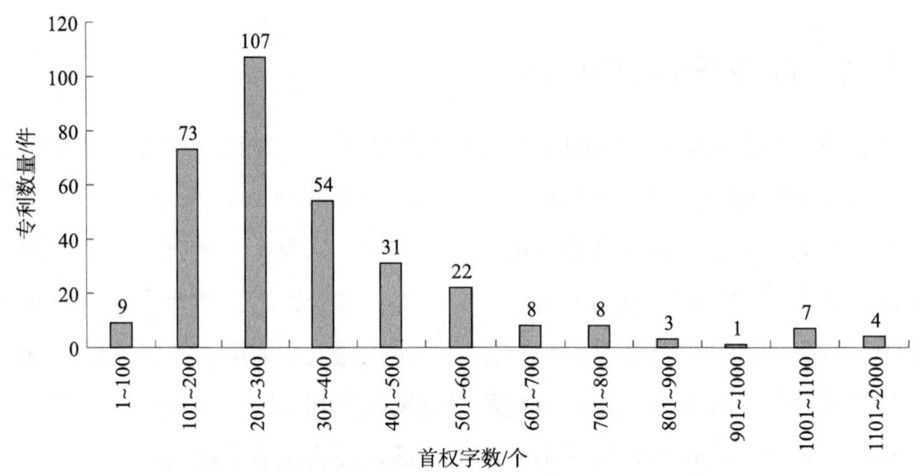

图 5-25　江铃汽车股份有限公司有效发明专利首权字数分布

（八）有效发明专利权利要求数量

如图5-26所示，江铃汽车股份有限公司有效发明专利中，权利要求数量为1~5个的有85件；权利要求数量为6~10个的有261件，其中权利要求数量为10个的专利最多，有151件；权利要求数量为11个以上的仅有2件。该公司有效发明专利平均权利要求数量为7.6个。

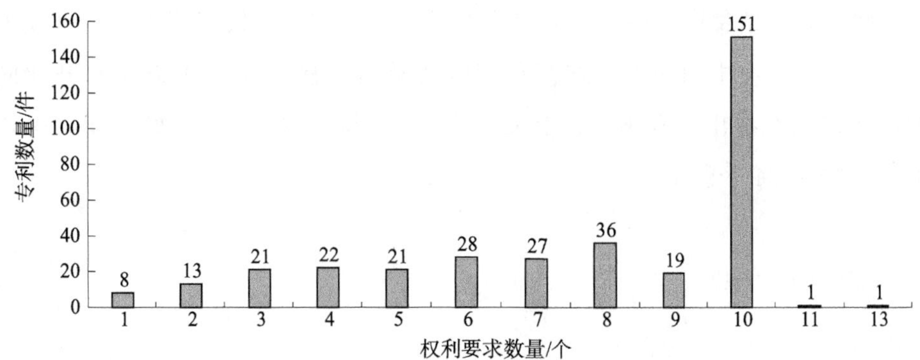

图5-26　江铃汽车股份有限公司有效发明专利权利要求数量分布

（九）有效发明专利文献页数

如图5-27所示，江铃汽车股份有限公司有效发明专利中，专利文献页数为5页以下的专利有11件，6~10页的专利有139件，11~15页的专利有154件，16~20页的专利有37件，21页以上的专利有7件。江铃汽车股份有限公司有效发明专利文献页数集中于7~16页这个区间内，平均专利文献页数约为11.5页，平均说明书页数约为9.5页。

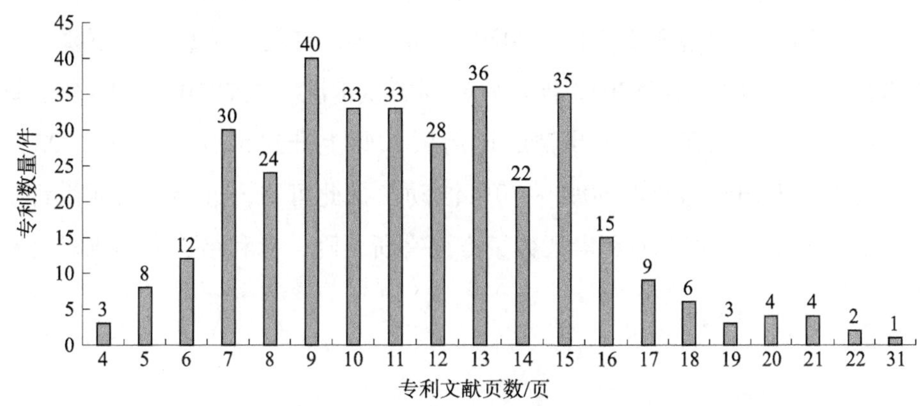

图5-27　江铃汽车股份有限公司有效发明专利文献页数分布

四、江西洪都航空工业集团有限责任公司

（一）全球专利申请地域排名

如图5－28所示，从采集的1987～2022年专利数据来看，由于在分析中考虑了同族专利的情况，江西洪都航空工业集团有限责任公司的专利申请量为3198件。这些专利申请集中在中国，还有少数通过世界知识产权组织提出。这反映出该公司业务集中在中国国内。结合专利申请时间来看，该公司2014年开始向世界知识产权组织提出专利申请，其海外专利申请集中在2014～2020年，平均每年申请1.71件海外专利。

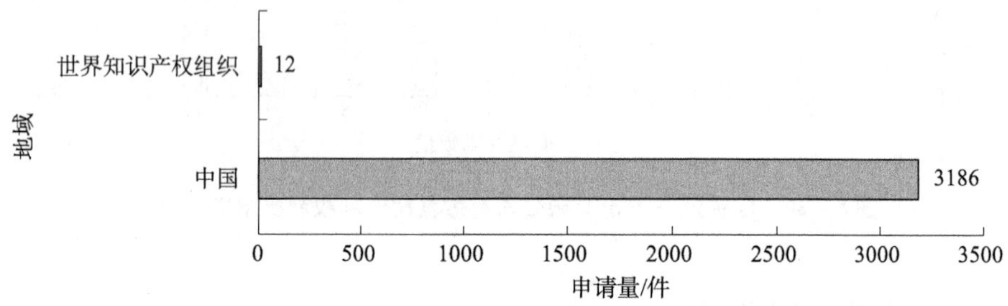

图5－28　江西洪都航空工业集团有限责任公司全球专利申请地域排名

（二）中国专利申请趋势

如图5－29所示，江西洪都航空工业集团有限责任公司早在1987年就开始在中国申请专利。2000～2009年，专利申请量缓慢增长，平均每年专利申请量在11.8件左右。从2010年开始专利申请量快速上升，在2014～2019年达到高峰，平均每年申请373.5件。2020～2022年，专利申请量有所下降，平均每年申请156.67件。结合2010年之后专利类型情况，在2010～2012年，该公司的发明专利申请占所有专利申请的比例从22%上升到53%；2013～2022年，该公司发明专利申请占比在50%～70%波动。据此可知，近年来江西洪都航空工业集团有限责任公司在专利申请数量方面有所下降，专利结构方面则较为稳定均衡。

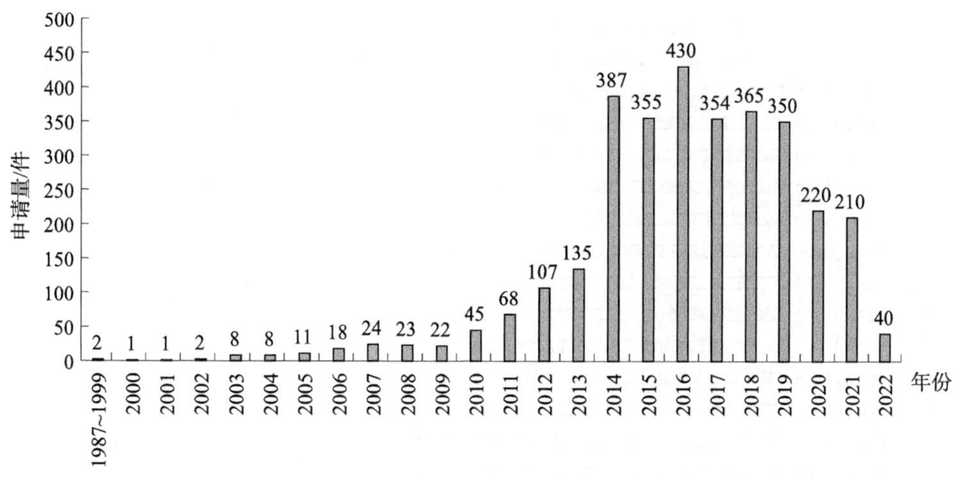

图5－29　江西洪都航空工业集团有限责任公司中国专利申请趋势

（三）中国专利申请类型

如图5－30所示，江西洪都航空工业集团有限责任公司的中国专利申请中，发明专利申请共有1727件，占总申请量的54%；实用新型专利申请共有1459件，占总申请量的46%。公司超过一半的专利申请类型为发明专利申请，说明该公司具有雄厚的科技创新能力及在本领域扎实的技术实力。

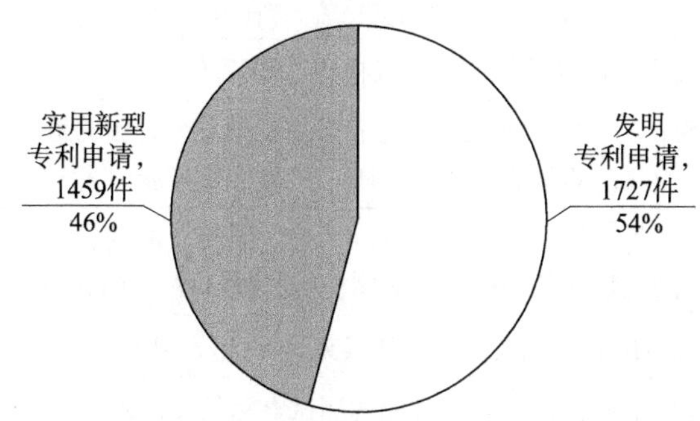

图5－30　江西洪都航空工业集团有限责任公司中国专利申请类型

（四）技术构成

图5－31列出了江西洪都航空工业集团有限责任公司专利申请涉及的前二十位IPC分类号。涉及专利申请量最多的IPC分类号为B64F 5/60，有81件；其次为B64C 1/14，有67件。各分类号具体含义见表5－4。

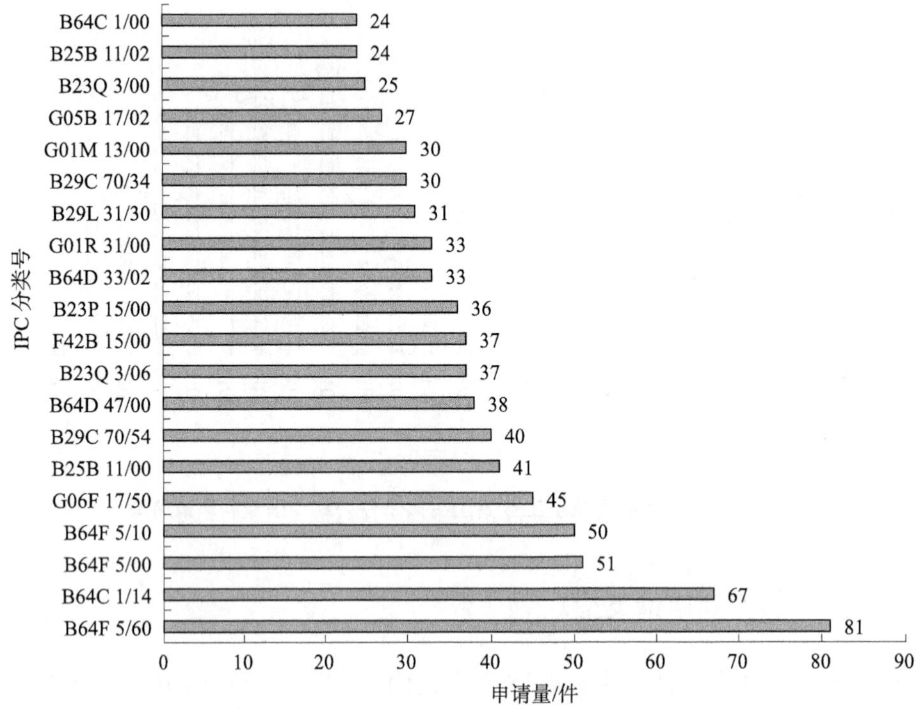

图 5-31 江西洪都航空工业集团有限责任公司专利申请 IPC 分类号分布前二十

表 5-4 江西洪都航空工业集团有限责任公司专利申请涉及的前二十个 IPC 分类号及含义

IPC 分类号	含义
B64F 5/60	• 飞机部件或系统的测试或检查 [2017.01]
B64C 1/14	• 窗；门；舱盖或通道壁板；外层框架结构；座舱盖；风挡（可与起落架部件一起移动的整流装置入 B64C 25/16；炸弹舱门入 B64D 1/06）[2006.01]
B64F 5/00	其他类目不包括的飞机设计、制造、装配、清洗、维修或修理；其他类目不包括的飞机部件的处理、运输、测试或检查 [2017.01]
B64F 5/10	• 飞机的制造或装配，例如其夹具 [2017.01]
G06F 17/50	计算机辅助设计（静态存储的测试电路的设计入 G11C 29/54）
B25B 11/00	不包含在 B25B 1/00 至 B25B 9/00 各组中的工件夹持装置或定位装置，例如，磁性工件夹持装置、真空夹持装置（用于焊接、钎焊或通过局部加热而进行切割的工件的夹持或定位入 B23K 37/04；专门用于机床的入 B23Q 3/00）[2006.01]
B29C 70/54	••• 零件、部件或附件；辅助操作 [2006.01]
B64D 47/00	其他类目不包含的设备 [2006.01]
B23Q 3/06	•• 工件夹紧装置（若不专门适用于机床入 B25B）[2006.01]

续表

IPC 分类号	含义
F42B 15/00	自推进弹或发射物，例如火箭；导弹（F42B 10/00，F42B 12/00，F42B 14/00 优先；用于练习或教练的入 F42B 8/12；火箭鱼雷入 F42B 17/00；海上鱼雷入 F42B 19/00；宇航装置入 B64G；喷气推进装置入 F02K）[2006.01]
B23P 15/00	制造特定金属物品，采用不包含在另一个单独的小类中或该小类的一个组中的加工 [2006.01]
B64D 33/02	• 进气口燃烧的（用于燃气涡轮机装置或喷气推进装置的进气口本身入 F02C 7/04；一般用于内燃机的进气口入 F02M 35/00）[2006.01]
G01R 31/00	电性能的测试装置；电故障的探测装置；以所进行的测试在其他位置未提供为特征的电测试装置；在制造过程中测试或测量半导体或固体器件入 H01L 21/66；线路传输系统的测试入 H04B 3/46）
B29L 31/30	• 车辆，如船或飞机，或其主体部件 [2006.01]
B29C 70/34	•••• 并且通过压缩成型或浸渍 [2006.01]
G01M 13/00	机械部件的测试 [2019.01]
G05B 17/02	• 电的 [2006.01]
B23Q 3/00	工件或刀具的夹固、支承、定位装置，一般可从机床上拆下的（工作台或其他部件，如花盘，一般不带装卡工件的装置入 B23Q 1/00；自动定位控制入 B23Q 15/00；车床用旋转刀架入 B23B 3/24，B23B 3/26；非传动式刀夹入 B23B 29/00；转塔刀架一般特征入 B23B 29/24；用于紧固、连接、拆卸或夹持的工具或台式设备入 B25B）[2006.01]
B25B 11/02	• 装配夹具 [2006.01]
B64C 1/00	机身；机身，机翼，稳定面或类似部件共同的结构特征 [2006.01]

（五）发明人排名

图 5－32 为江西洪都航空工业集团有限责任公司中国专利申请量前十一位发明人排名。其中，赵胜海作为发明人的专利申请量最多，为 104 件，占该公司专利申请总量的 3.26%；其次为王亮，为 92 件。前十一位发明人对应的专利申请共 632 件，占总申请量的 19.84%。这说明该公司的专利发明人相对分散，研发队伍较多，图 5－32 中所列的发明人为公司研发核心人员。

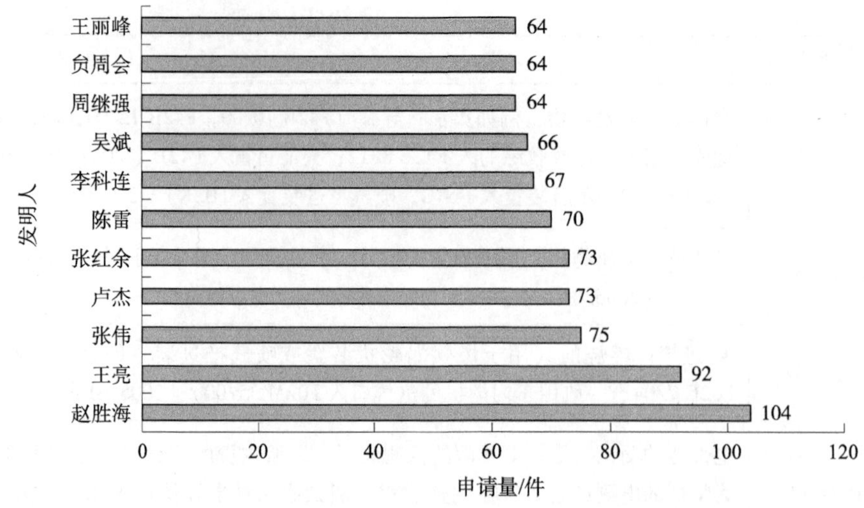

图 5-32　江西洪都航空工业集团有限责任公司中国专利主要发明人排名

（六）有效发明专利发明人统计

江西洪都航空工业集团有限责任公司有效发明专利总计 620 件。在该公司的有效发明专利中，对各专利的第一发明人进行统计，可以得到如图 5-33 所示的结果。其中，王震作为第一发明人的专利数量最多，为 8 件；洪厚全、胡豪等 2 位发明人分别作为第一发明人的专利数量均为 7 件；李仁花、刘敏、田威、周继强等 4 位发明人分别作为第一发明人的专利数量均为 6 件；其余专利发明人作为第一发明人的专利件数均不超过 5 件。

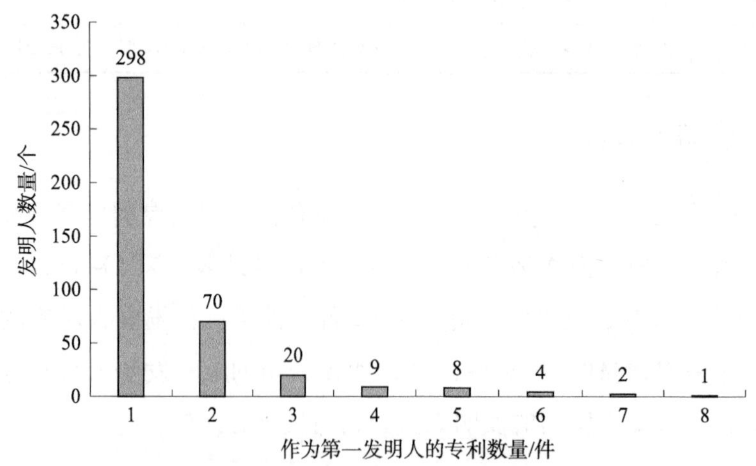

图 5-33　江西洪都航空工业集团有限责任公司有效发明专利第一发明人统计情况

（七）有效发明专利首权字数

如图 5－34 所示，江西洪都航空工业集团有限责任公司有效发明专利中除 2 件首权字数数据空缺外，首权字数分布中，1～100 个字的有 19 件，101～200 个字的有 136 件，201～300 个字的有 174 件，301～400 个字的有 89 件，401～500 个字的有 53 件，501～600 个字的有 51 件，601～700 个字的有 31 件，701～800 个字的有 24 件，超过 800 个字的有 41 件。由此可见，江西洪都航空工业集团有限责任公司有效发明专利的首权字数集中于 100～600 个字这个区间内，平均首权字数约为 382 个字。

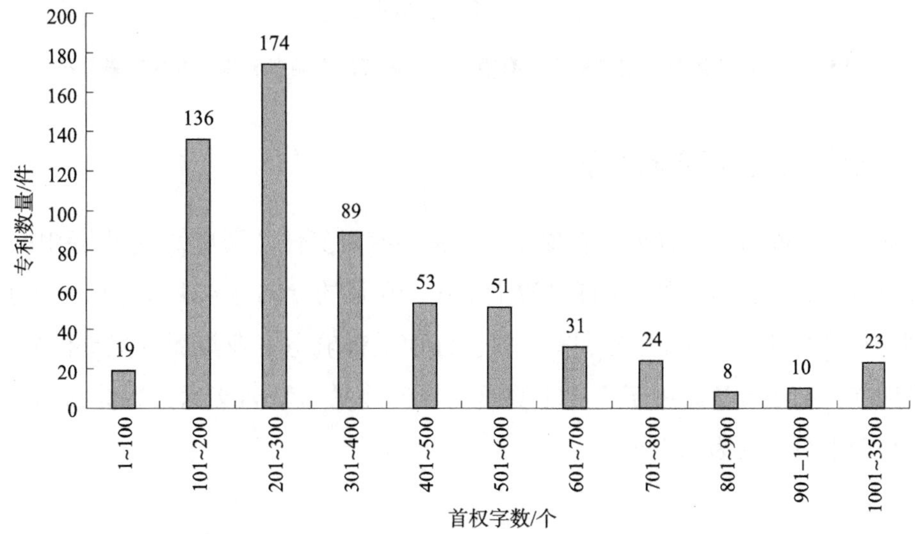

图 5－34　江西洪都航空工业集团有限责任公司有效发明专利首权字数分布

（八）有效发明专利权利要求数量

如图 5－35 所示，江西洪都航空工业集团有限责任公司有效发明专利中，权利要求数量为 1～5 个的有 383 件，权利要求数量为 6～10 个有 233 件，权利要求数量为 11 个以上的仅有 4 件。该公司有效发明专利平均权利要求数为 4.9 个。

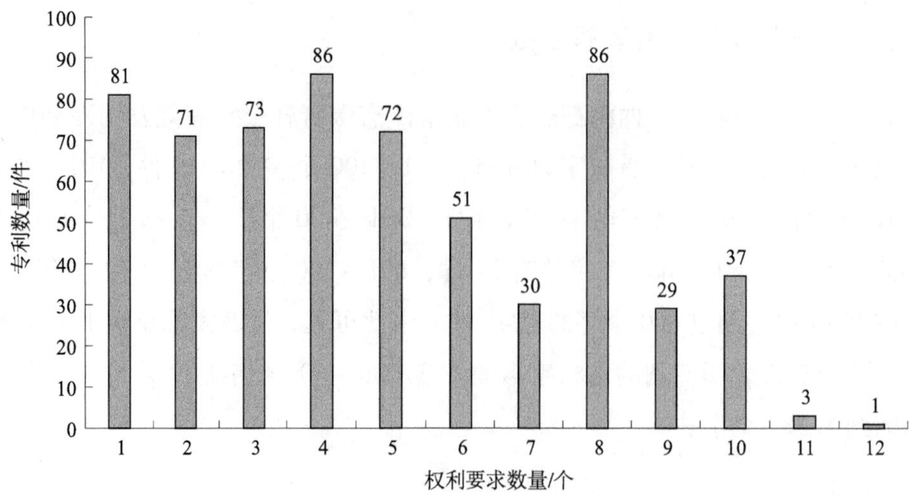

图 5-35 江西洪都航空工业集团有限责任公司有效发明专利权利要求数量分布

（九）有效发明专利文献页数

如图 5-36 所示，江西洪都航空工业集团有限责任公司有效发明专利中，专利文献页数为 5 页以下的专利有 132 件，6～10 页的专利有 421 件，11～15 页的专利有 60 件，16～21 页的专利有 7 件。江西洪都航空工业集团有限责任公司有效发明专利文献页数集中于 5～11 页这个区间，平均专利文献页数约为 7.4 页，平均说明书页数约为 5.4 页。

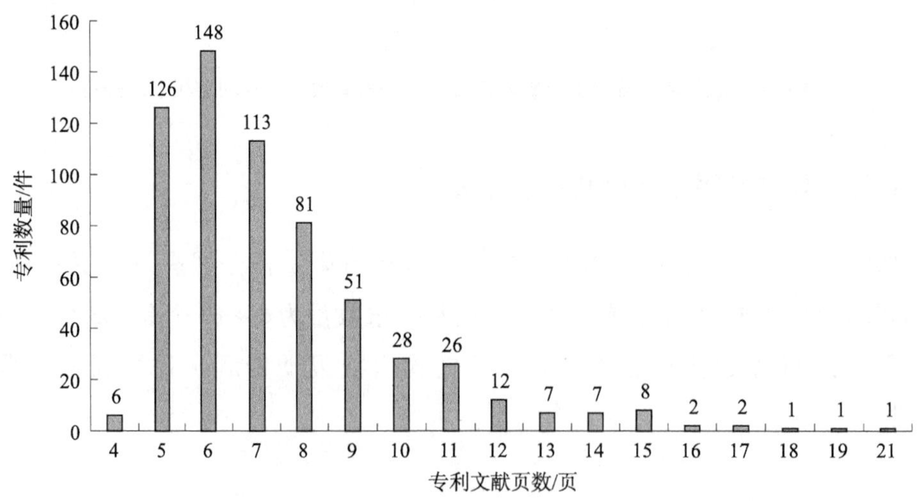

图 5-36 江西洪都航空工业集团有限责任公司有效发明专利文献页数分布

五、南昌欧菲光电技术有限公司

（一）全球专利申请地域排名

如图 5－37 所示，从采集的 2002～2022 年专利数据来看，由于在分析中考虑了同族专利的情况，南昌欧菲光电技术有限公司专利申请量为 2067 件。这些专利申请集中在中国和美国，其中中国 1520 件（占比 73.54%），美国 389 件（占比 18.82%）。部分专利申请通过世界知识产权组织、欧洲专利局等提出。这反映出该公司业务集中在中国和美国。结合专利申请时间来看，该公司从 2002 年开始向美国提出专利申请，2011 年开始向欧洲专利局提出专利申请，2019 年开始向世界知识产权组织提出专利申请，2002～2022 年平均每年申请 25.52 件海外专利。

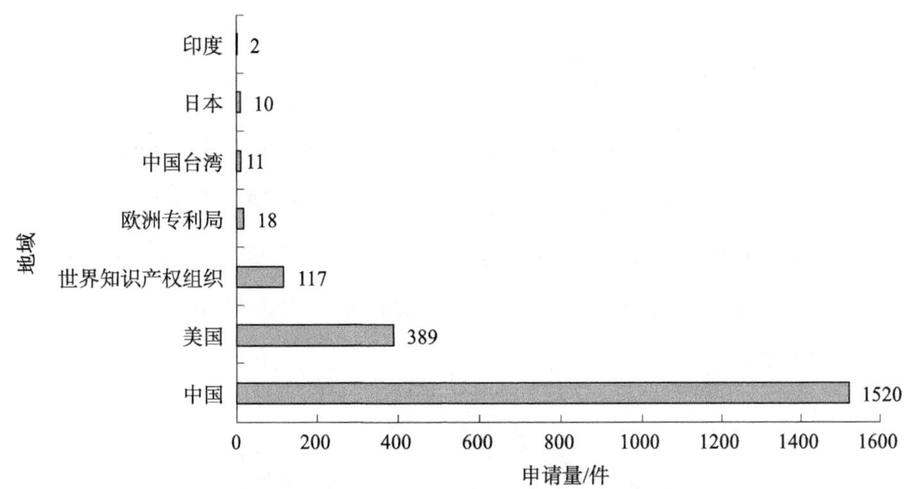

图 5－37　南昌欧菲光电技术有限公司全球专利申请地域排名

（二）中国专利申请趋势

如图 5－38 所示，南昌欧菲光电技术有限公司在 2005 年开始在中国申请专利。2011 年之前，专利申请量增长较为平缓，平均每年专利申请量为 16 件。从 2012 年开始专利申请经历两次上升趋势，2015 年达到第一个峰值 157 件，在 2020 年达到最高，为 369 件。2021～2022 年，专利申请量有所下降，平均每年申请 112 件。结合 2012 年之后专利申请类型情况，2012～2022 年该公司的发明专利申请占所有专利申请的比例在30%～55%波动。据此可知，近年来南昌欧菲光电技术有限公司在专利申请数量方面有所下降，专利结构方面较为稳定。

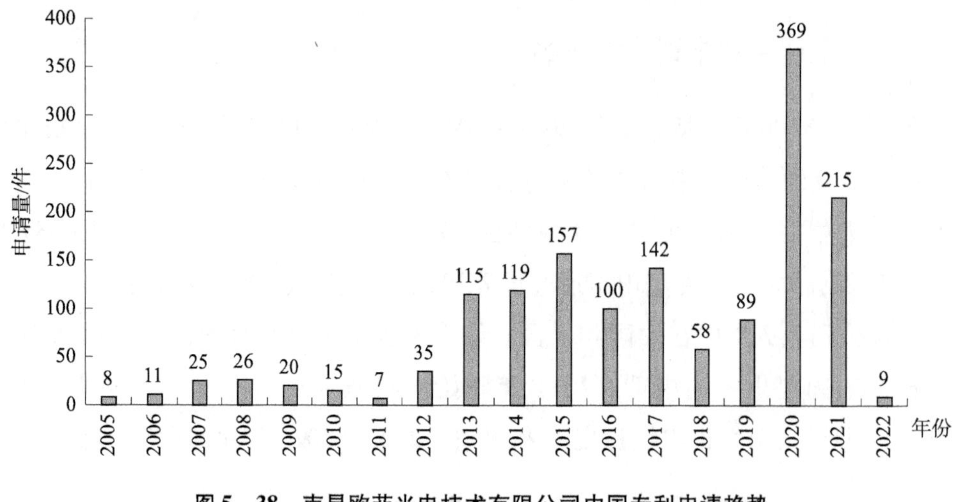

图5－38　南昌欧菲光电技术有限公司中国专利申请趋势

（三）中国专利申请类型

如图5－39所示，南昌欧菲光电技术有限公司的中国专利申请中，发明专利申请共有719件，占总申请量的47%；实用新型专利申请共有801件，占总申请量的53%。该公司的实用新型专利申请数量略多于发明专利申请数量，结合其专利申请趋势，说明该公司在本领域具有扎实的技术实力，但需要寻求进一步提高科技创新的能力。

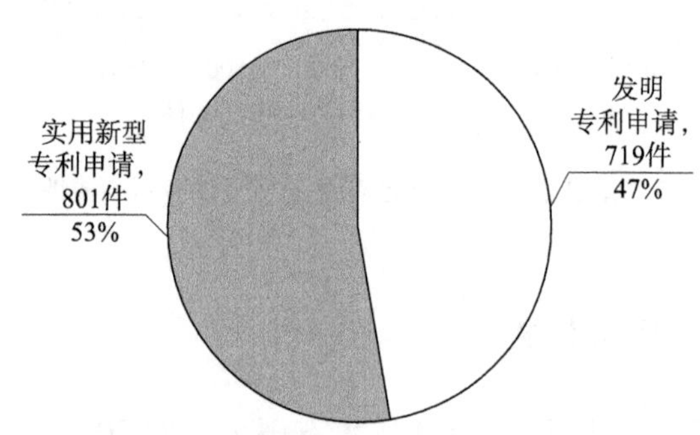

图5－39　南昌欧菲光电技术有限公司中国专利申请类型

（四）技术构成

图5－40列出了南昌欧菲光电技术有限公司专利申请涉及的前二十位IPC分类

号。涉及专利申请量最多的 IPC 分类号为 H04N 5/225，有 814 件。其次为 G02B 13/00 和 G02B 13/18，分别有 411 件和 370 件。涉及专利申请量在 100 ~ 200 件的 IPC 分类号有 3 个，分别为 G02B 13/06、H04N 5/232 和 G03B 17/12。各分类号具体含义见表 5 - 5。

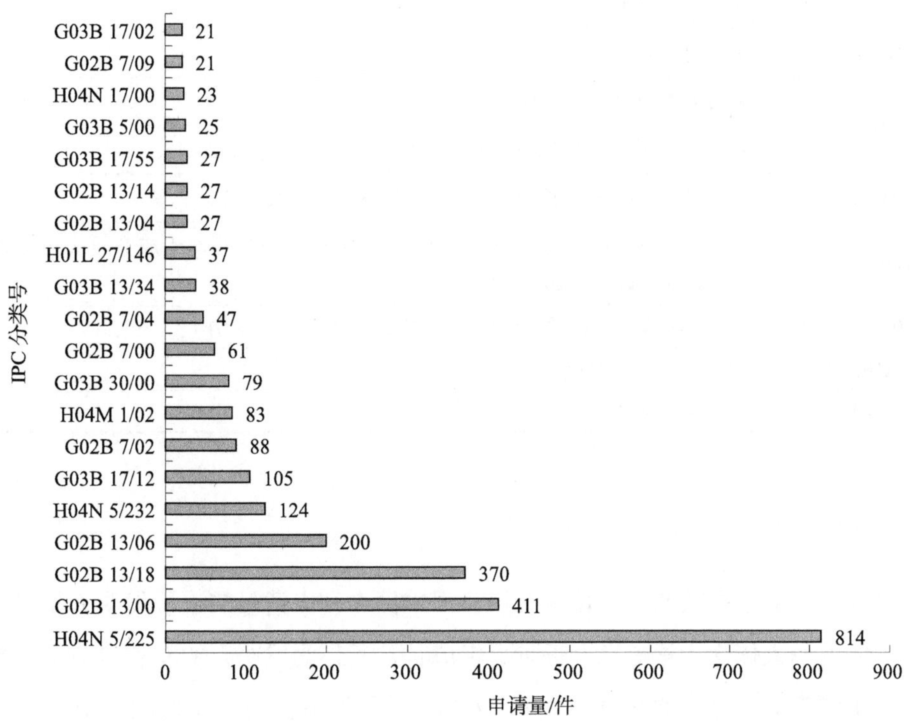

图 5 - 40 南昌欧菲光电技术有限公司专利申请 IPC 分布前二十

表 5 - 5 南昌欧菲光电技术有限公司专利申请涉及的前二十个 IPC 分类号及含义

IPC 分类号	含义
H04N 5/225	•• 电视摄像机［2006.01］
G02B 13/00	为下述用途专门设计的光学物镜（有可变放大率的入 G02B 15/00）［2006.01］
G02B 13/18	• 采用具有一个或多个非球面的透镜，例如，用于减少几何象差［2006.01］
G02B 13/06	• 全景物镜；所谓“天空广角摄影镜头（Skylenses）”［2006.01］
H04N 5/232	••• 控制摄像机的装置，如遥控（H04N 5/235 优先）［2006.01］
G03B 17/12	•• 带有物镜、附加镜头、滤光器罩或旋转台等的支撑装置的［2021.01］
G02B 7/02	• 用于透镜［2021.01］
H04M 1/02	• 电话机的结构特点［2006.01］
G03B 30/00	G03B 30/00 包括集成镜头单元和成像单元的相机模块，特别适合嵌入到其他设备中，例如：手机或车辆

续表

IPC 分类号	含义
G02B 7/00	光学元件的安装、调整装置或不漏光连接［2021.01］
G02B 7/04	•• 有聚焦或改变放大率的机构［2021.01］
G03B 13/34	•• 电动聚焦［2021.01］
H01L 27/146	••• 图像结构［2006.01］
G02B 13/04	• 反向望远物镜［2006.01］
G02B 13/14	• 用于红外或紫外辐射的（G02B 13/16 优先）［2006.01］
G03B 17/55	• 备有加热或冷却设备，例如，在飞机上［2021.01］
G03B 5/00	一般所关心的照相机、放映机或打印机的除聚焦外相对于成像面或景物面的光学系统的调节［2021.01］
H04N 17/00	电视系统或其部件的故障诊断、测试或测量［2006.01］
G02B 7/09	••• 适于自动聚焦或改变放大率的［2021.01］
G03B 17/02	• 机身［2021.01］

（五）发明人排名

图 5－41 为南昌欧菲光电技术有限公司中国专利申请量前十位发明人排名。排名前三的发明人依次为蔡雄宇、王昕、申成哲，其作为发明人的专利申请量分别占该公司中国专利申请总量的 11.32%、9.14%、8.71%。前十位发明人对应的专利申请共 610 件，占总量的 40.13%。这说明该公司的专利发明人相对集中，已经形成特定的研发团队，蔡雄宇等为该公司的研发核心人员。

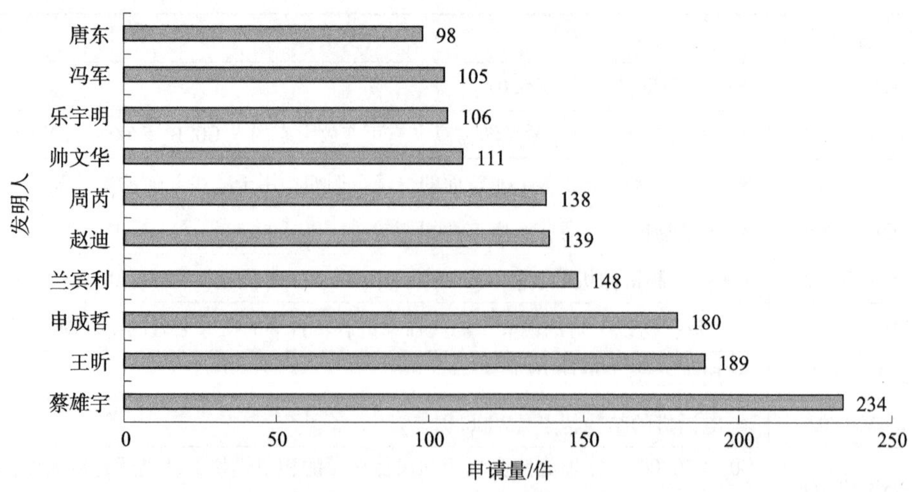

图 5－41　南昌欧菲光电技术有限公司主要发明人排名

（六）有效发明专利发明人统计

南昌欧菲光电技术有限公司有效发明专利共计 201 件。在该公司的有效发明专利中，对各专利的第一发明人进行统计，可以得到如图 5－42 所示的结果。其中，乐宇明作为第一发明人的专利数量最多，为 28 件；浅见太郎作为第一发明人的专利有 12 件；其余发明人作为第一发明人的专利数量均不超过 10 件。结合发明人排名情况及有效发明专利发明人统计情况，可以看出乐宇明是南昌欧菲光电技术有限公司中专利申请活动较为积极的团队负责人。

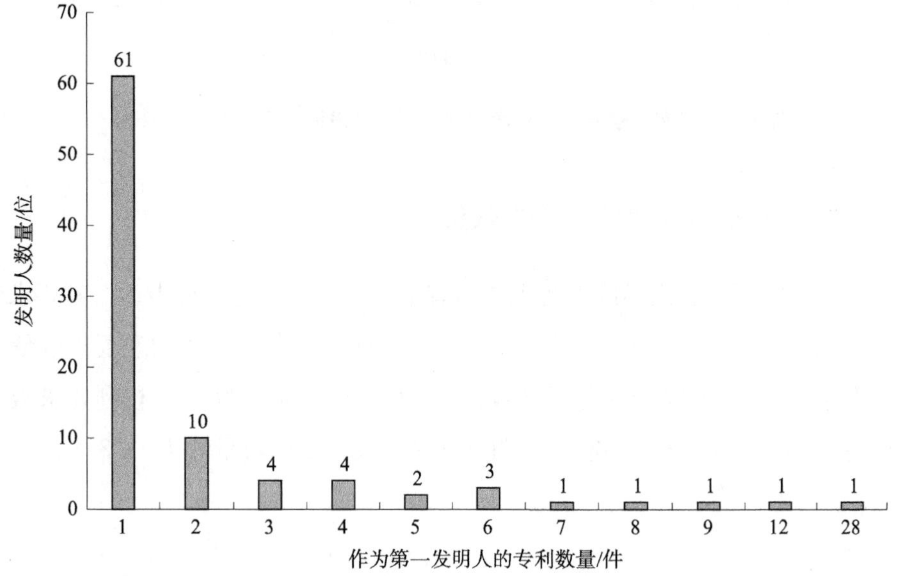

图 5－42　南昌欧菲光电技术有限公司有效发明专利第一发明人统计情况

（七）有效发明专利首权字数

如图 5－43 所示，南昌欧菲光电技术有限公司有效发明专利中除 3 件首权字数数据空缺外，首权字数分布中，1～100 个字的有 8 件，101～200 个字的有 61 件，201～300 个字的有 80 件，301～400 个字的有 35 件，401～500 个字的有 9 件，超过 500 字的有 5 件。由此可见，南昌欧菲光电技术有限公司授权有效发明专利的首权字数集中于 100～400 个字这个区间，平均首权字数约为 249 个字。

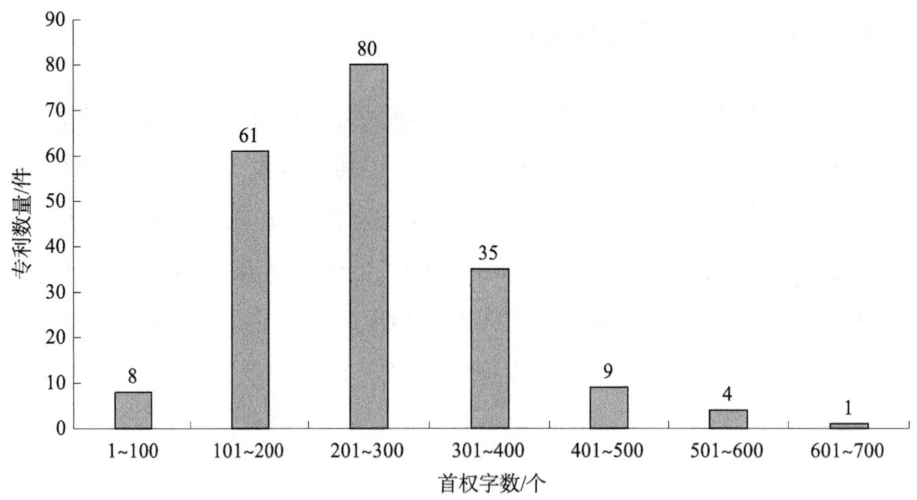

图 5－43　南昌欧菲光电技术有限公司有效发明专利首权字数分布

（八）有效发明专利权利要求数量

如图 5－44 所示，南昌欧菲光电技术有限公司有效发明专利中，权利要求数量为 1～9 个的有 36 件；权利要求数量为 10～18 的有 126 件，其中权利要求数量为 10 个的专利最多，达 51 件；权利要求数量为 19～27 个的有 29 件；权利要求数量为 28 个以上的有 10 件。该公司有效发明专利平均权利要求数量约为 13.8 个。

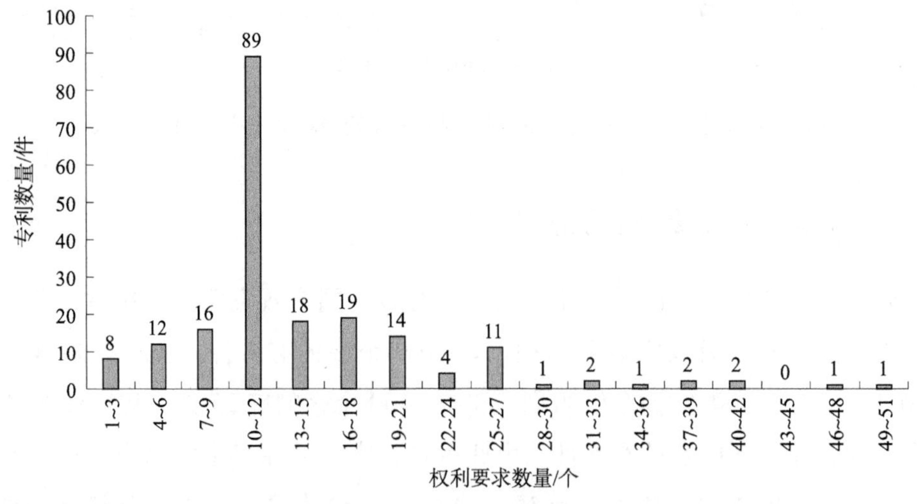

图 5－44　南昌欧菲光电技术有限公司有效发明专利权利要求数量分布

（九）有效发明专利文献页数

如图 5－45 所示，南昌欧菲光电技术有限公司有效发明专利中，专利文献页数为 10 页以下的专利有 12 件，11～20 页的专利有 62 件，21～30 页的专利有 69 件，31～40 页的专利有 32 件，41～50 页的专利有 13 件，51 页以上的专利有 13 件。南昌欧菲光电技术有限公司有效发明专利文献页数集中于 11～35 页这个区间内，平均专利文献页数约为 26.4 页，平均说明书页数约为 24.4 页。

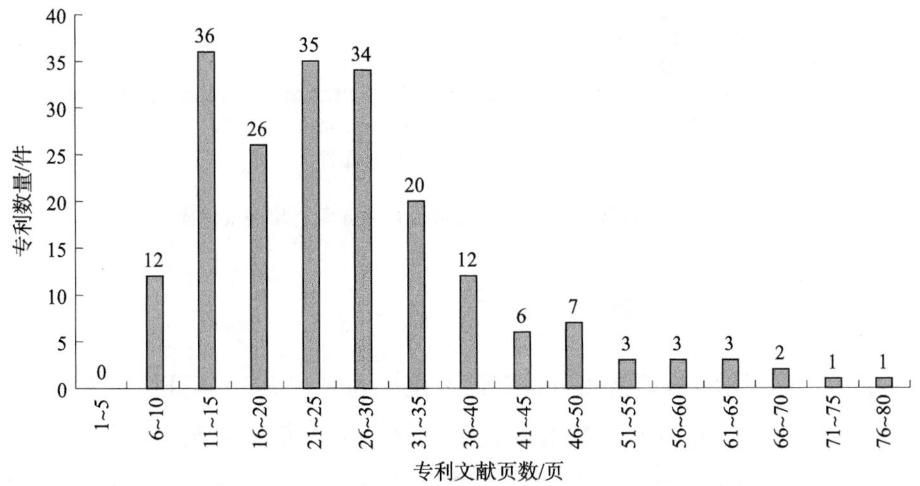

图 5－45 南昌欧菲光电技术有限公司有效发明专利文献页数分布

六、江西济民可信集团有限公司

（一）全球专利申请地域排名

如图 5－46 所示，从采集的 1995～2022 年专利数据来看，由于在分析中考虑了同族专利的情况，江西济民可信集团有限公司的专利申请量为 805 件。这些专利申请主要为中国专利申请，共 659 件（占比 81.86%）；还有部分专利申请分布于世界知识产权组织等。这反映出该公司业务集中在中国，同时拥有少部分海外业务。结合专利申请时间来看，该公司从 2018 年开始向世界知识产权组织提出专利申请。海外专利申请集中在 2018～2022 年，平均每年申请 22.4 件海外专利。

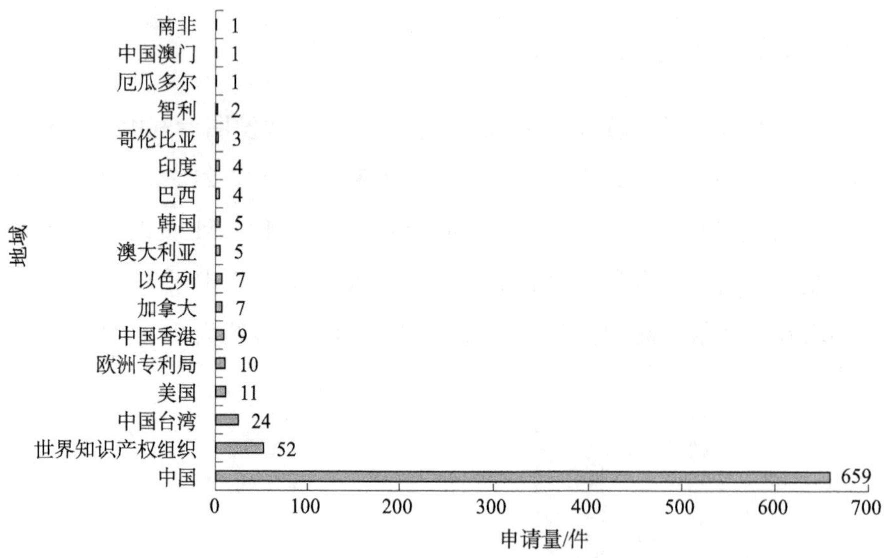

图 5－46　江西济民可信集团有限公司全球专利申请地域排名

（二）中国专利申请趋势

如图 5－47 所示，江西济民可信集团有限公司早在 1995 年开始在中国申请专利。2002～2009 年，专利申请量增长较为平缓，平均每年专利申请量为 6.4 件。2010 年之后可分为两个增长阶段，2010～2017 年平均每年专利申请量增长到 26.25 件，2018～2022 年进一步增长到 79.4 件，其中在 2018 年申请量达到峰值，为 163 件。结合 2010 年之后专利申请类型情况来看，2012～2022 年公司的发明专利申请占所有专利申请的平均比例为 89.54%。据此可知，2010 年以来，江西济民可信集团有限公司专利申请数量经历两阶段增长，同时注重专利质量，以发明专利申请为主。

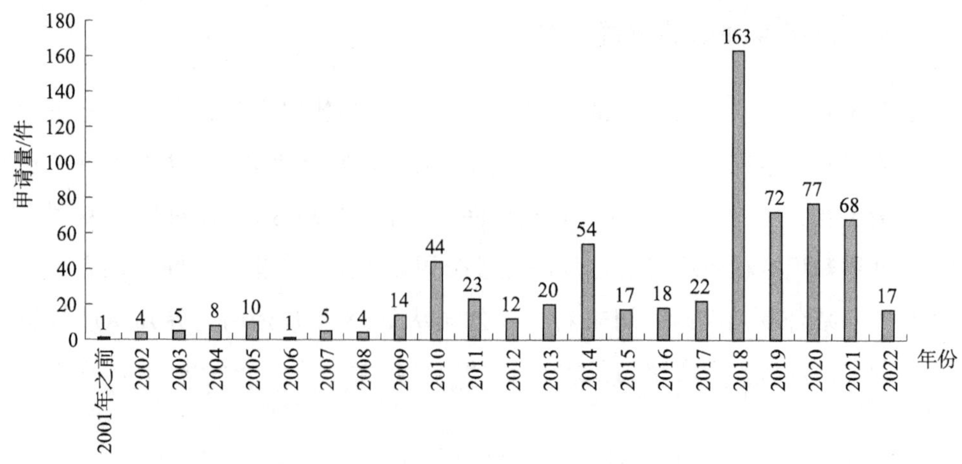

图 5－47　江西济民可信集团有限公司中国专利申请趋势

（三）中国专利申请类型

如图 5－48 所示，江西济民可信集团有限公司的中国专利申请中，发明专利申请共有 605 件，占总申请量的 92%；实用新型专利申请共有 54 件，占总申请量的 8%。该公司的专利申请类型绝大部分为发明专利申请，说明该公司注重研发创新和专利质量，且具有雄厚的科技创新能力。

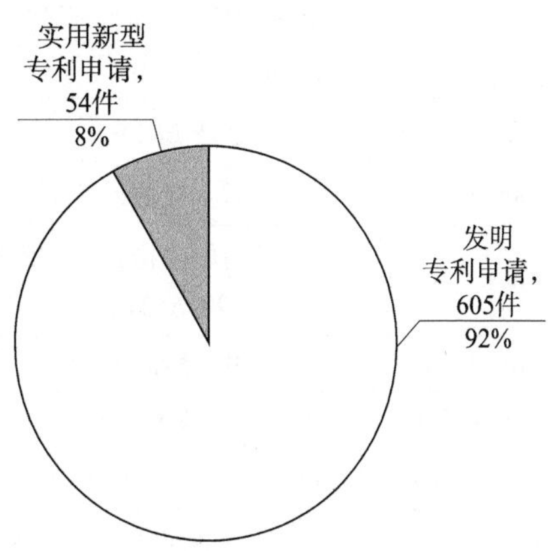

图 5－48　江西济民可信集团有限公司中国专利申请类型

（四）技术构成

图 5－49 列出了江西济民可信集团有限公司专利申请涉及的前二十位 IPC 分类号。涉及专利申请量最多的 IPC 分类号为 A61P 29/00，有 64 件。其次为 G01N 30/02 和 A61K 9/20，分别有 58 件、52 件。专利申请量在 40～50 件的 IPC 分类号有 4 个，分别为 A61K 31/045、A61P 11/00、A61K 9/08、A61P 35/00。各分类号具体含义见表 5－6。

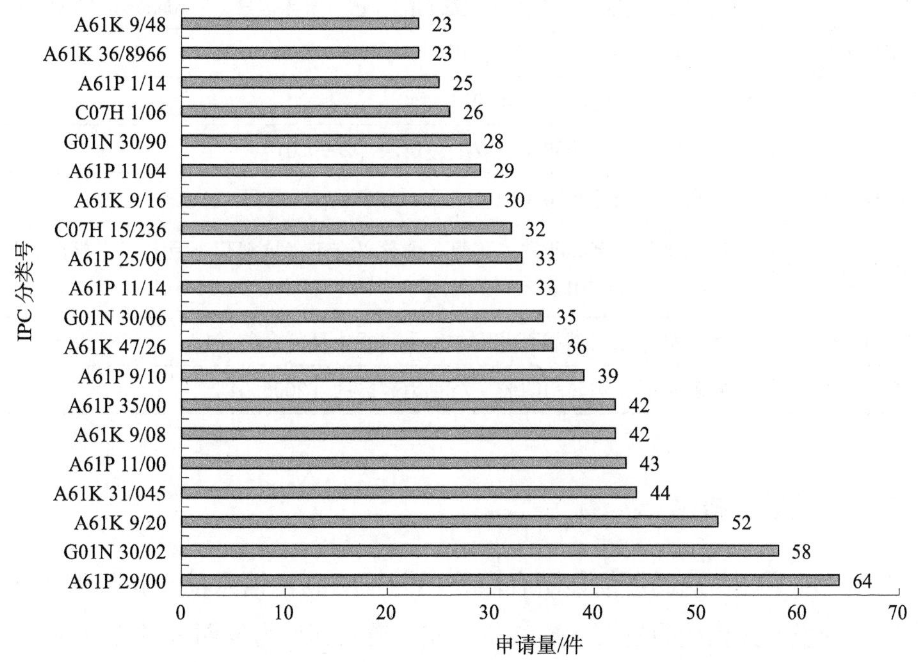

图 5－49　江西济民可信集团有限公司专利申请 IPC 分类号分布前二十

表5-6 江西济民可信集团有限公司专利申请涉及的前二十个IPC分类号及含义

IPC分类号	含义
A61P 29/00	非中枢性止痛剂、退热药或抗炎剂，例如抗风湿药；非甾体抗炎药（NSAIDs）[2006.01]
G01N 30/02	• 柱色谱法〔4〕
A61K 9/20	• 丸剂、锭剂或片剂 [2006.01]
A61K 31/045	• 羟基化合物，例如醇类；其盐类，例如醇化物（氢过氧化物入A61K 31/327）[2006.01]
A61P 11/00	治疗呼吸系统疾病的药物 [2006.01]
A61K 9/08	• 溶液 [2006.01]
A61P 35/00	抗肿瘤药 [2006.01]
A61P 9/10	• 治疗局部缺血或动脉粥样硬化疾病的，例如抗心绞痛药，冠状血管舒张药，治疗心肌梗死、视网膜病、脑血管功能不全、肾动脉硬化疾病的药物 [2006.01]
A61K 47/26	•• 碳水化合物，例如糖醇、氨基糖、核酸、单-，二-或寡-糖；其衍生物，例如聚山梨醇酯、聚山梨醇60或甘草甜素 [2006.01]
G01N 30/06	••• 制备 [2006.01]
A61P 11/14	• 镇咳药 [2006.01]
A61P 25/00	治疗神经系统疾病的药物 [2006.01]
C07H 15/236	•••••• 糖化物基团，在位置3上被烷基胺基取代及在位置4上被两个与氢不同的取代基取代，例如庆大霉素配合物、紫苏霉素、Verdamicin [2006.01]
A61K 9/16	•• 块状；粒状；微珠状 [2006.01]
A61P 11/04	• 用于咽喉疾病的 [2006.01]
G01N 30/90	• 平面色谱法，例如薄层或纸色谱法 [2006.01]
C07H 1/06	• 分离；纯化 [2006.01]
A61P 1/14	• 助消化药，例如酸类、酶类、食欲兴奋剂、抗消化不良药、滋补药、抗肠胃气胀药 [2006.01]
A61K 36/8966	•••• 贝母属，例如百花阿尔泰贝母或水仙 [2006.01]
A61K 9/48	• 胶囊制剂，例如用明胶、巧克力制造的 [2006.01]

（五）发明人排名

图5-50为江西济民可信集团有限公司中国专利申请量前十位发明人排名。排名前三的发明人依次为杨明、於江华、左飞鸿，其作为发明人的专利申请量分别占该公司中国专利申请总量的9.41%、8.65%、8.50%。前十位发明人对应的

专利申请共246件，占总量的37.33%。这说明该公司的专利发明人相对集中，已经形成特定的研发团队，杨明等为该公司的研发核心人员。

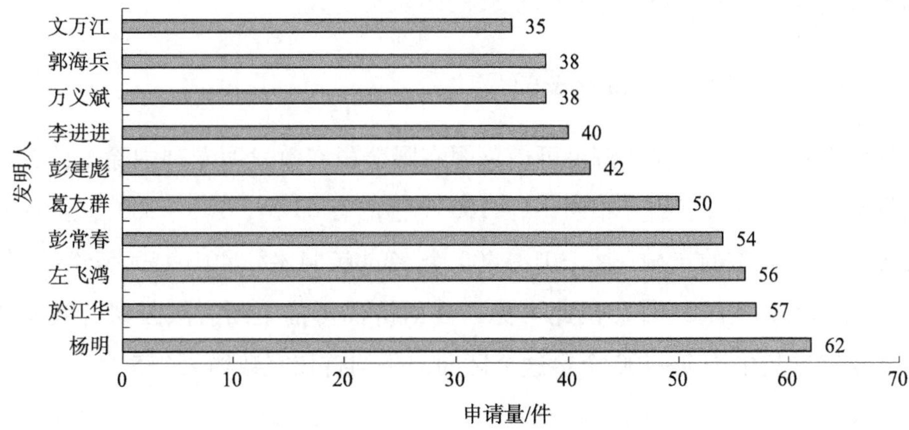

图5-50　江西济民可信集团有限公司中国专利主要发明人排名

（六）有效发明专利发明人统计

江西济民可信集团有限公司有效发明专利共计305件。在该公司的有效发明专利中，对各专利的第一发明人进行统计，可以得到如图5-51所示的结果。其中，吴凌云作为第一发明人的专利数量最多，为15件；文万江作为第一发明人

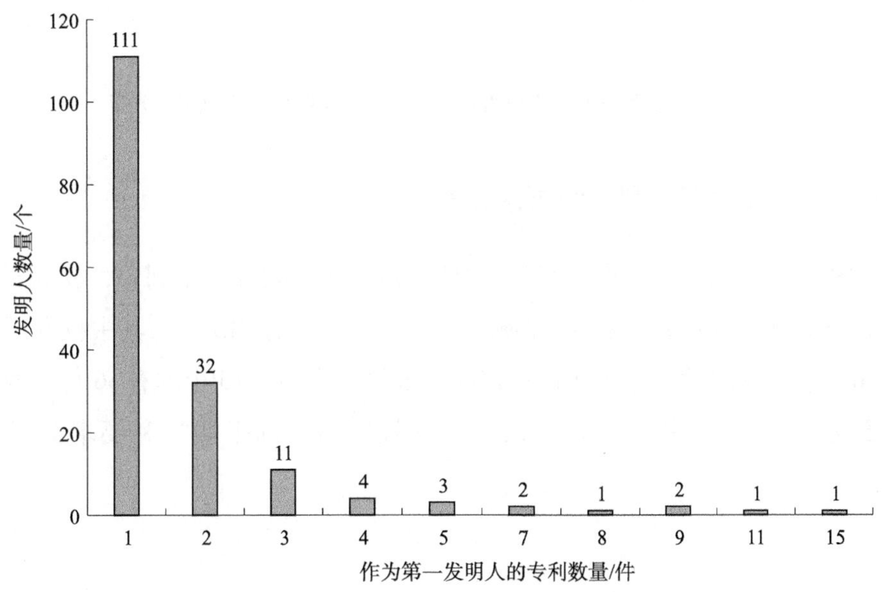

图5-51　江西济民可信集团有限公司有效发明专利第一发明人排名

的专利有 11 件；其余发明人作为第一发明人的专利数量均不超过 10 件。结合发明人排名情况及有效发明专利发明人统计情况，可以看出文万江是江西济民可信集团有限公司中专利申请活动较为积极的团队负责人。

（七）有效发明专利首权字数

如图 5 – 52 所示，江西济民可信集团有限公司有效发明专利中除 1 件首权字数数据空缺外，首权字数分布中，1 ~ 100 个字的有 63 件，101 ~ 200 个字的有 78 件，201 ~ 300 个字的有 61 件，301 ~ 400 个字的有 44 件，401 ~ 500 个字的有 32 件，超过 500 字的有 26 件。由此可见，江西济民可信集团有限公司有效发明专利的首权字数集中于 1 ~ 400 个字这个区间，平均首权字数约为 275 个字。

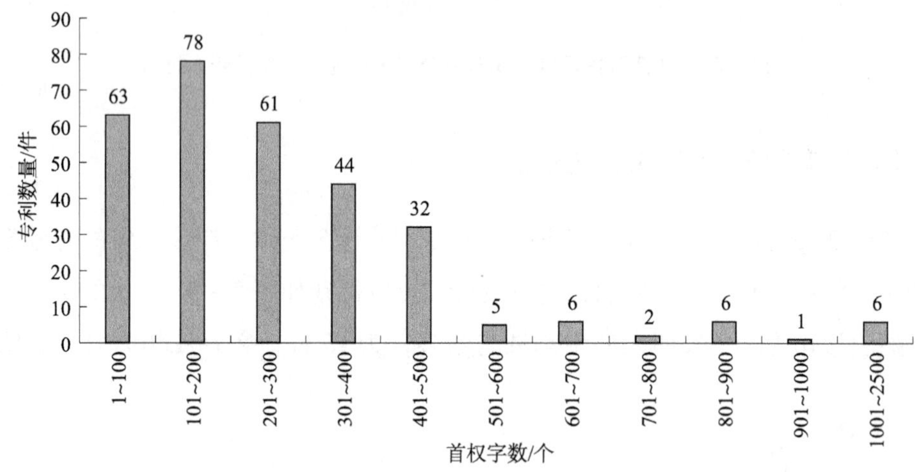

图 5 – 52　江西济民可信集团有限公司有效发明专利首权字数分布

（八）有效发明专利权利要求数量

如图 5 – 53 所示，江西济民可信集团有限公司有效发明专利中，权利要求数量为 1 ~ 5 个的有 48 件；权利要求数量为 6 ~ 10 个的有 213 件，其中权利要求数量为 10 个的专利最多，达 115 件；权利要求数量为 11 ~ 15 个的有 36 件；权利要求数量为 16 个以上的有 8 件。该公司有效发明专利平均权利要求数量约为 8.9 个。

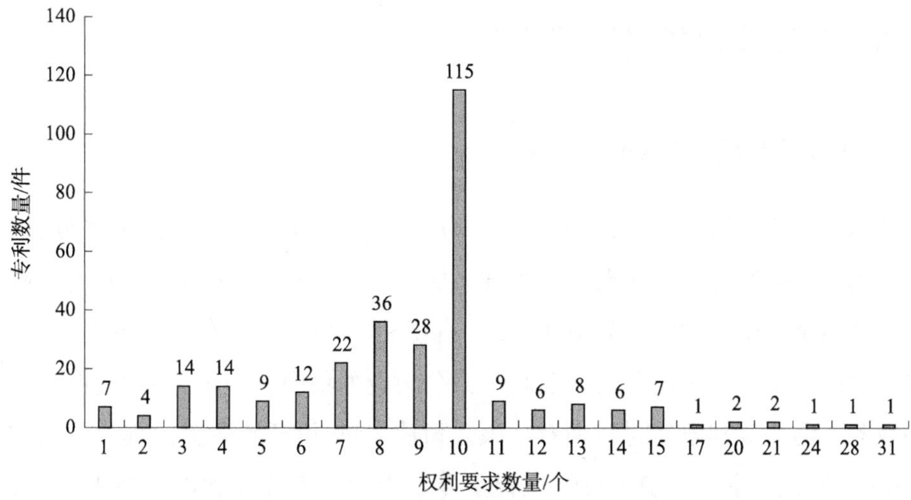

图 5－53　江西济民可信集团有限公司有效发明专利权利要求数量分布

（九）有效发明专利文献页数

如图 5－54 所示，江西济民可信集团有限公司有效发明专利中，专利文献页数为 5 页以下的专利有 15 件，6～10 页的专利有 123 件，11～15 页的专利有 93 件，16～20 页的专利有 38 件，21～25 页的专利有 12 件，26 页以上有 24 件。江西济民可信集团有限公司有效发明专利文献页数集中于 6～25 页这个区间，平均专利文献页数约为 15.9 页，平均说明书页数约为 13.9 页。

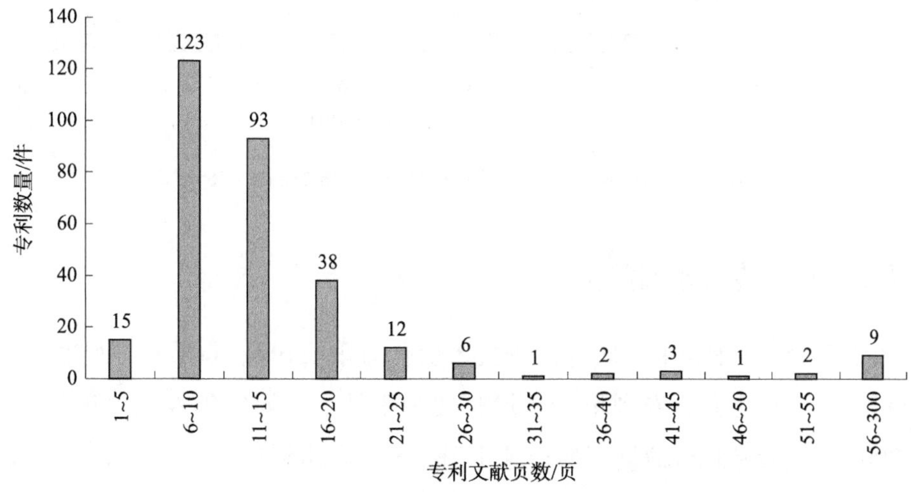

图 5－54　江西济民可信集团有限公司有效发明专利文献页数分布

七、中国瑞林工程技术股份有限公司

（一）全球专利申请地域排名

如图5－55所示，从采集的2001～2022年专利数据来看，由于在分析中考虑了同族专利的情况，中国瑞林工程技术股份有限公司的专利申请量为1134件。这些专利申请集中在中国，共1092件（占比96.30%）。还有少部分专利分布于世界知识产权组织、美国等。这反映出该公司业务集中在中国，同时拥有少部分海外业务。结合专利申请时间来看，该公司从2009年开始向美国提出专利申请，从2010年开始向世界知识产权组织提出专利申请。海外专利申请集中在2009～2022年，平均每年申请3件海外专利。

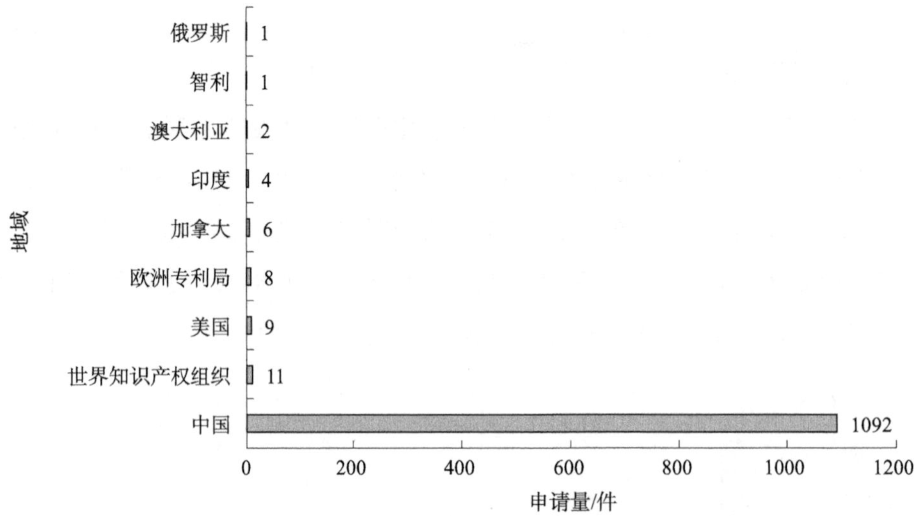

图5－55　中国瑞林工程技术股份有限公司全球专利申请地域排名

（二）中国专利申请趋势

如图5－56所示，中国瑞林工程技术股份有限公司从2001年开始在中国申请专利。2007年之前，专利申请量增长较为平缓，平均每年专利申请量为2.9件。2008年之后专利申请量开始迅速上升，5年内达到顶峰，在2012年最高达到111件，此后呈波动状态。结合2009年之后专利申请类型情况来看，2012～2022年该公司的发明专利申请占所有专利申请的比例较为稳定，平均为

41.98%。据此可知，2009 年以来，中国瑞林工程技术股份有限公司在专利申请数量方面较为稳定，专利结构方面较为均衡。

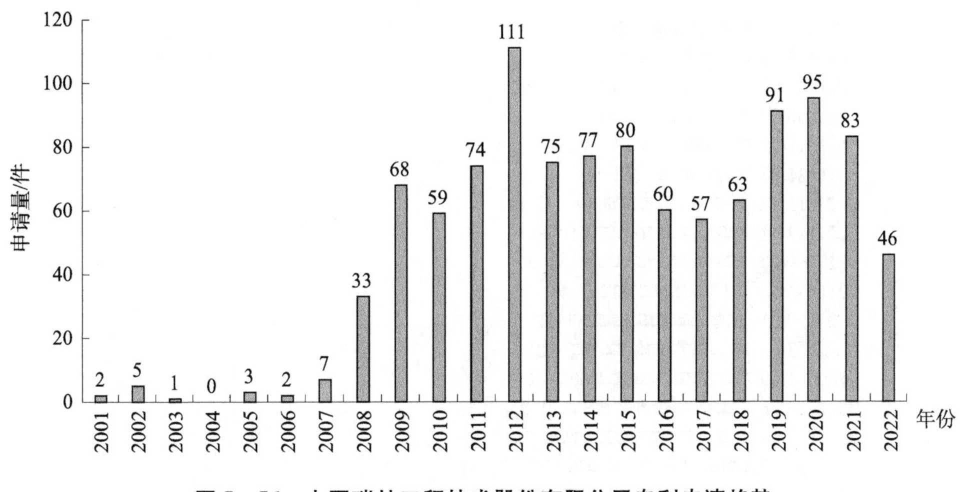

图 5－56 中国瑞林工程技术股份有限公司专利申请趋势

（三）中国专利申请类型

如图 5－57 所示，中国瑞林工程技术股份有限公司的中国专利申请中，发明专利申请共有 443 件，占总申请量的 41%；实用新型专利申请共有 649 件，占总申请量的 59%，实用新型占多数。结合该公司专利申请趋势，这说明该公司在本领域具有扎实的技术实力，技术研发主要针对产品改进和市场需求。

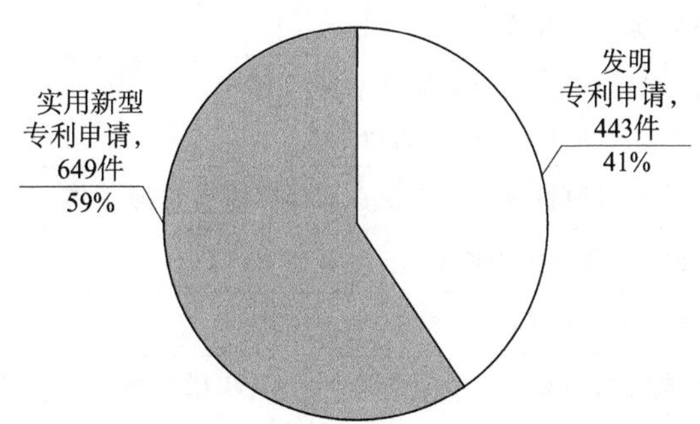

图 5－57 中国瑞林工程技术股份有限公司中国申请专利类型

（四）技术构成

图 5－58 列出了中国瑞林工程技术股份有限公司专利申请涉及的前二十位 IPC 分类号。涉及专利申请量最多的 IPC 分类号为 C22B 15/00，有 79 件。其次为 F27D

17/00，有46件。涉及专利申请量在30～40件之间的IPC分类号有3个，分别为C22B 7/00、C25C 7/06、C25C 1/12。各分类号具体含义见表5-7。

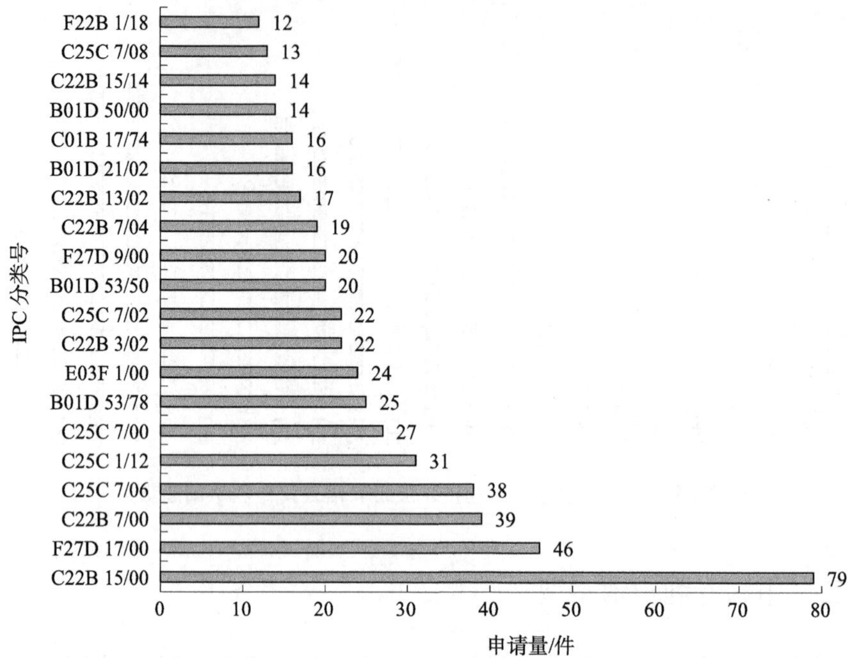

图5-58　中国瑞林工程技术股份有限公司专利申请IPC分类号分布前二十

表5-7　中国瑞林工程技术股份有限公司专利申请涉及的前二十个IPC分类号及含义

IPC分类号	含义
C22B 15/00	铜的提炼［2006.01］
F27D 17/00	利用余热的装置（热交换器本身入F28）；利用或处理废气的装置（一般的清除烟气入B08B 15/00）［2006.01］
C22B 7/00	处理非矿石原材料（如废料）以生产有色金属或其化合物［2006.01］
C25C 7/06	• 操作或维护［2006.01］
C25C 1/12	• 铜的［2006.01］
C25C 7/00	电解槽的结构部件，或其组合件；电解槽的维护或操作（生产铝的入C25C 3/06至C25C 3/22）［2006.01］
B01D 53/78	•••• 利用气—液接触［2006.01］
E03F 1/00	排除污水或暴雨水的方法、系统或装置［2006.01］
C22B 3/02	• 所用的设备［2006.01］
C25C 7/02	• 电极（金属精炼用的自耗阳极入C25C 1/00至C25C 5/00）；电极的连接件［2006.01］

续表

IPC 分类号	含义
B01D 53/50	•••• 硫氧化物（B01D 53/60 优先）[2006.01]
F27D 9/00	炉的冷却或炉内炉料的冷却（F27D 1/00，F27D 3/00 优先）[2006.01]
C22B 7/04	• 炉渣的处理 [2006.01]
C22B 13/02	• 用干法 [2006.01]
B01D 21/02	• 沉降槽 [2006.01]
C01B 17/74	•• 制备 [2006.01]
B01D 50/00	用于从气体或蒸气中分离粒子的组合方法或设备
C22B 15/14	• 精炼 [2006.01]
C25C 7/08	•• 沉积金属于阴极上分离 [2006.01]
F22B 1/18	•• 热载体为热气体，例如内燃机排出的废气（一般燃烧发动机余热的利用入 F02）[2006.01]

（五）发明人排名

图 5－59 为该公司中国专利申请量前十位发明人排名。2 名发明人处于第一梯队，分别为王玮、邓爱民，其作为发明人的专利申请量分别占该公司中国专利申请总量的 9.16%。前十位发明人对应的专利申请共 390 件，占总量的 35.71%。这说明公司的专利发明人相对集中，已经形成特定的研发团队，王玮、邓爱民等为该公司的研发核心人员。

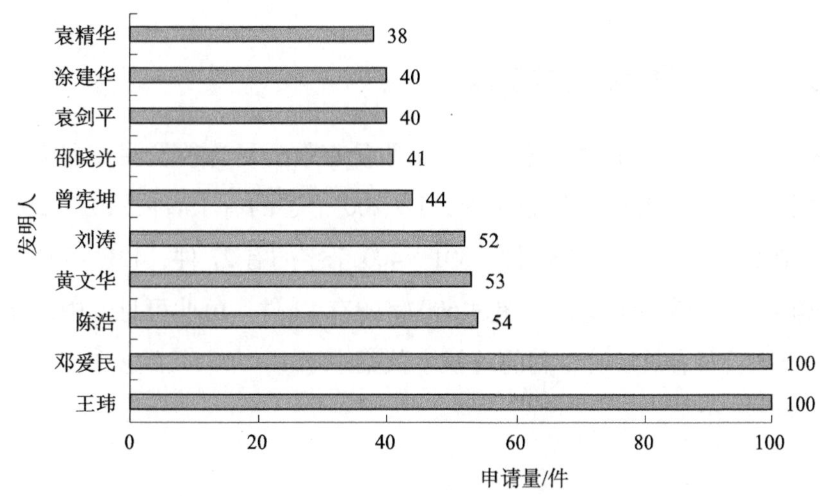

图 5－59　中国瑞林工程技术股份有限公司中国专利主要发明人排名

（六）有效发明专利发明人统计

中国瑞林工程技术股份有限公司有效发明专利共计 148 件。在该公司的有效发明专利中，对各专利的第一发明人进行统计，可以得到如图 5-60 所示的结果。其中，邓爱民作为第一发明人的专利数量最多，为 13 件；洪放、王玮等 2 位发明人分别作为第一发明人的专利数量均为 6 件；其余发明人作为第一发明人的专利数量均不超过 5 件。结合发明人排名情况及有效发明专利发明人统计情况，可以看出邓爱民是中国瑞林工程技术股份有限公司中专利申请活动较为积极的团队负责人。

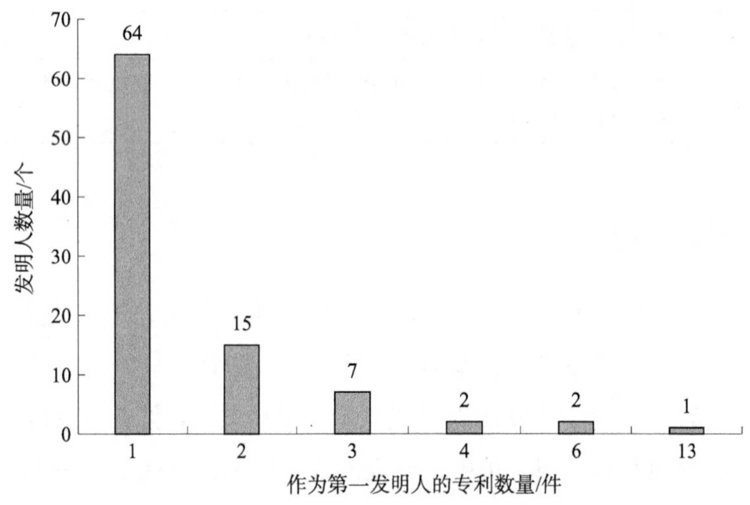

图 5-60　中国瑞林工程技术股份有限公司有效发明专利第一发明人统计情况

（七）有效发明专利首权字数

如图 5-61 所示，中国瑞林工程技术股份有限公司有效发明专利中除 1 件首权字数数据空缺外，首权字数分布中，1~100 个字的有 13 件，101~200 个字的有 42 件，201~300 个字的有 31 件，301~400 个字的有 27 件，401~500 个字的有 13 件，501~600 个字的有 9 件，超过 600 字的有 12 件。由此可见，中国瑞林工程技术股份有限公司有效发明专利的首权字数集中于 1~500 个字这个区间，平均首权字数约为 326 个字。

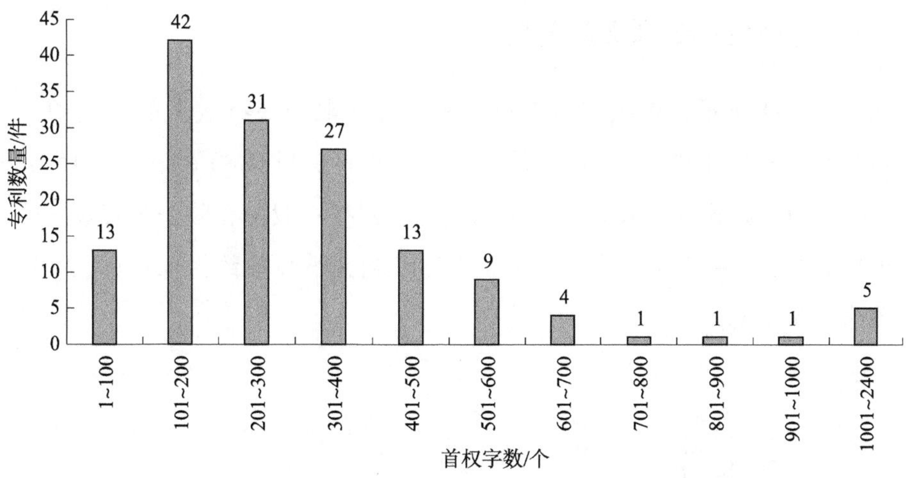

图 5-61　中国瑞林工程技术股份有限公司有效发明专利首权字数分布

（八）有效发明专利权利要求数量

如图 5-62 所示，中国瑞林工程技术股份有限公司有效发明专利中，权利要求数量为 1~5 个的有 77 件，其中权利要求数量为 3 个的专利最多，达 26 件；权利要求数量为 6~10 的有 53 件；权利要求数量为 11~15 个的有 13 件；权利要求数量为 16 个以上的有 5 件。该公司有效发明专利平均权利要求数量约为 6.5 个。

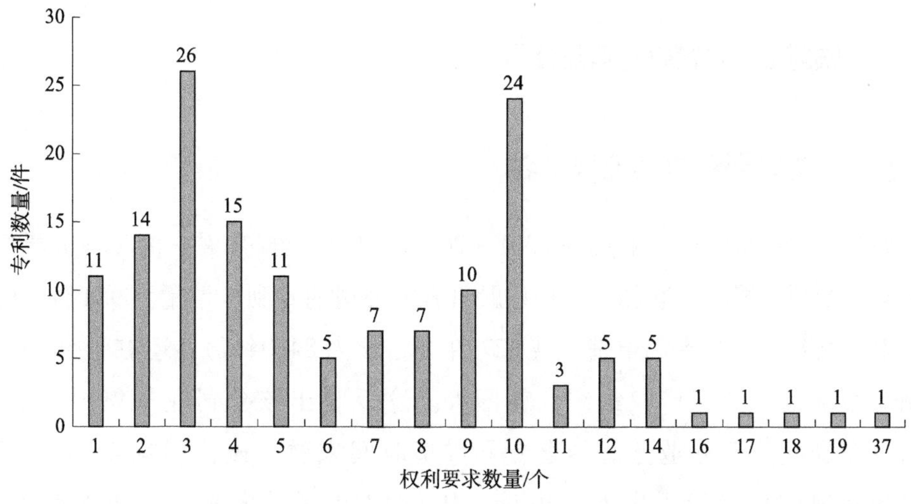

图 5-62　中国瑞林工程技术股份有限公司有效发明专利权利要求数量分布

（九）有效发明专利文献页数

如图5－63所示，中国瑞林工程技术股份有限公司有效发明专利中，专利文献页数为5页以下的专利有28件，6～10页的专利有83件，11～15页的专利有29件，16页的以上有8件。中国瑞林工程技术股份有限公司有效发明专利文献页数集中于5～16页这个区间内，平均专利文献页数约为8.8页，平均说明书页数约为6.8页。

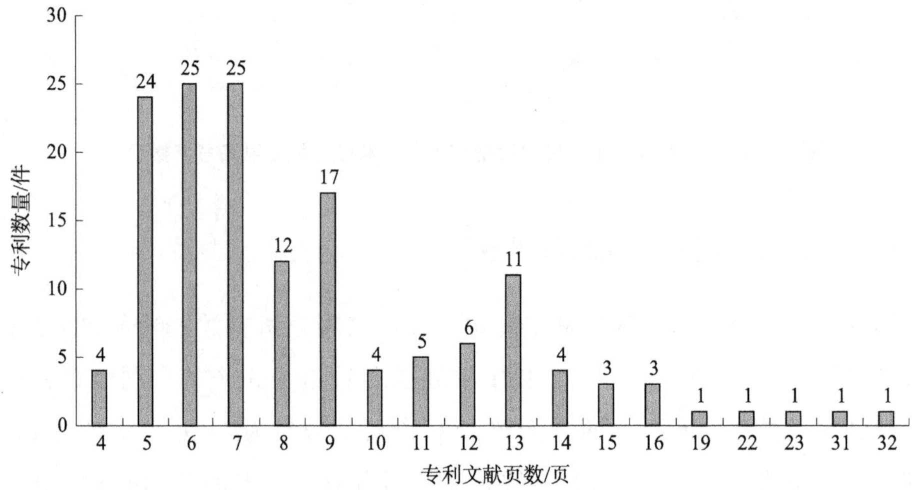

图5－63　中国瑞林工程技术股份有限公司有效发明专利文献页数分布

八、联创电子科技股份有限公司

（一）全球专利申请地域排名

如图5－64所示，从采集的2001～2022年专利数据来看，由于在分析中考虑了同族专利的情况，联创电子科技股份有限公司的专利申请量为984件。这些专利申请主要是中国专利申请，共827件（占比为84.04%）；还有少部分专利申请分布于世界知识产权组织、美国等。这反映出该公司业务集中在中国，同时拥有少部分海外业务。结合专利申请时间来看，该公司从2011年开始向世界知识产权组织提出专利申请，从2018年开始向美国提出专利申请。海外专利申请集中在2019～2022年，平均每年申请38.75件海外专利。

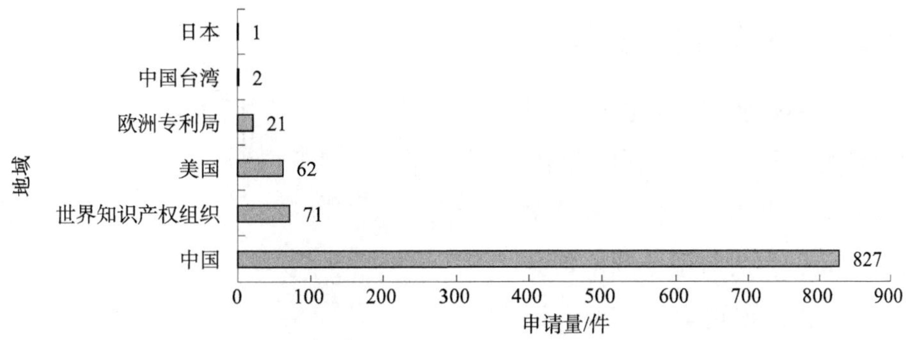

图 5-64　联创电子科技股份有限公司全球专利申请地域排名

（二）中国专利申请趋势

如图 5-65 所示，联创电子科技股份有限公司从 2001 年开始在中国申请专利。2011 年之前，专利申请量增长较为平缓，平均每年专利申请量为 3.18 件。2016 年开始呈持续上升趋势，在 2022 年最多达到 208 件。结合 2016 年之后专利申请类型情况，2016～2022 年该公司的发明专利申请占所有专利申请的比例持续上升，从 2016 年的 42.86% 上升到 2022 年 74.04%。据此可知，2016 年以来，联创电子科技股份有限公司在专利申请的数量和质量方面均在持续提升。

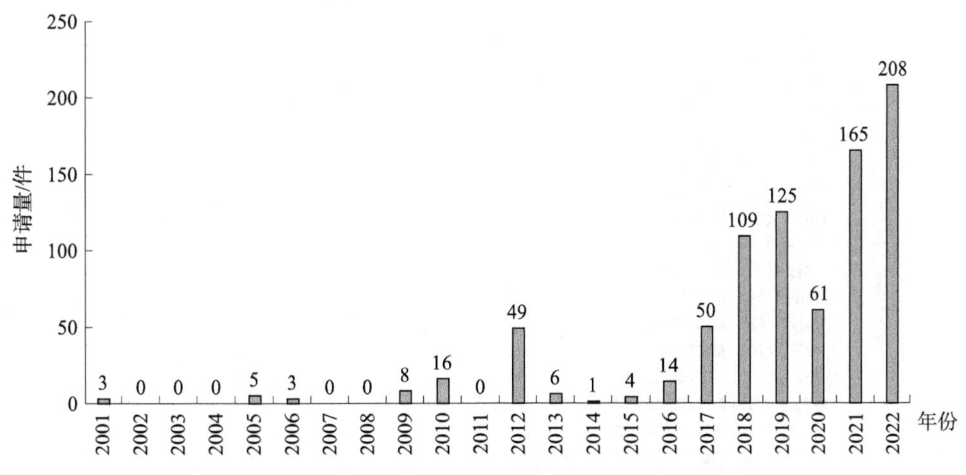

图 5-65　联创电子科技股份有限公司中国专利申请趋势

(三) 中国专利申请类型

如图 5－66 所示，联创电子科技股份有限公司的中国专利申请中，发明专利申请共有 477 件，占总申请量的 58%；实用新型专利申请共有 350 件，占总申请量的 42%。该公司的专利申请类型多半为发明专利申请，结合公司专利申请趋势，说明该公司具有雄厚的科技创新能力及在本领域扎实的技术实力，并且正在寻求进一步提高科技创新的能力。

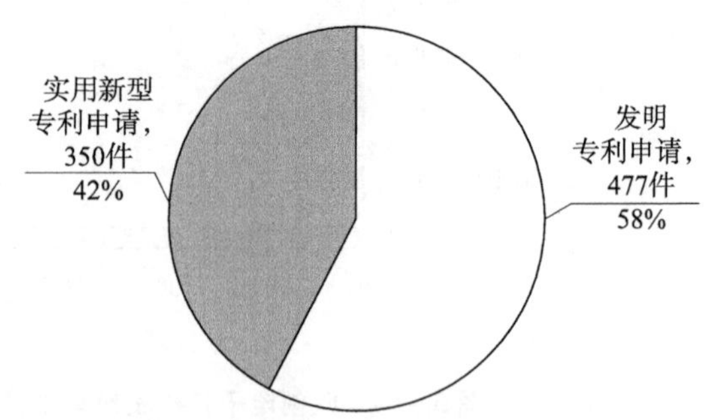

图 5－66　联创电子科技股份有限公司中国专利申请类型

(四) 技术构成

图 5－67 列出了联创电子科技股份有限公司专利申请涉及的前二十位 IPC 分类号。涉及专利申请量最多的 IPC 分类号为 G02B 13/18，有 292 件。其次为 G02B 13/00，有 232 件。排第三的 IPC 分类号为 G02B 13/06，有 169 件。涉及专利申请量在 50～70 件之间的 IPC 分类号有 2 个，分别为 G02B 1/00、G02B 1/04。各分类号具体含义见表 5－8。

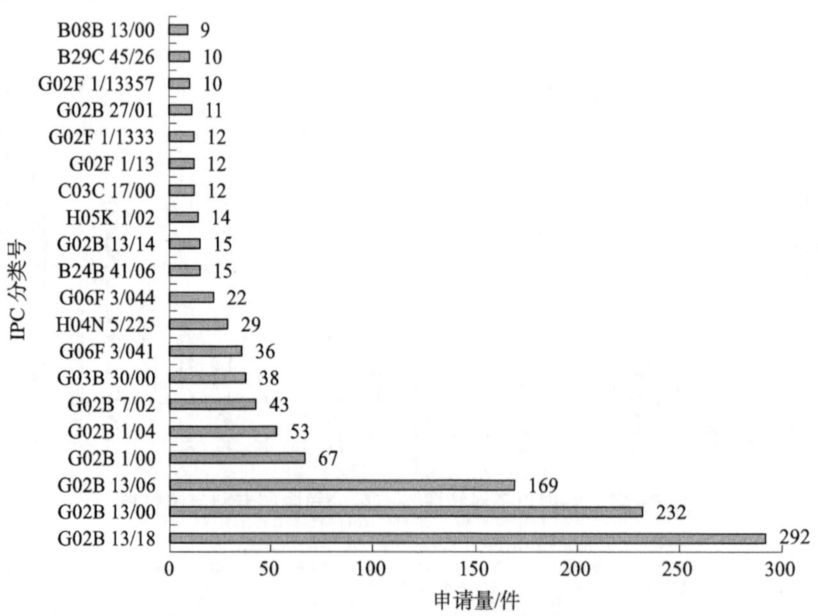

图 5－67　联创电子科技股份有限公司专利申请 IPC 分类号分布前二十

表 5-8　联创电子科技股份有限公司专利申请涉及的前二十个 IPC 分类号及含义

IPC 分类号	含义
G02B 13/18	• 采用具有一个或多个非球面的透镜，例如，用于减少几何象差［2006.01］
G02B 13/00	为下述用途专门设计的光学物镜（有可变放大率的入 G02B 15/00）［2006.01］
G02B 13/06	• 全景物镜；所谓“天空广角摄影镜头”（Skylenses）［2006.01］
G02B 1/00	按制造材料区分的光学元件；用于光学元件的光学涂层［2006.01］
G02B 1/04	•• 由有机材料（例如塑料）制成的（G02B 1/08 优先）［2006.01］
G02B 7/02	• 用于透镜［2021.01］
G03B 30/00	G03B 30/00 包括集成镜头单元和成像单元的相机模块，特别适合嵌入到其他设备中，例如：手机或车辆
G06F 3/041	••• 以转换方式为特点的数字转换器，例如，触摸屏或触摸垫，特点在于转换方法［2006.01］
H04N 5/225	•• 电视摄像机［2006.01］
G06F 3/044	•••• 通过用电容性方式［2006.01］
B24B 41/06	• 工件支架，如可调中心架（B24B 37/27 优先）［2012.01］
G02B 13/14	• 用于红外或紫外辐射的（G02B 13/16 优先）［2006.01］
H05K 1/02	• 零部件［2006.01］
C03C 17/00	纤维或丝之外玻璃，例如微晶玻璃的涂覆法表面处理［2006.01］
G02F 1/13	•• 基于液晶的，例如单位液晶显示单元［2006.01］
G02F 1/1333	••• 构造上的设备（G02F 1/135，G02F 1/136 优先）［2006.01］
G02B 27/01	• 加盖显示器［2006.01］
G02F 1/13357	•••••• 照明装置［2006.01］
B29C 45/26	•• 模型［2006.01］
B08B 13/00	一般用于清洁机器或设备的附件或零件［2006.01］

（五）发明人排名

图 5-68 为联创电子科技股份有限公司中国专利申请量前十位发明人排名。有 2 名发明人处于第一梯队，分别为曾吉勇、曾昊杰，其作为发明人的专利申请量分别占该公司中国专利申请总量的 22.13%、19.23%。前十位发明人对应的专利申请共 384 件，占该公司中国专利申请总量的 46.43%。这说明该公司的专利发明人相对集中，已经形成特定的研发团队，曾吉勇、曾昊杰等为该公司的研发核心人员。

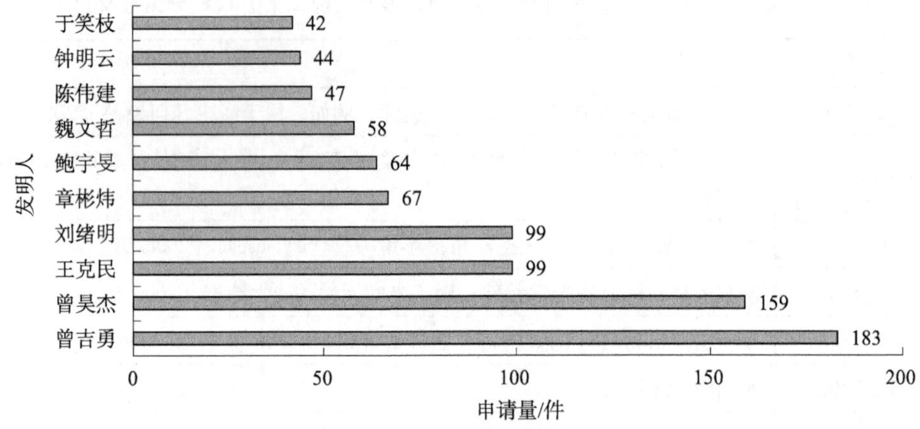

图 5-68　联创电子科技股份有限公司中国专利主要发明人排名

（六）有效发明专利发明人统计

联创电子科技股份有限公司有效发明专利共计 355 件。在该公司的有效发明专利中，对各专利的第一发明人进行统计，可以得到如图 5-69 所示的结果。其中，章彬炜作为第一发明人的专利数量最多，为 47 件；魏文哲作为第一发明人的专利有 30 件；王义龙作为第一发明人的专利有 27 件；于笑枝作为第一发明人的专利有 23 件；其余发明人作为第一发明人的专利数量均不超过 15 件。结合发明人排名情况及有效发明专利发明人统计情况，可以看出章彬炜和魏文哲是联创电子科技股份有限公司中专利申请活动较为积极的团队负责人。

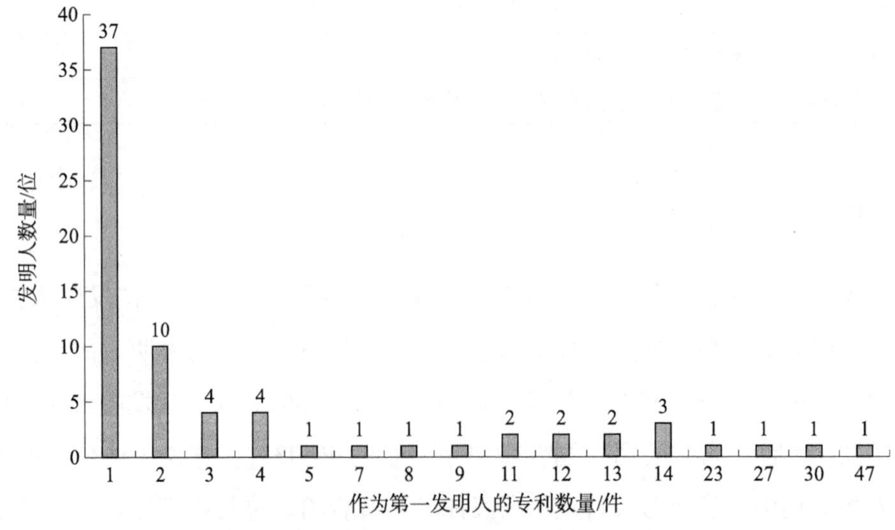

图 5-69　联创电子科技股份有限公司有效发明专利第一发明人统计情况

（七）有效发明专利首权字数

如图 5－70 所示，联创电子科技股份有限公司有效发明专利中有 12 件首权字数数据空缺，首权字数分布中，1～100 个字的有 3 件，101～200 个字的有 28 件，201～300 个字的有 121 件，301～400 个字的有 119 件，401～500 个字的有 54 件，501～600 个字的有 12 件，超过 600 字的有 6 件。由此可见，联创电子科技股份有限公司有效发明专利的首权字数集中于 100～500 个字这个区间，平均首权字数约为 329 个字。

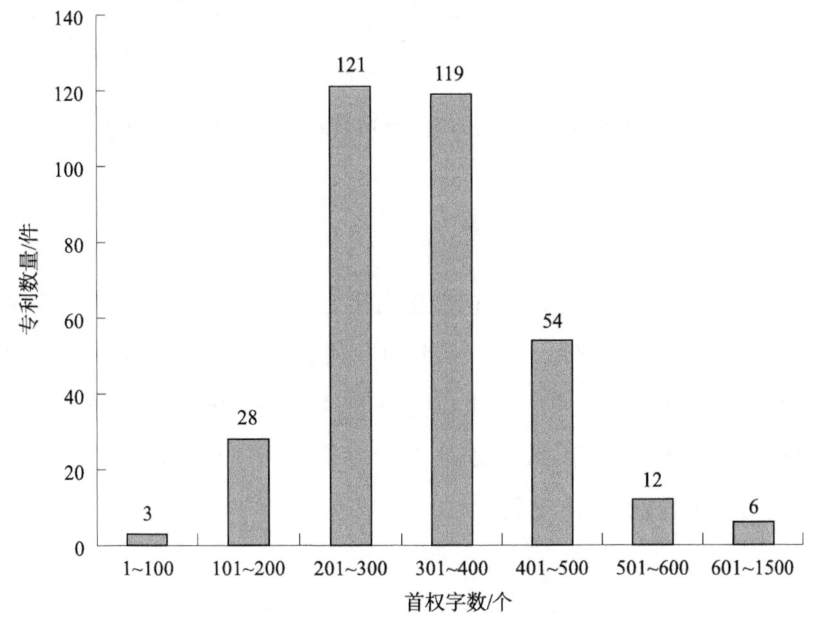

图 5－70　联创电子科技股份有限公司有效发明专利首权字数分布

（八）有效发明专利权利要求数量

如图 5－71 所示，联创电子科技股份有限公司有效发明专利中，权利要求数量为 1～5 个的有 8 件；权利要求数量为 6～10 个的有 189 件，其中权利要求数量为 10 个的专利最多，达 166 件；权利要求数量为 11～15 个的有 154 件；权利要求数量为 16 个以上的有 4 件。该公司有效发明专利平均权利要求数量约为 10.5 个。

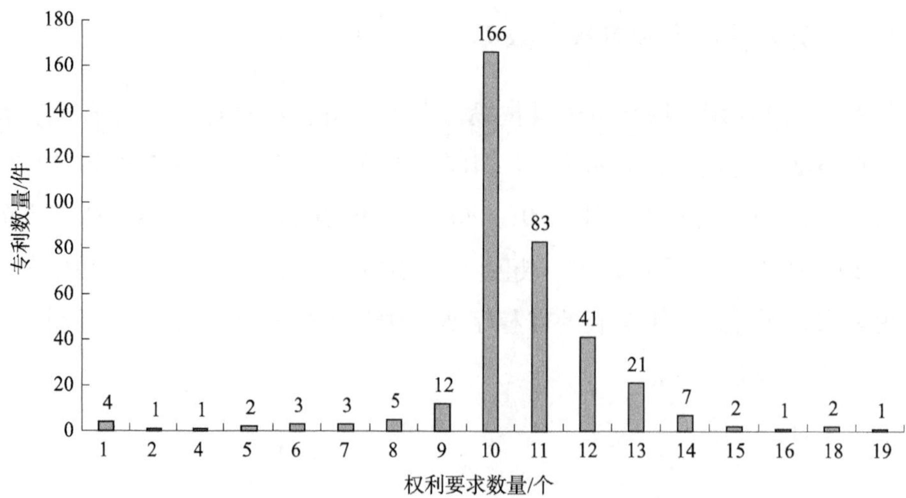

图 5-71　联创电子科技股份有限公司有效发明专利权利要求数量分布

（九）有效发明专利文献页数

如图 5-72 所示，联创电子科技股份有限公司有效发明专利中，专利文献页数为 1~10 页的专利有 24 件，11~20 页的专利有 93 件，21~30 页的专利有 193 件，31~40 页的专利有 40 件，41 页以上有 5 件。联创电子科技股份有限公司有效发明专利文献页数集中于 11~35 页这个区间，平均专利文献页数约为 23.0 页，平均说明书页数约为 21.0 页。

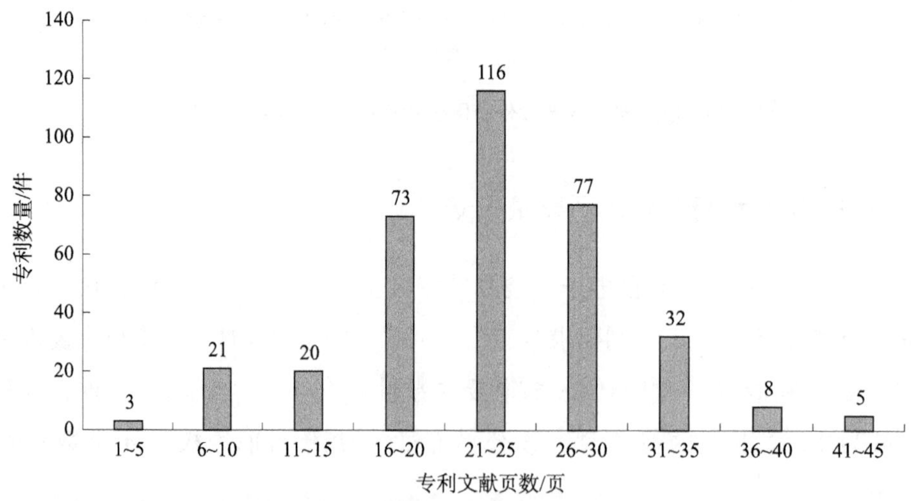

图 5-72　联创电子科技股份有限公司有效发明专利文献页数分布

九、江西青峰药业有限公司

（一）全球专利申请地域排名

如图 5 - 73 所示，从采集的 2001 ~ 2021 年专利数据来看，由于在分析中考虑了同族专利的情况，江西青峰药业有限公司的专利申请量为 197 件。这些专利申请集中在中国，少数专利分布于世界知识产权组织、欧洲专利局和美国。这反映出该公司业务集中在中国国内。结合专利申请时间来看，该公司于 2011 年分别向欧洲专利局提出 3 件专利申请、向美国提出 2 件专利申请、向世界知识产权组织提出 2 件专利申请，于 2020 年向世界知识产权组织提出 2 件专利申请。

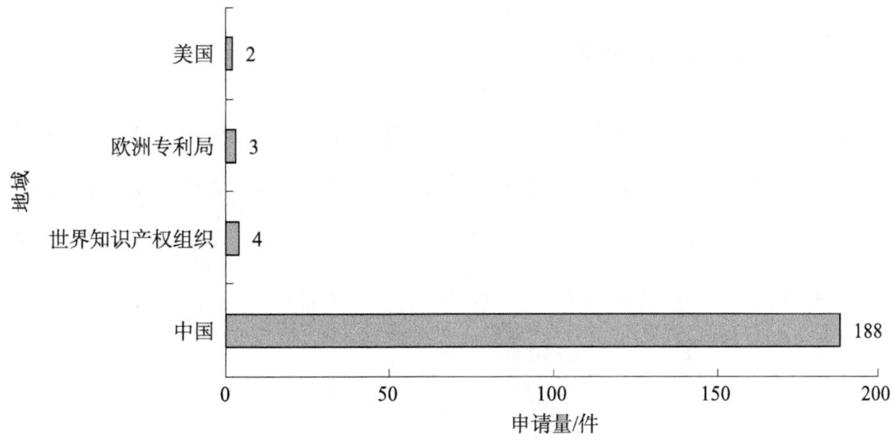

图 5 - 73　江西青峰药业有限公司全球专利申请地域排名

（二）中国专利申请趋势

如图 5 - 74 所示，江西青峰药业有限公司自 2001 年开始在中国申请专利。2009 年之前，专利申请数量少，平均每年专利申请量在 1 件左右。2012 年达到该公司的第一个申请量高峰，专利申请量为 75 件，此后迅速回落，直至 2020 年达到第二个小高峰，专利申请量为 30 件。可见，江西青峰药业有限公司专利申请量波动较大，需加强专利申请管理。结合 2010 年之后专利申请类型情况来看，在所有专利申请中，绝大部分是发明专利申请，仅在 2020 ~ 2011 年，该公司有 3 项实用新型专利申请。据此可知，江西青峰药业有限公司以技术为核心，注重企业长期效益，具有较强的创新能力和市场竞争力。

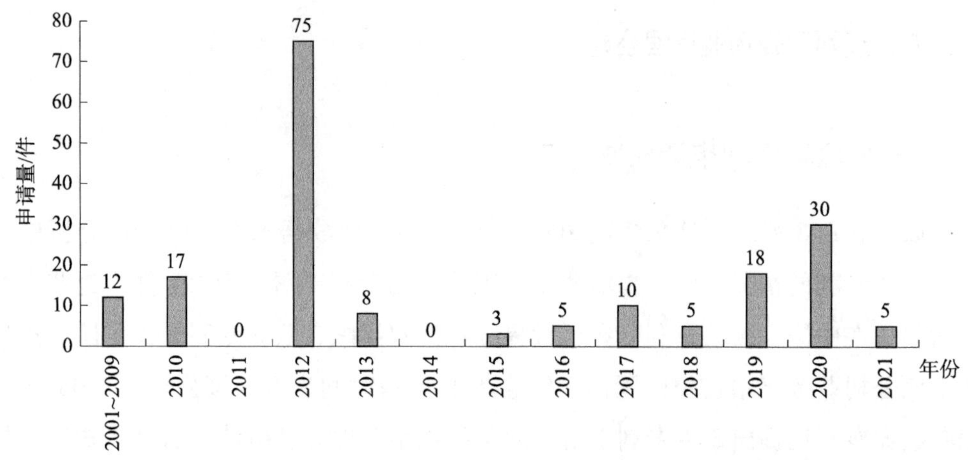

图 5－74　江西青峰药业有限公司中国专利申请趋势

（三）中国专利申请类型

如图 5－75 所示，江西青峰药业有限公司的专利申请中，发明专利申请共有 185 件，占总申请量的 98%；实用新型专利共有 3 件，占总申请量的 2%。该公司的专利类型绝大多数为发明专利，说明其注重产品的长期效益，在本领域具有较强的研发实力和科技创新能力，具有较好的发展前景。

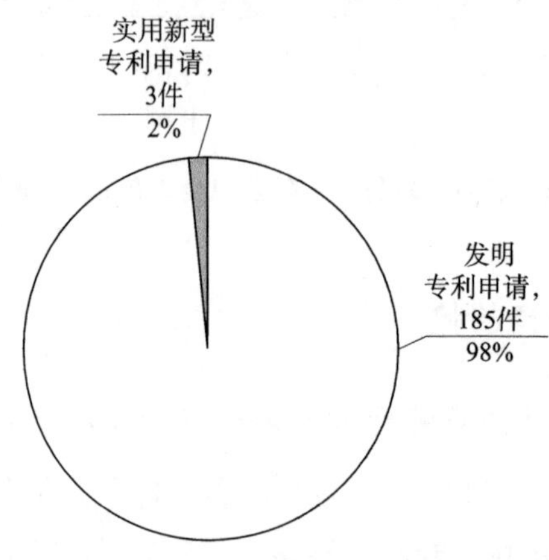

图 5－75　江西青峰药业有限公司中国专利申请类型

（四）技术构成

图 5－76 列出了江西青峰药业有限公司专利申请涉及的前二十位 IPC 分类号。涉及专利申请量超过 50 件的 IPC 分类号有 4 个，分别为 A61P 9/10、A61K

31/216、C07C 69/732、A61P 7/02，其中涉及 A61P 9/10 的专利申请最多，达到60 件。涉及专利申请量在 30～50 件的 IPC 分类号有 6 个，分别为 A61K 31/365、A61K 31/343、A61P 25/00、A61K 9/19、A61P 29/00、A61P 25/28。各分类号具体含义见表 5－9。

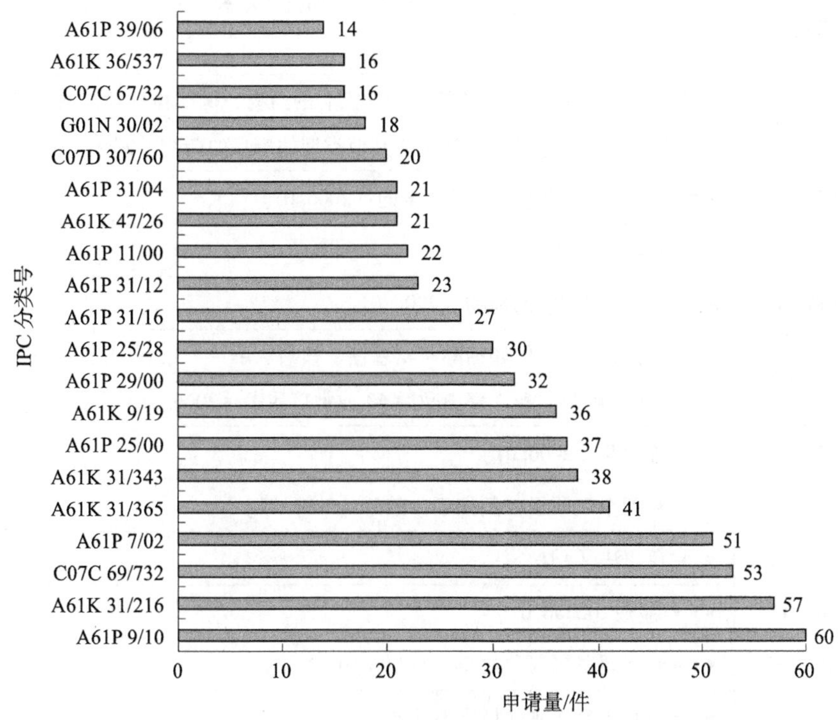

图 5－76　江西青峰药业有限公司专利申请 IPC 分类号分布前二十

表 5－9　江西青峰药业有限公司专利申请涉及的前二十个 IPC 分类号及含义

IPC 分类号	含义
A61P 9/10	• 治疗局部缺血或动脉粥样硬化疾病的，例如抗心绞痛药、冠状血管舒张药、治疗心肌梗死、视网膜病、脑血管功能不全、肾动脉硬化疾病的药物［2006. 01］
A61K 31/216	••• 含芳环的酸的酯，例如胃复康、氯贝丁酯［2006. 01］
C07C 69/732	••• 不饱和羟基羧酸的［2006. 01］
A61P 7/02	• 抗血栓形成剂；抗凝血药；血小板凝聚抑制剂［2006. 01］
A61K 31/365	••• 内酯［2006. 01］
A61K 31/343	•••• 与碳环稠合的，例如香豆满、丁呋洛尔、苯呋心安、氯苯呋醇、胺碘酮［2006. 01］

续表

IPC 分类号	含义
A61P 25/00	治疗神经系统疾病的药物［2006.01］
A61K 9/19	•• 冻干的［2006.01］
A61P 29/00	非中枢性止痛剂、退热药或抗炎剂，例如抗风湿药；非甾体抗炎药（NSAIDs）［2006.01］
A61P 25/28	• 用于治疗中枢神经系统神经变性疾病的药物，例如精神功能改善剂、识别增强剂、用于治疗早老性痴呆或其他类型的痴呆的药物［2006.01］
A61P 31/16	••• 用于流行性感冒或鼻病毒的［2006.01］
A61P 31/12	• 抗病毒剂［2006.01］
A61P 11/00	治疗呼吸系统疾病的药物［2006.01］
A61K 47/26	•• 碳水化合物，例如糖醇、氨基糖、核酸、单－，二－或寡－糖；其衍生物，例如聚山梨醇酯、聚山梨醇 60 或甘草甜素［2006.01］
A61P 31/04	• 抗细菌药［2006.01］
C07D 307/60	•••• 两个氧原子，例如丁二酸酐［2006.01］
G01N 30/02	• 柱色谱法〔4〕
C07C 67/32	••• 脱羧［2006.01］
A61K 36/537	•••• 鼠尾草属（鼠尾草）［2006.01］
A61P 39/06	• 自由基清除剂或抗氧化剂［2006.01］

（五）发明人排名

图 5－77 为江西青峰药业有限公司中国专利申请量前十位发明人排名。排名前四的发明人分别为刘地发、杨小玲、李志勇、吕武清，其专利申请量分别占该公司中国专利申请总量的 43.62%、40.96%、35.64%、33.51%，占比均已超过 30%。前二十位发明人对应的专利申请共 159 件，占该公司中国专利申请总量的 84.57%。这说明该公司的专利发明人相对集中，已经形成特定的研发团队，图 5－77 中所列的发明人为该公司的研发核心人员。

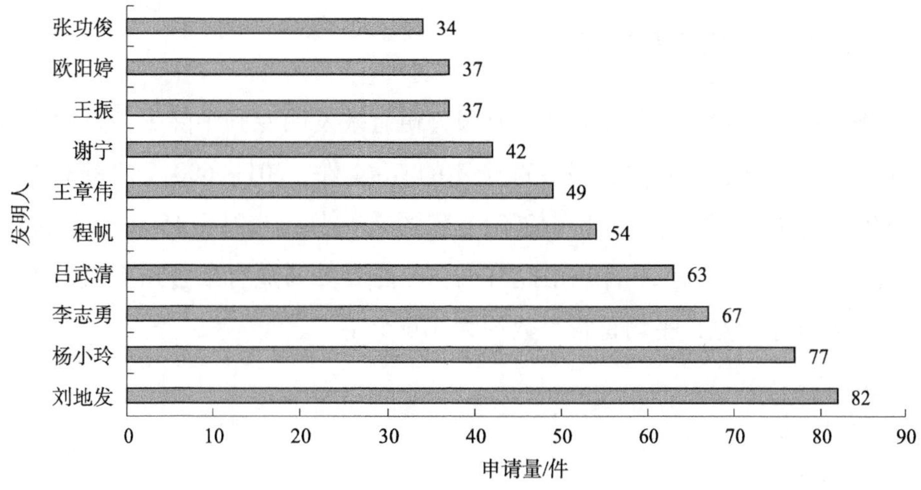

图5-77　江西青峰药业有限公司中国专利主要发明人排名

（六）有效发明专利发明人统计

江西青峰药业有限公司有效发明专利共计106件。在该公司的有效发明专利中，对各专利的第一发明人进行统计，可以得到如图5-78所示的结果。其中，杨小玲作为第一发明人的专利数量最多，为25件；吕武清作为第一发明人的专利有13件；刘地发作为第一发明人的专利有8件；其余发明人作为第一发明人的专利数量均不超过5件。结合发明人排名情况及有效发明专利发明人统计情况，可以明确杨小玲、吕武清和刘地发是江西青峰药业有限公司中专利申请活动较为积极的团队负责人。

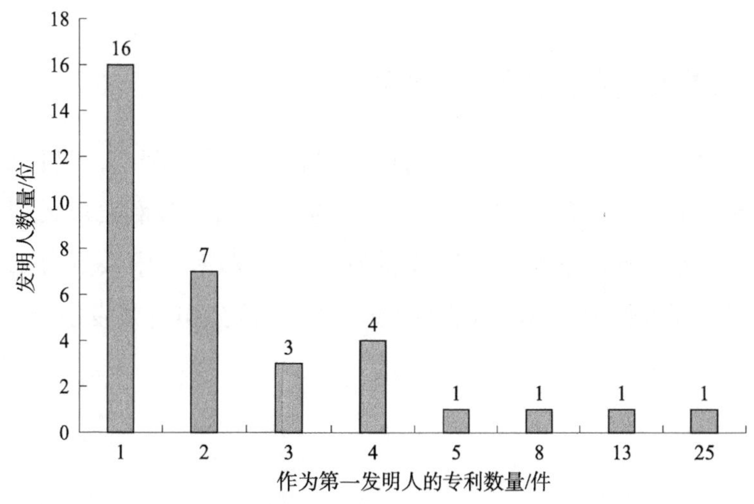

图5-78　江西青峰药业有限公司有效发明专利第一发明人统计情况

（七）有效发明专利首权字数

如图 5－79 所示，江西青峰药业有限公司有效发明专利中除 1 件首权字数数据空缺外，首权字数分布中，1～300 个字的有 44 件，301～600 个字的有 11 件，601～900 个字的有 21 件，901～1200 个字的有 9 件，1201～1500 个字的有 10 件，超过 1500 个字的有 10 件。由此可见，江西青峰药业有限公司有效发明专利的首权字数分布较宽，平均首权字数约为 676 个字。

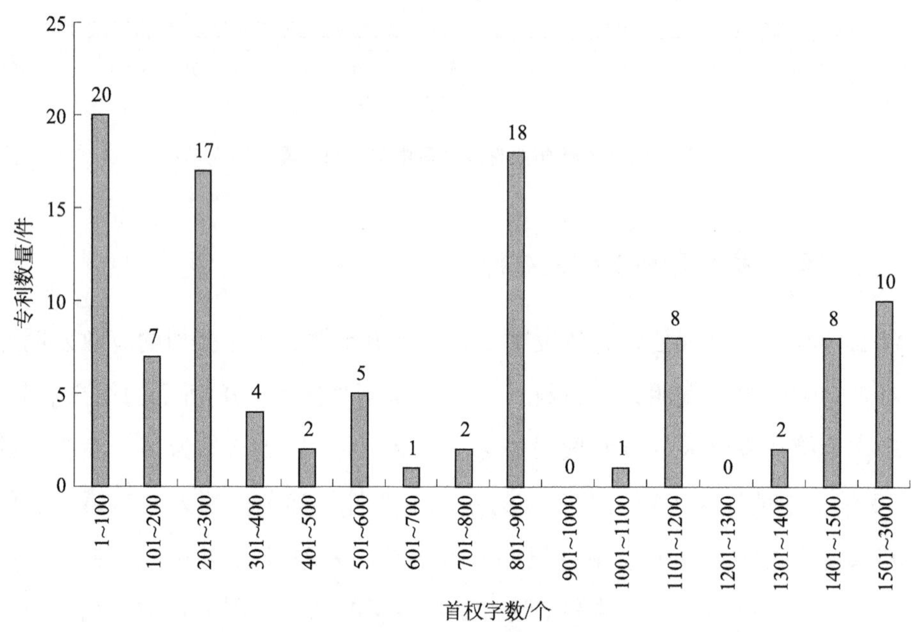

图 5－79　江西青峰药业有限公司有效发明专利首权字数分布

（八）有效发明专利权利要求数量

如图 5－80 所示，江西青峰药业有限公司有效发明专利中，权利要求数量为 1～5 个的有 2 件，权利要求数量为 6～10 个的有 26 件，权利要求数量 11～15 个的有 20 件，权利要求数量为 16～20 个的有 18 件，权利要求数量为 21～25 个的有 23 件，权利要求数量在 26 个以上的有 17 件。该公司有效发明专利平均权利要求数量为 18.8 个。

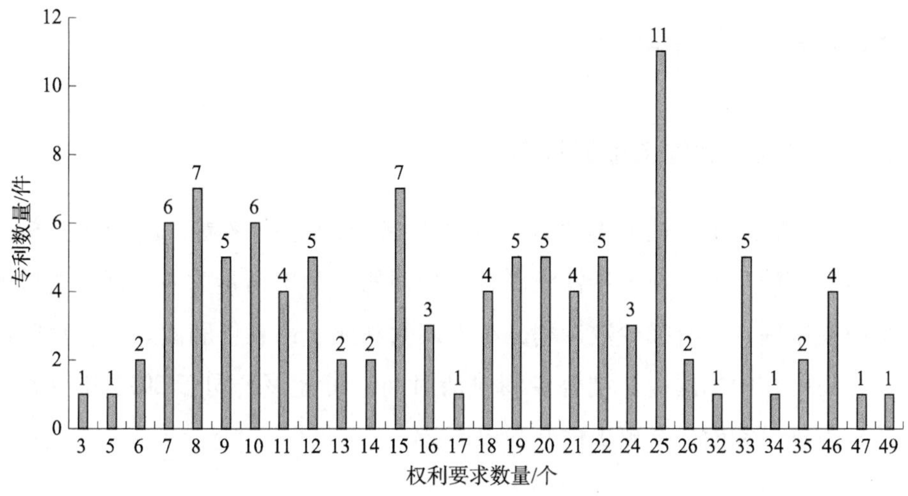

图 5－80　江西青峰药业有限公司有效发明专利权利要求数量分布

（九）有效发明专利文献页数

如图 5－81 所示，江西青峰药业有限公司有效发明专利中，专利文献页数为 1～20 页的专利有 29 件，21～40 页的专利有 21 页，41～60 页的专利有 3 件，61～80 页的专利有 34 件，81 页以上的专利有 19 件。江西青峰药业有限公司有效发明专利文献页数集中于 6～30 页和 66～85 页这两个区间，平均专利文献页数约为 48.3 页，平均说明书页数约为 46.3 页。

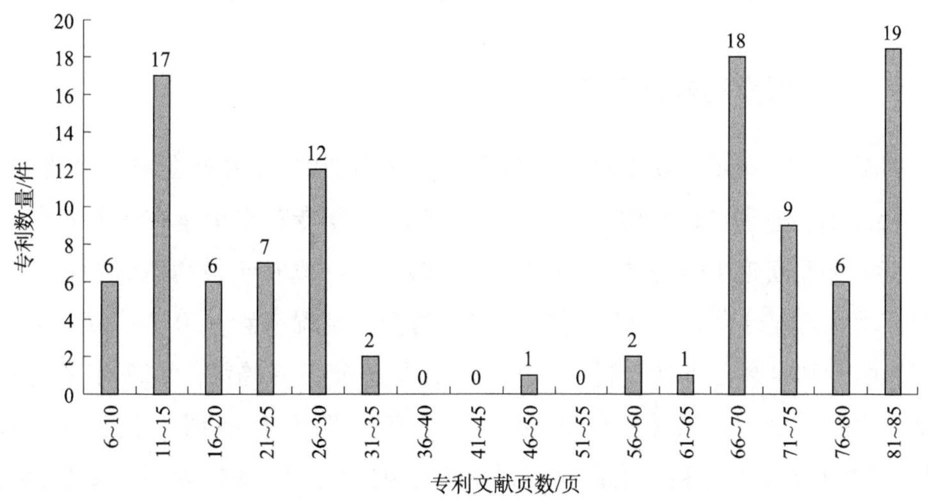

图 5－81　江西青峰药业有限公司有效发明专利文献页数分布

十、新余钢铁股份有限公司

（一）全球专利申请地域排名

如图5-82所示，从采集的2003~2022年专利数据来看，由于在分析中考虑了同族专利的情况，新余钢铁股份有限公司的专利申请量为445件。这些专利申请集中在中国，只有极少数专利分布于澳大利亚、卢森堡和南非。这反映出该公司业务集中在中国国内。结合专利申请时间，可知该公司于2021年分别向澳大利亚、卢森堡和南非提出1件专利申请。

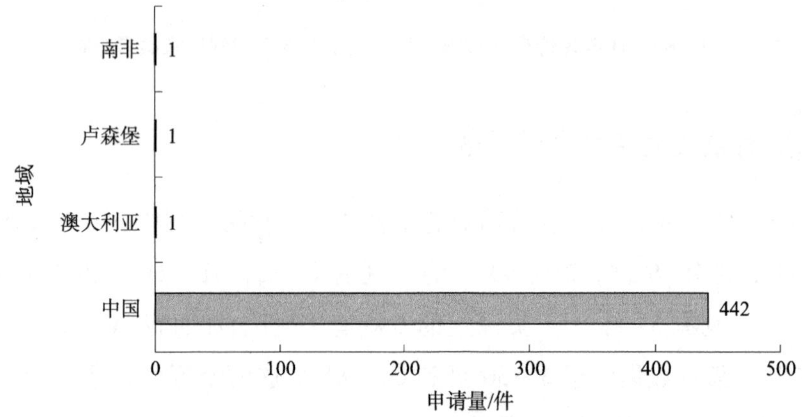

图5-82　新余钢铁股份有限公司全球专利申请地域排名

（二）中国专利申请趋势

如图5-83所示，新余钢铁股份有限公司自2003年开始在中国申请专利。2016年之前，专利申请量增长较为平缓，平均每年专利申请量在2件左右。从2017年开始呈迅速上升趋势，4年内达到顶峰，在2020年最高达到110件，此后呈波动状态。结合2017年之后的专利申请类型情况来看，2017~2021年，该公司发明专利申请在所有专利申请中的占比呈逐年下降趋势，2022年发明专利申请占比略有回升。其中，仅2016~2017年发明专利申请占比大于50%，2017~2022年发明专利申请占比不到50%。据此可知，2017年后，新余钢铁股份有限公司在专利申请结构方面不够理想。

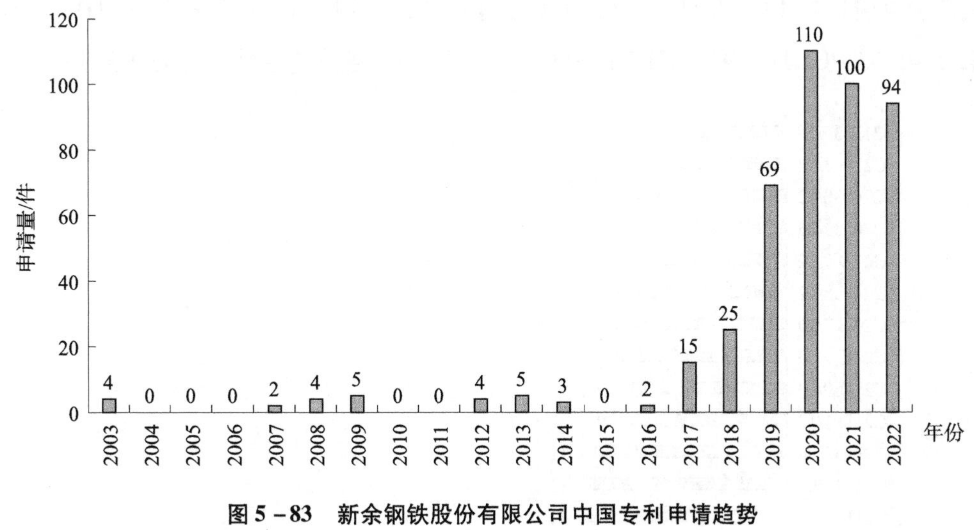

图 5－83　新余钢铁股份有限公司中国专利申请趋势

(三) 中国专利申请类型

如图 5－84 所示，新余钢铁股份有限公司的中国专利申请中，发明专利申请共有 162 件，占总申请量的 37%；实用新型专利申请共有 280 件，占总申请量的 63%，即该公司的专利申请类型多半为实用新型专利申请。实用新型专利申请授权快、门槛相对较低，说明该公司侧重产品的实用性和适用性，同时在本领域的科技创新能力及技术实力有待加强。

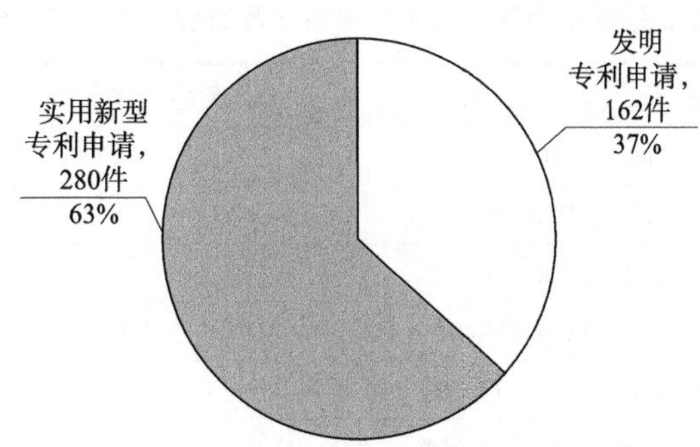

图 5－84　新余钢铁股份有限公司中国专利申请类型

(四) 技术构成

图 5－85 列出了新余钢铁股份有限公司专利申请涉及的前二十位 IPC 分类号。涉及专利申请量超过 20 件的 IPC 分类号有 4 个，分别为 C22C 38/02、C22C 38/04、C22C 38/06 和 C21D 8/02，其中 C22C 38/02 涉及的专利申请量最多，达到 36 件。涉

及专利申请量在10～20件的IPC分类号有6个，分别为C22C 38/14、C21D 11/00、B21B 45/02、C21D 6/00、B21B 15/00、C22C 33/04。各分类号具体含义见表5－10。

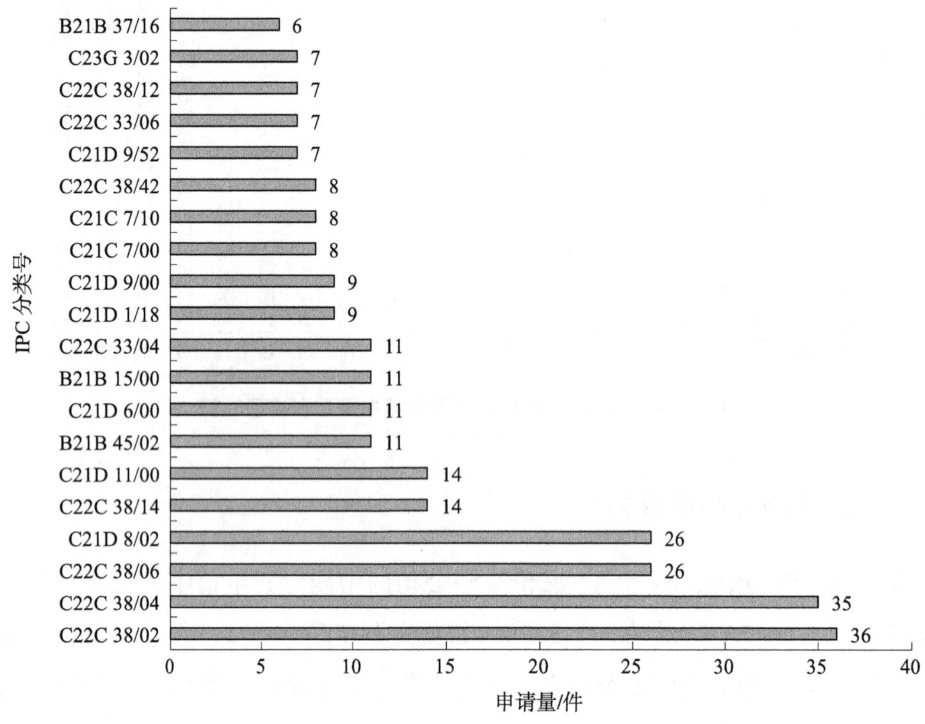

图5－85 新余钢铁股份有限公司专利申请IPC分类号分布前二十

表5－10 新余钢铁股份有限公司专利申请涉及的前二十个IPC分类号及含义

IPC分类号	含义
C22C 38/02	• 含硅的［2006.01］
C22C 38/04	• 含锰的［2006.01］
C22C 38/06	• 含铝的［2006.01］
C21D 8/02	• 在生产钢板或带钢时（C21D 8/12优先）［2006.01］
C22C 38/14	• 含钛或锆的［2006.01］
C21D 11/00	热处理过程的控制或调整［2006.01］
B21B 45/02	• 用于润滑、冷却或清洗［2006.01］
C21D 6/00	铁基合金的热处理〔2〕
B21B 15/00	专门连续于或配置于，或专门适用于金属轧机的进行附加金属加工工序的设备［2006.01］
C22C 33/04	• 用熔炼法［2006.01］
C21D 1/18	• 硬化（C21D 1/02优先）；随后回火或不回火的淬火（淬火设备入C21D 1/62）［2006.01］

续表

IPC 分类号	含义
C21D 9/00	热处理，例如适合于特殊产品的退火、硬化、淬火或回火；所用的炉子［2006.01］
C21C 7/00	熔融铁类合金的处理，例如不包括在 C21C 1/00 ~ C21C 5/00 组的钢（铸造成型过程中熔融金属的处理入 B22D 1/00，B22D 27/00）［2006.01］
C21C 7/10	• 真空处理［2006.01］
C22C 38/42	••• 含铜的［2006.01］
C21D 9/52	• 用于线材；带材［2006.01］
C22C 33/06	• 使用母（中间）合金［2006.01］
C22C 38/12	• 含钨、钽、钼、钒或铌的［2006.01］
C23G 3/02	• 连续清洗线材、带材、丝材［2006.01］
B21B 37/16	• 厚度、宽度、直径或其他横向尺寸的控制（B21B 37/58 优先）［2006.01］

（五）发明人排名

图 5－86 为新余钢铁股份有限公司中国专利申请量前十三位发明人排名。2 名发明人处于第一梯队，分别为杨帆、刘志芳，其作为发明人的专利申请量分别占该公司中国专利申请总量的 9.05%、8.14%。前十三位发明人对应的专利申请共 149 件，占总量的 33.63%，说明该公司的专利发明人集中，形成了特定的研发团队，名单上的发明人为该公司研发核心人员。

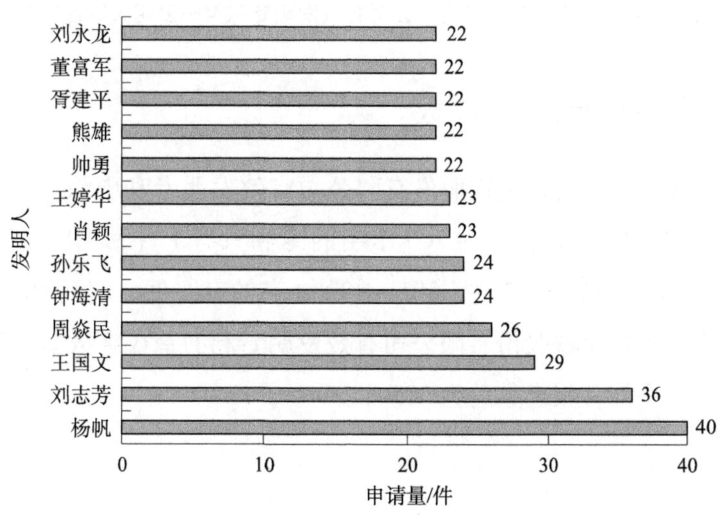

图 5－86　新余钢铁股份有限公司中国专利主要发明人排名

（六）有效发明专利发明人统计

新余钢铁股份有限公司有效发明专利共计60件。在该公司的有效发明专利中，对各专利的第一发明人进行统计，可以得到如图5－87所示的结果。其中，冯小明、何玉明等2位发明人分别作为第一发明人的专利数量最多，均为4件；其余发明人作为第一发明人的专利数量均不超过3件。结合发明人排名情况及有效发明专利发明人统计情况，可以看出新余钢铁股份有限公司的第一发明人专利申请量较少，专利申请积极性有待提高。

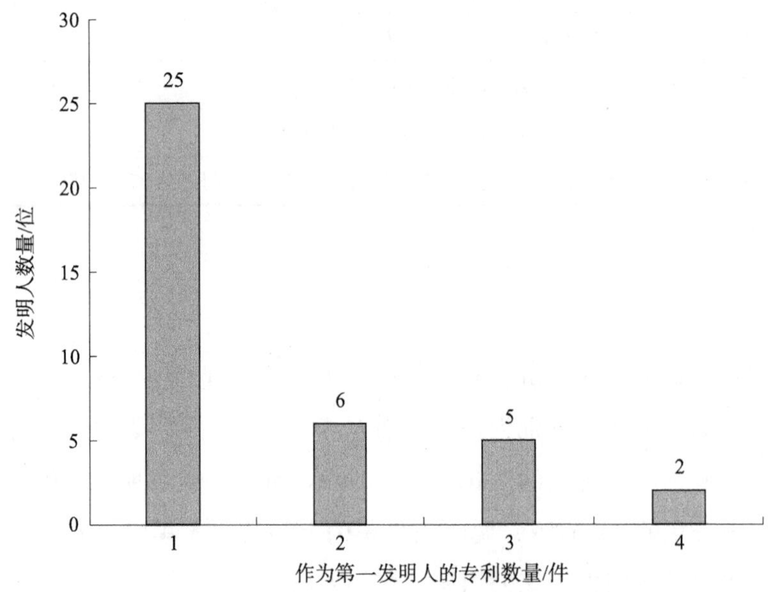

图5－87　新余钢铁股份有限公司有效发明专利第一发明人统计情况

（七）有效发明专利首权字数

如图5－88所示，新余钢铁股份有限公司有效发明专利中除7件首权字数数据空缺外，首权字数分布中，1～100个字的专利只有1件，101～200个字的有19件，201～300个字的有17件，301～400个字的有8件，超过400个字的有8件。由此可见，新余钢铁股份有限公司有效发明专利的首权字数集中于100～400个字这个区间，平均首权字数约为303个字。

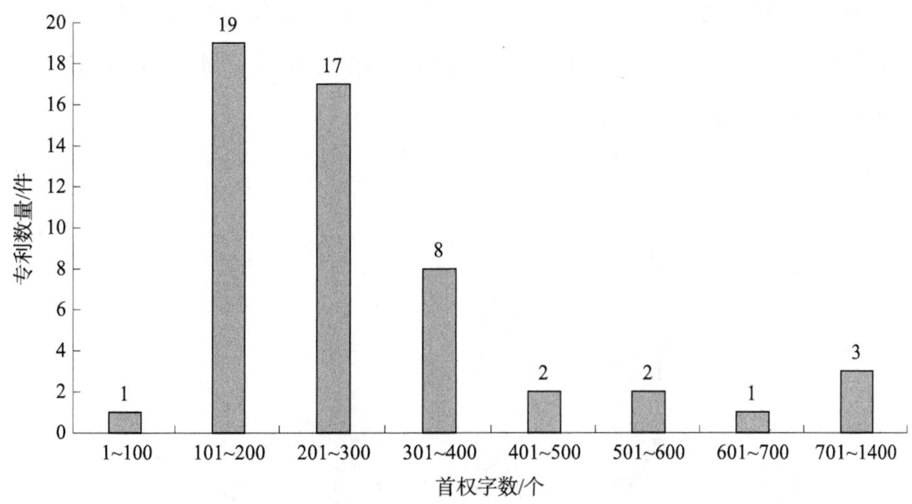

图 5－88　新余钢铁股份有限公司有效发明专利首权字数分布

（八）有效发明专利权利要求数量

如图 5－89 所示，新余钢铁股份有限公司有效发明专利中，权利要求数量为 1～5 个的有 19 件；权利要求数量为 6～10 个有 41 件，其中权利要求数量为 10 个数量最多，为 26 件。该公司有效发明专利平均权利要求数量约为 7.0 个。

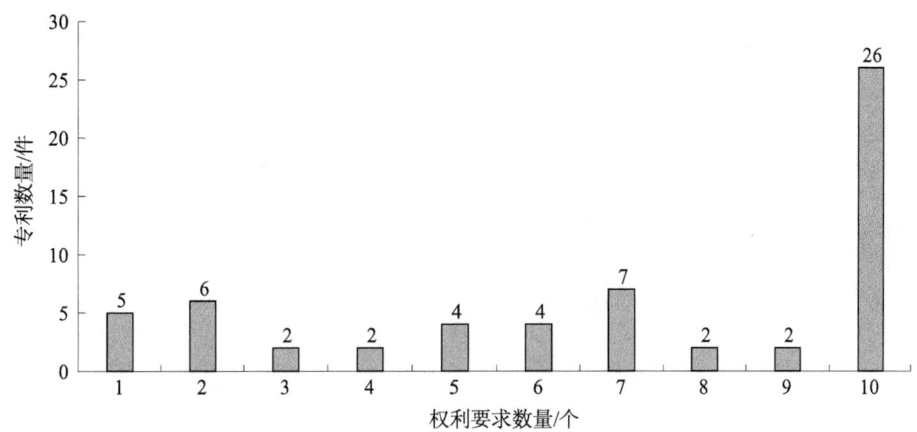

图 5－89　新余钢铁股份有限公司有效发明专利权利要求数量分布

（九）有效发明专利文献页数

如图 5－90 所示，新余钢铁股份有限公司有效发明专利中，专利文献页数为 5 页以下的专利有 4 件，6～10 页的专利有 26 件，11～25 页的专利有 18 件，

16～20 页的专利有 9 件，21 页以上的专利有 3 件。新余钢铁股份有限公司有效发明专利文献页数集中于 6～20 页这个区间，平均专利文献页数约为 11.3 页，平均说明书页数约为 9.3 页。

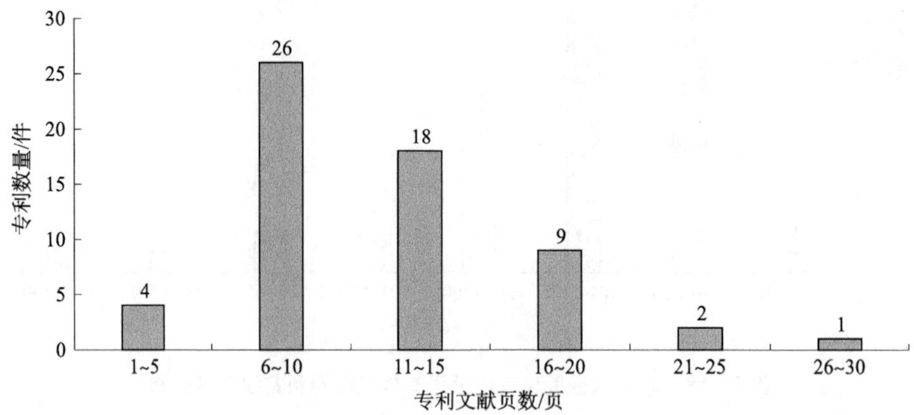

图 5－90　新余钢铁股份有限公司有效发明专利文献页数分布

第六章　江西省专利创新前十高等院校专利分析

一、南昌大学

（一）全球专利申请地域排名

如图 6 – 1 所示，从采集的 1985 ~ 2022 年专利数据来看，由于在分析中考虑了同族专利的情况，南昌大学专利申请量为 10788 件。这些专利申请集中在中国，有 10748 件（占比 99. 63%）；少数专利申请分布于美国、世界知识产权组织、澳大利亚、日本。结合专利申请时间可知，南昌大学从 2006 年开始布局海外专利，2006 年向世界知识产权组织提出 2 件专利申请。最近几年海外专利申请较多，2020 年申请了 8 件，2021 年申请了 15 件，海外专利申请呈现快速增加的趋势。

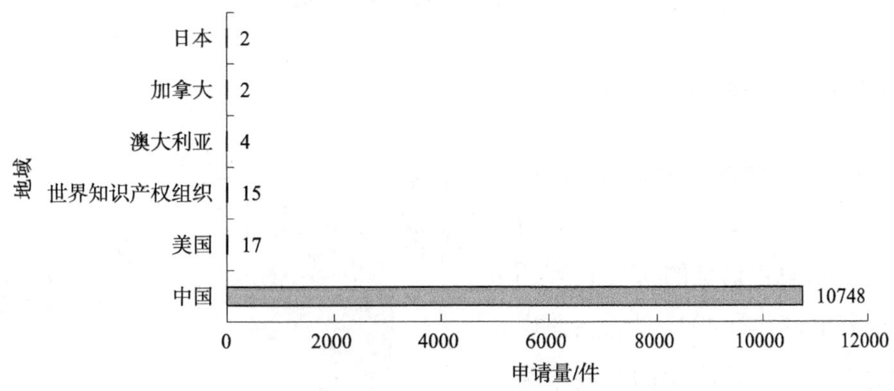

图 6 – 1　南昌大学全球专利申请地域排名

（二）中国专利申请趋势

如图 6 – 2 所示，南昌大学自 1985 年开始在中国申请专利。2004 年之前，南昌大学专利申请趋势增长平缓，平均每年专利申请量不超过10件；从2005年开始呈现小幅上升的趋势，特别是2015年后，南昌大学专利申请量增长较快，2021年达到峰值，为1632件。结合专利申请类型情况可知，2011~2014年，南昌大学发明专利申请占所有专利申请的比例从41.97%上升到88.79%；2015~2021年，南昌大学发明专利申请占所有专利申请的比例从87.27%下降到46.99%；2022年发明专利申请占所有专利申请的比例为68.38%。

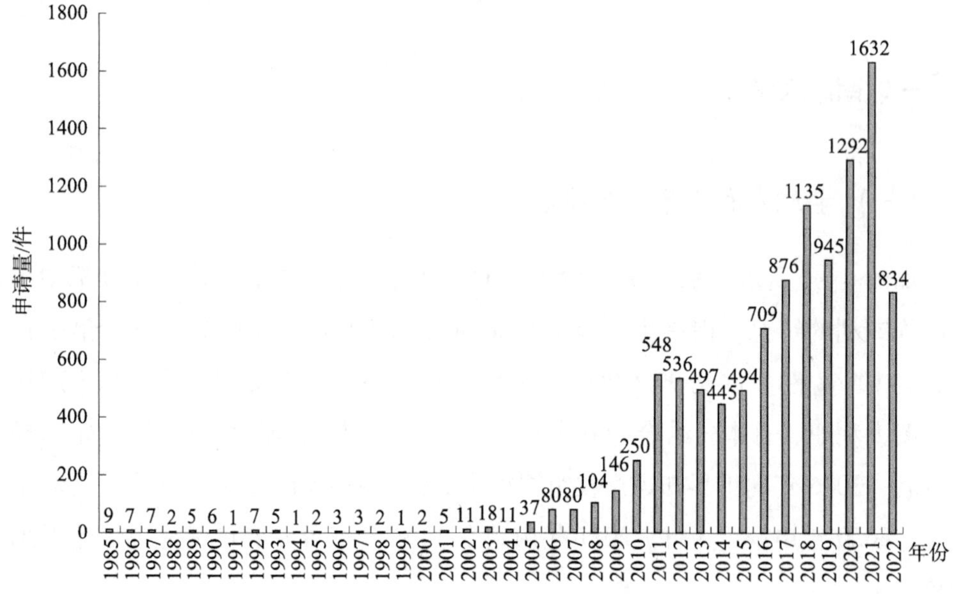

图6-2　南昌大学中国专利申请趋势

（三）中国专利申请类型

如图6-3所示，南昌大学的中国专利申请中，发明专利申请共有6726件，占总申请量的63%；实用新型专利申请共有4022件，占总申请量的37%。南昌大学的专利申请类型主要为发明专利申请，其科技创新能力及其在本领域的技术实力可见一斑。

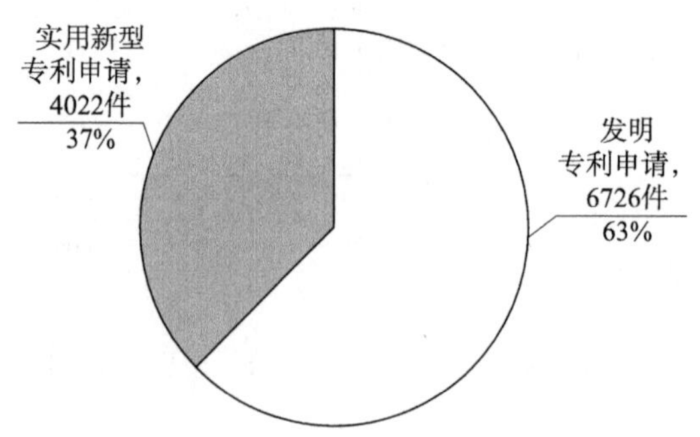

图6-3　南昌大学中国申请专利类型

(四) 技术构成

图 6－4 列出了南昌大学专利申请涉及的前二十位 IPC 分类号。涉及专利申请量超过 100 件的 IPC 分类号有 3 个，分别为 C12N 1/20、B82Y 40/00、A61P 35/00。涉及专利申请量在 80～100 件的 IPC 分类号有 9 个，分别为 B01J 20/30、G01N 33/68、G06K 9/62、G06N 3/04、A23L 33/00、G01N 33/577、B82Y 30/00、A61M 1/00、E01D 19/00。各分类号具体含义见表 6－1。

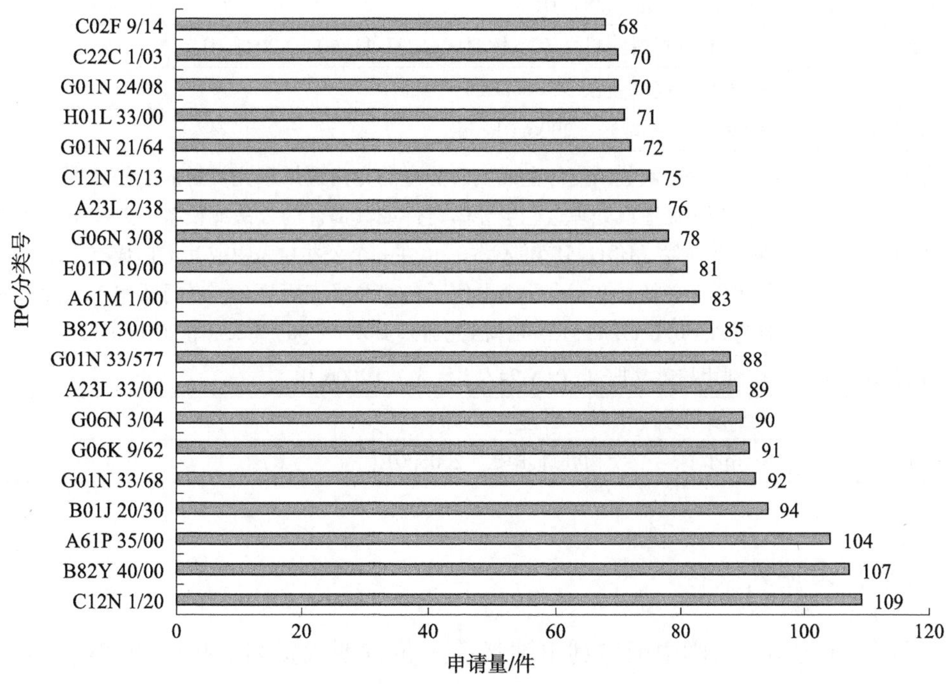

图 6－4　南昌大学专利申请 IPC 分类号分布前二十

表 6－1　南昌大学专利申请涉及的前二十个 IPC 分类号及含义

IPC 分类号	含义
C12N 1/20	• 细菌；其培养基［2006.01］
B82Y 40/00	纳米结构的制造或处理［2011.01］
A61P 35/00	抗肿瘤药［2006.01］
B01J 20/30	• 制备，再生或再活化的方法［2006.01］
G01N 33/68	••• 涉及蛋白质、肽或氨基酸的［2006.01］
G06K 9/62	• 应用电子设备进行识别的方法或装置［2022.01］
G06N 3/04	•• 体系结构，例如，互连拓扑［2006.01］
A23L 33/00	改变食品的营养性质；营养制品；其制备或处理［2016.01］
G01N 33/577	•••• 涉及单克隆抗体的［2006.01］

续表

IPC 分类号	含义
B82Y 30/00	用于材料和表面科学的纳米技术，例如：纳米复合材料［2011.01］
A61M 1/00	医用吸引或汲送器械；抽取、处理或转移体液的器械；引流系统（导管入 A61M 25/00；专门适用于医用的连接管、耦合管、阀或分流元件入 A61M 39/00；血液取样器械入 A61B 5/15；牙医用除唾液器械入 A61C 17/06；可植入血管内的滤器入 A61F 2/01）［2006.01］
E01D 19/00	桥梁零件［2006.01］
G06N 3/08	•• 学习方法［2006.01］
A23L 2/38	• 其他非酒精饮料（豆类饮料入 A23L 11/60）［2021.01］
C12N 15/13	•••• 免疫球蛋白［2006.01］
G01N 21/64	••• 荧光；磷光［2006.01］
H01L 33/00	至少有一个电位跃变势垒或表面势垒的专门适用于光发射的半导体器件；专门适用于制造或处理这些半导体器件或其部件的方法或设备；这些半导体器件的零部件（H01L 51/00 优先；由在一个公共衬底中或其上形成有多个半导体组件并包括具有至少一个电位跃变势垒或表面势垒，专门适用于光发射的器件入 H01L 27/15；半导体激光器入 H01S 5/00）〔2，8，2010.01〕
G01N 24/08	• 利用核磁共振（G01N 24/12 优先）［2006.01］
C22C 1/03	•• 使用母（中间）合金［2006.01］
C02F 9/14	• 至少有一个生物处理步骤［2006.01］

（五）发明人排名

图 6－5 为南昌大学中国专利申请量前十位发明人排名。排名前四的发明人

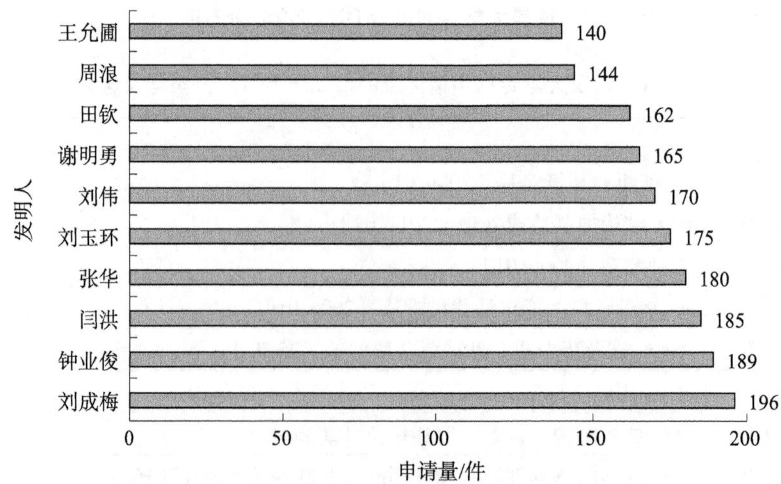

图 6－5　南昌大学中国专利主要发明人排名

分别为刘成梅、钟业俊、闫洪、张华，其作为发明人的专利申请量分别占该高校中国专利申请总量的 1.82%、1.75%、1.71%、1.67%，占比均未超过 2%。前十位发明人对应的专利申请共 1386 件，仅占总量的 12.90%。由此可见，南昌大学的专利发明人较为分散，与其学校规模较大、院所设置层次丰富及其在校从事研发活动的师生人数较多等情况相符。

（六）有效发明专利发明人排名

南昌大学有效发明专利共计 1785 件。在该校的有效发明专利中，对各专利的第一发明人进行统计，可以得到如图 6－6 所示的结果。其中，闫洪作为第一发明人的专利数量最多，为 82 件；陈伟凡作为第一发明的专利有 33 件；邱建丁作为第一发明人的专利有 27 件；毛水春作为第一发明人的专利有 24 件；其余发明人作为第一发明人的专利数量均不超过 20 件。结合发明人排名情况及有效发明专利发明人统计情况，可以看出闫洪是南昌大学中专利申请活动较为积极的团队负责人。

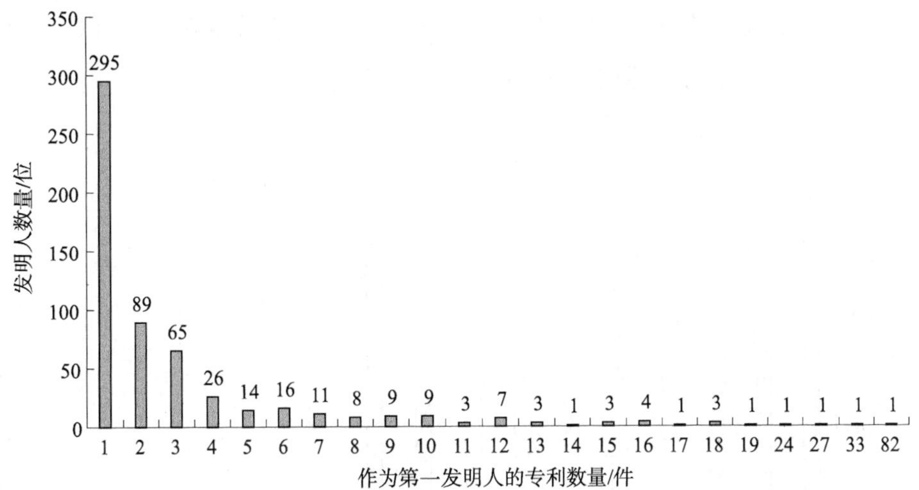

图 6－6　南昌大学有效发明专利第一发明人统计情况

（七）有效发明专利首权字数

如图 6－7 所示，南昌大学有效发明专利中除 69 件首权字数数据空缺外，首权字数分布中，1～100 个字的专利有 237 件，101～200 个字的有 332 件，201～300 个字的有 301 件，301～400 个字的有 260 件，401～500 个字的有 170 件，501～600 个字的有 103 件，601～800 个字的有 143 件，801～1000 个字的有 60 件，超过 1000 个字的有 110 件。南昌大学有效发明专利平均首权字数约为 393 个字。

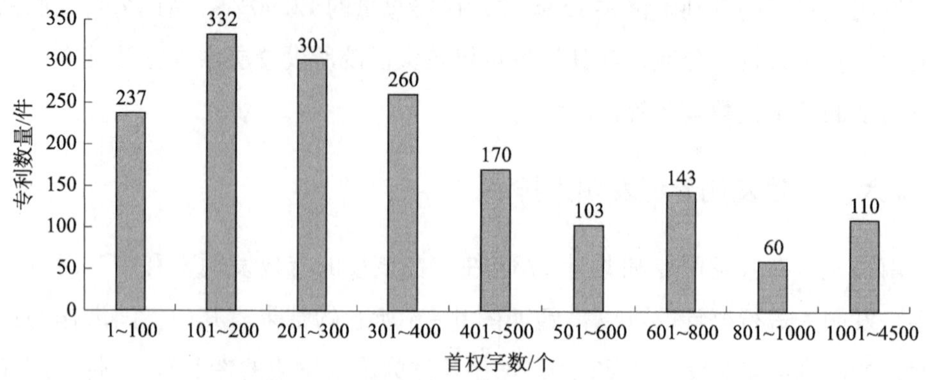

图 6－7　南昌大学有效发明专利首权字数分布

（八）有效发明专利权利要求数量

如图 6－8 所示，南昌大学有效发明专利中，权利要求数量为 5 个以下的有 927 件，权利要求数量为 6～10 个的有 837 件，权利要求数量在 11 个以上的仅有 21 件。南昌大学有发明专利平均权利要求数量约为 5.5 个。

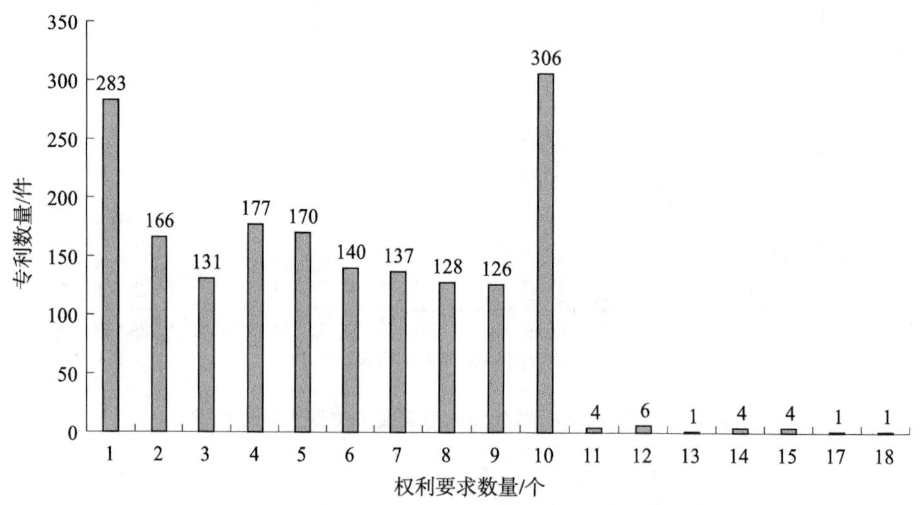

图 6－8　南昌大学有效发明专利权利要求数量分布

（九）有效发明专利文献页数

如图 6－9 所示，南昌大学有效发明专利中，专利文献页数为 5 页以下的专利有 170 件，6～10 页的专利有 898 件，11～15 页的专利有 482 件，16～20 页的专利有 165 件，21～30 页的专利有 62 件，31 页以上的专利有 8 件。南昌大学有效发明专利平均说明书页数约为 8.5 页。

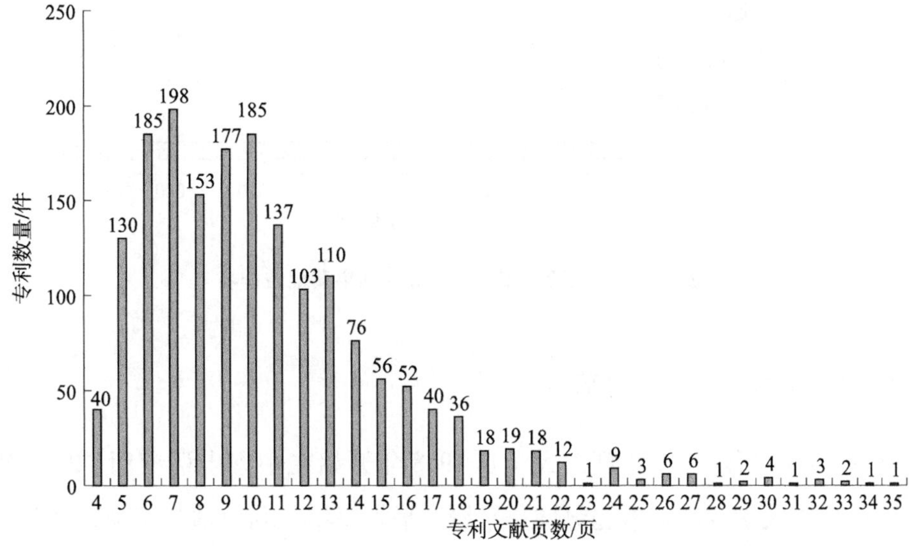

图 6－9 南昌大学有效发明专利文献页数分布

二、江西理工大学

（一）全球专利申请地域排名

如图 6－10 所示，从采集的 1988～2022 年专利数据来看，由于在分析中考虑了同族专利的情况，江西理工大学的专利申请量为 3573 件。这些专利申请集中在中国，有 3483 件（占比 97.48%）；少数专利申请分布于美国、世界知识产权组织、澳大利亚、欧洲专利局、日本、德国。结合专利申请时间来看，江西理工大学从 2014 年开始布局海外专利，2014 年向世界知识产权组织提出 1 件专利申请。最近几年海外专利申请不断增加，2018 年申请了 9 件，2020 年申请了 36 件，2021 年申请了 27 件，2022 年申请了 12 件，海外专利申请呈现快速增加的趋势。

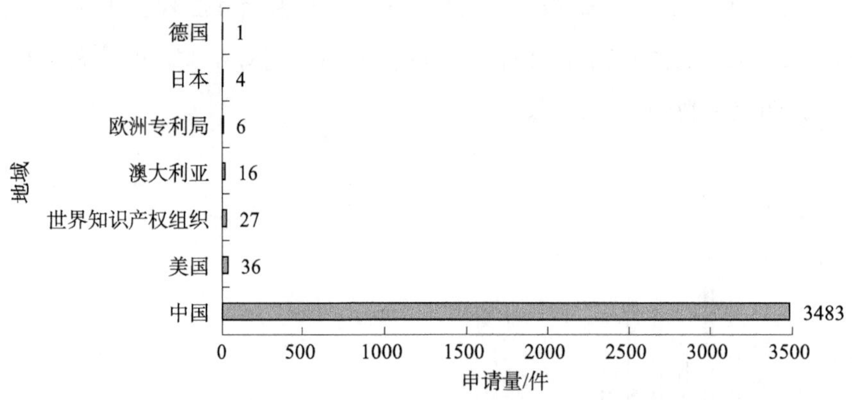

图 6－10　江西理工大学全球专利申请地域排名

（二）中国专利申请趋势

如图 6－11 所示，江西理工大学自 1988 年开始在中国申请专利。2008 年之前，江西理工大学专利申请趋势增长平缓，平均每年专利申请量不超过 2 件；从 2012 年开始呈现小幅上升的趋势，特别是 2016 年后，江西理工大学专利申请量增长较快，2019 年达到峰值，为 594 件。结合专利申请类型情况来看，2008 年之前江西理工大学提出的 39 件专利申请中，17 件为发明专利申请，22 件为实用新型专利申请，发明专利申请在所有专利申请中的占比为 43.59%；2009 年之后提出的 3444 件专利申请中，2813 件为发明专利申请，631 件为实用新型专利申请，发明专利申请在所有专利申请中的占比为 81.68%。

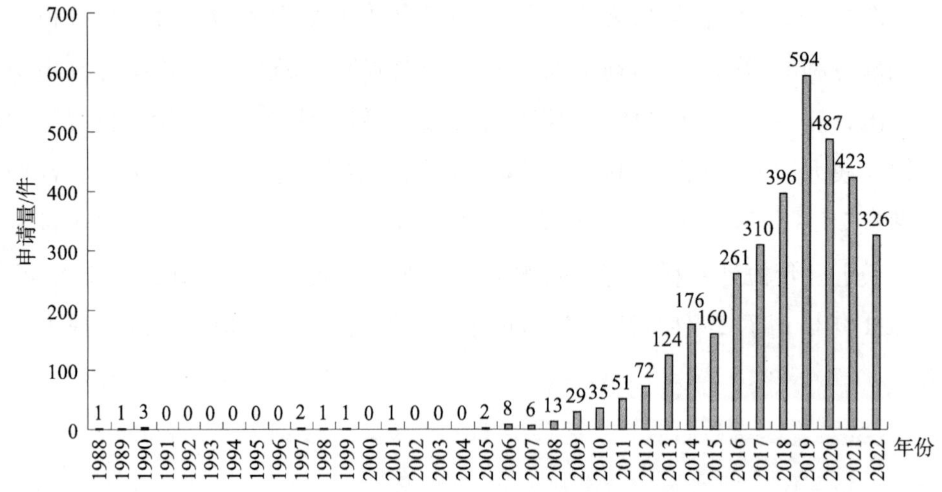

图 6－11　江西理工大学中国专利申请趋势

（三）中国专利申请类型

如图6－12所示，江西理工大学的中国专利申请中，发明专利申请共有2830件，占总申请量的81%；实用新型专利申请共有653件，占总申请量的19%。江西理工大学的专利申请类型主要为发明专利申请，其科技创新能力及其在本领域的技术实力可见一斑。

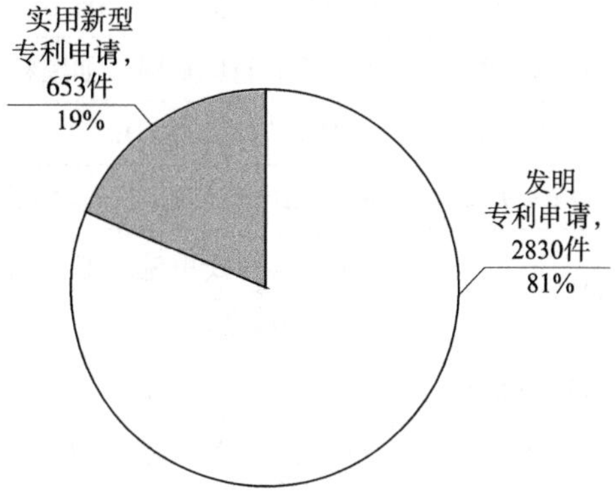

图6－12　江西理工大学中国专利申请类型

（四）技术构成

图6－13列出了江西理工大学专利申请涉及的前二十位IPC分类号。涉及专利申请量超过100件的IPC分类号有2个，分别为C22B 59/00、C22B 7/00。涉及专利申请量在50～100件的IPC分类号有10个，分别为B03D 101/02、G06K 9/62、H01M 10/0525、B03D 103/02、C22B 3/44、G06N 3/04、B03D 101/06、G06F 17/50、C22B 3/04、G06N 3/08。各分类号具体含义见表6－2。

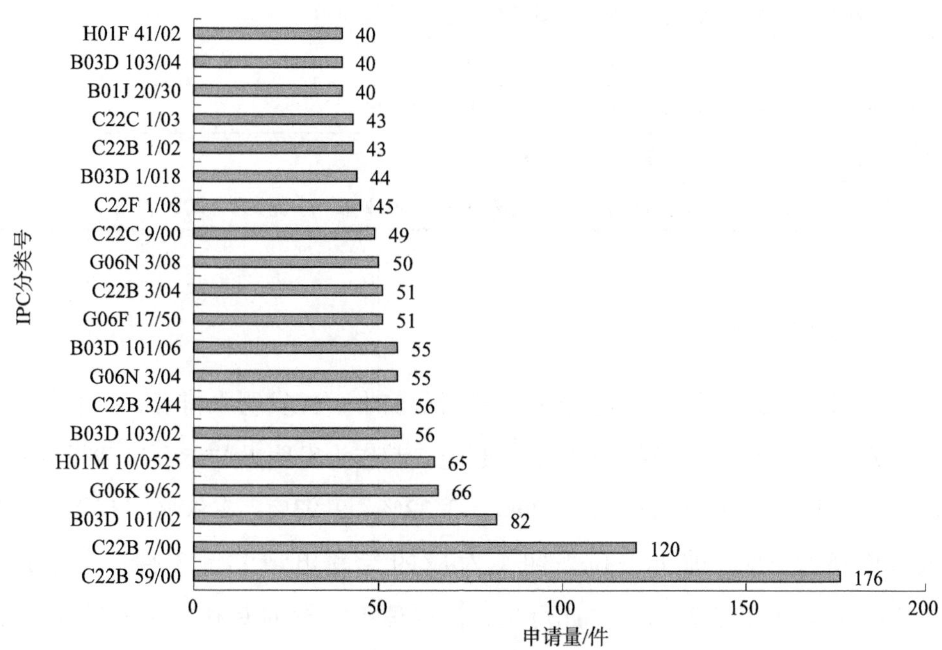

图6－13　江西理工大学专利申请IPC分类号分布前二十

表 6-2 江西理工大学专利申请涉及的前二十个 IPC 分类号及含义

IPC 分类号	含义
C22B 59/00	稀土金属的提取［2006.01］
C22B 7/00	处理非矿石原材料（如废料）以生产有色金属或其化合物［2006.01］
B03D 101/02	• 捕收剂［2006.01］
G06K 9/62	• 应用电子设备进行识别的方法或装置［2022.01］
H01M 10/0525	••• 摇椅式电池，即其两个电极均插入或嵌入有锂的电池；锂离子电池［2010.01］
B03D 103/02	• 矿物［2006.01］
C22B 3/44	•• 通过化学方法（C22B 3/26、C22B 3/42 优先）［2006.01］
G06N 3/04	•• 体系结构，例如，互连拓扑［2006.01］
B03D 101/06	• 抑制剂［2006.01］
G06F 17/50	• 计算机辅助设计（静态存储的测试电路的设计入 G11C 29/54）
C22B 3/04	• 通过浸取（C22B 3/18 优先）［2006.01］
G06N 3/08	•• 学习方法［2006.01］
C22C 9/00	铜基合金［2006.01］
C22F 1/08	• 铜或铜基合金［2006.01］
B03D 1/018	•• 无机化合物与有机化合物的混合物［2006.01］
C22B 1/02	• 焙烧工艺过程（C22B 1/16 优先）［2006.01］
C22C 1/03	•• 使用母（中间）合金［2006.01］
B01J 20/30	• 制备，再生或再活化的方法［2006.01］
B03D 103/04	•• 非硫化矿物［2006.01］
H01F 41/02	• 用于制造磁芯、线圈或磁体的（H01F 41/14 优先）［2006.01］

（五）发明人排名

图 6-14 为江西理工大学中国专利申请量前十一位发明人排名，排名前四的发明人分别为杨斌、徐志峰、邱廷省、赵奎，其作为发明人的专利申请量分别占该高等院校中国专利申请总量的 5.20%、3.22%、2.93%、2.90%，仅第一位发明人占比超过 5%。前十一位发明人对应的专利申请共 813 件，占总量的 23.34%，占比未超过 30%。由此可见，江西理工大学的专利发明人较为分散，与其学校规模相对较大及其在校从事研发活动的师生人数相对较多等情况相符。

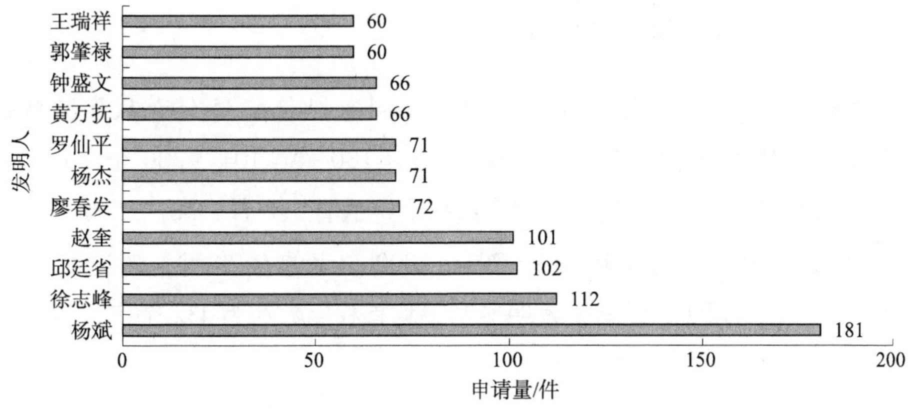

图 6－14　江西理工大学中国专利主要发明人排名

（六）有效发明专利发明人统计

江西理工大学有效发明专利共计 1350 件。在该校的有效发明专利中，对各专利的第一发明人进行统计，可以得到如图 6－15 所示的结果。其中，郭肇禄作为第一发明人的专利数量最多，为 29 件；张小红作为第一发明人的专利有 25 件；樊宽刚作为第一发明人的专利有 24 件；邓永芳、胡俊峰等 2 位发明人分别作为第一发明人的专利数量均为 19 件；冯博、肖燕飞等 2 位发明人分别作为第一发明人专利数量均为 18 件；罗仙平作为第一发明人的专利有 17 件；其余发明人作为第一发明人的专利数量均不足 15 件。结合发明人排名情况及有效发明专利发明人统计情况，可以看出罗仙平和郭肇禄是江西理工大学中专利申请活动较为积极的团队负责人。

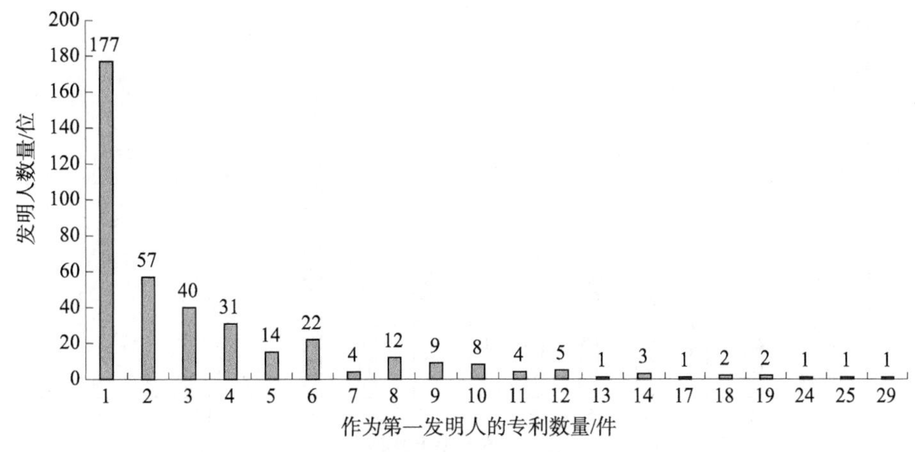

图 6－15　江西理工大学有效发明专利第一发明人统计情况

（七）有效发明专利首权字数

如图 6－16 所示，江西理工大学有效发明专利中有 35 件首权字数数据空缺，首权字数分布中，1～100 个字的专利有 130 件，101～200 个字的有 296 件，201～300 个字的有 238 件，301～400 个字的有 186 件，401～500 个字的有 127 件，501～700 个字的有 159 件，701～1000 个字的有 79 件，超过 1000 个字的有 100 件。江西理工大学有效发明专利平均首权字数约为 432 个字。

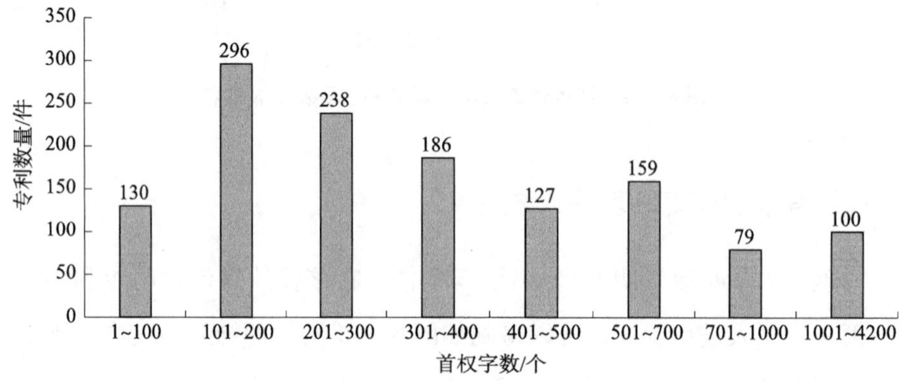

图 6－16　江西理工大学有效发明专利首权字数分布

（八）有效发明专利权利要求数量

如图 6－17 所示，江西理工大学有效发明专利中，权利要求数量为 5 个以下的有 442 件，权利要求数量为6～10 个的有 890 件，权利要求数量为 11 个以上的仅有 18 件。江西理工大学发明专利平均权利要求数量约为 6. 9 个。

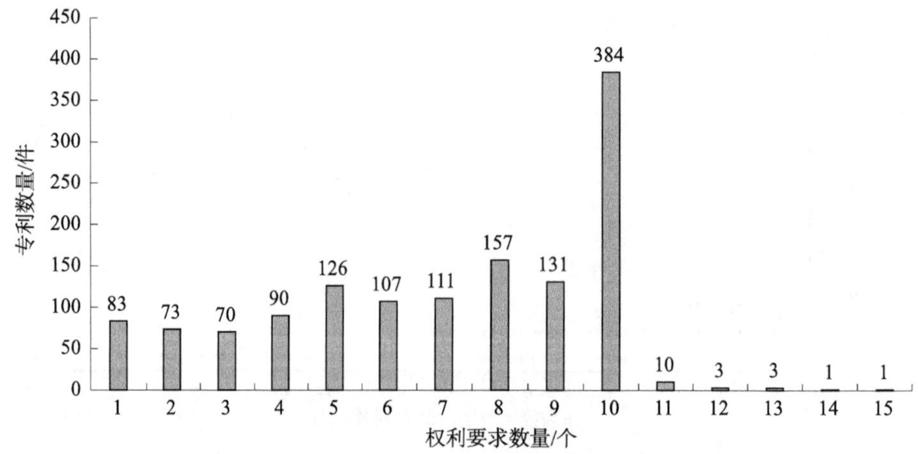

图 6－17　江西理工大学有效发明专利权利要求数量分布

（九）有效发明专利文献页数

如图 6－18 所示，江西理工大学有效发明专利中，专利文献为 5 页以下的专利有 92 件，6～10 页的专利有 671 件，11～15 页的专利有 381 件，16～20 页的专利有 143 件，21～30 页的专利有 57 件，31 页以上的专利有 6 件。江西理工大学有效发明专利文献页数集中于 5～19 页这个区间，平均说明书页数为 9.0 页。

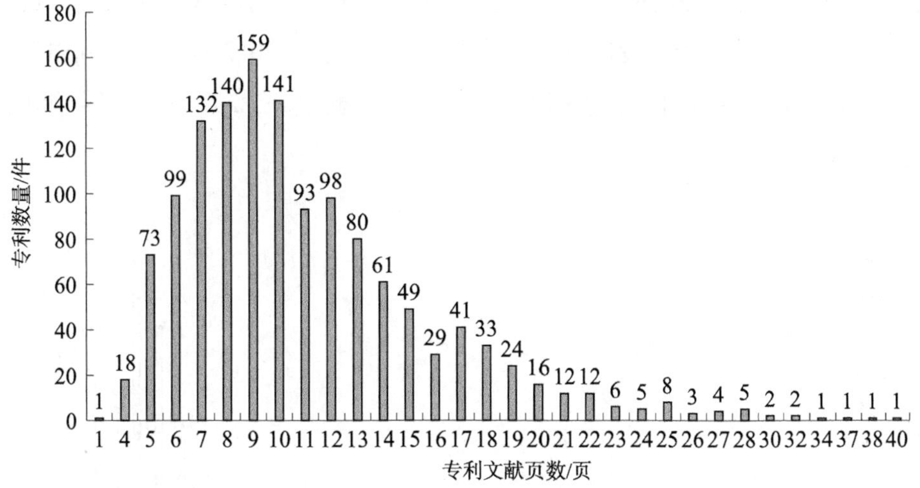

图 6－18　江西理工大学有效发明专利文献页数分布

三、华东交通大学

（一）全球专利申请地域排名

如图 6－19 所示，从采集的 1987～2022 年专利数据来看，由于在分析中考虑了同族专利的情况，华东交通大学的专利申请量为 4877 件。这些专利申请集中在中国，有 4874 件。结合专利申请时间来看，华东交通大学从 2020 年开始布局海外专利，2020 年向世界知识产权组织提出 3 件专利申请。

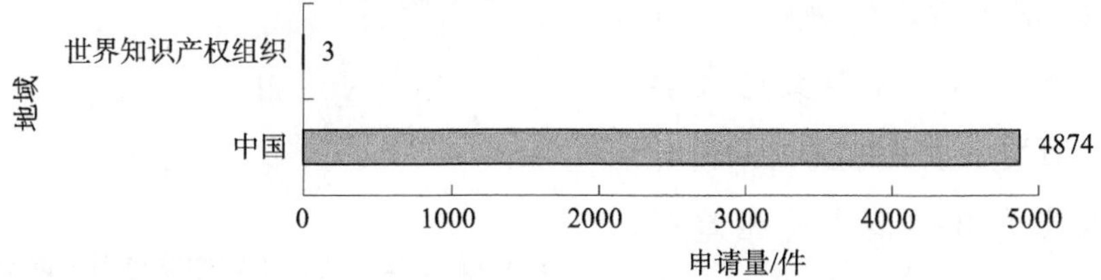

图 6－19　华东交通大学全球专利申请地域排名

（二）中国专利申请趋势

如图6－20所示，华东交通大学自1987年开始在中国申请专利。2008年之前，华东交通大学专利申请趋势增长平缓，平均每年专利申请量不超过1件。从2009年开始呈现大幅上升的趋势，特别是2013年之后，华东交通大学专利申请量增长较快，2018年达到峰值，为905件。结合专利申请类型情况来看，2012年之前，华东交通大学提出的215件专利申请中，发明专利申请占比较高，最高为80.00%。2013～2017年，发明专利申请占比不断下降，2017年发明专利申请占比为39.15%。从2018年开始，发明专利申请占比不断上升，2022年发明专利申请占比为68.26%。

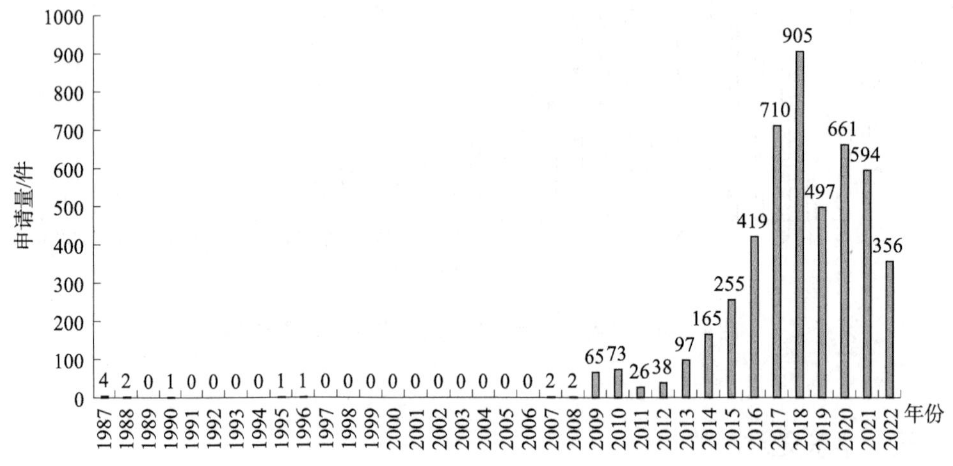

图6－20　华东交通大学专利申请趋势

（三）中国专利申请类型

如图6－21所示，华东交通大学的中国专利申请中，发明专利申请共有2468件，占总申请量的51%；实用新型专利申请共有2406件，占总申请量的49%。华东交通大学的专利申请类型主要为发明专利申请，但两类专利申请占比相差不大，其科技创新能力及其在本领域

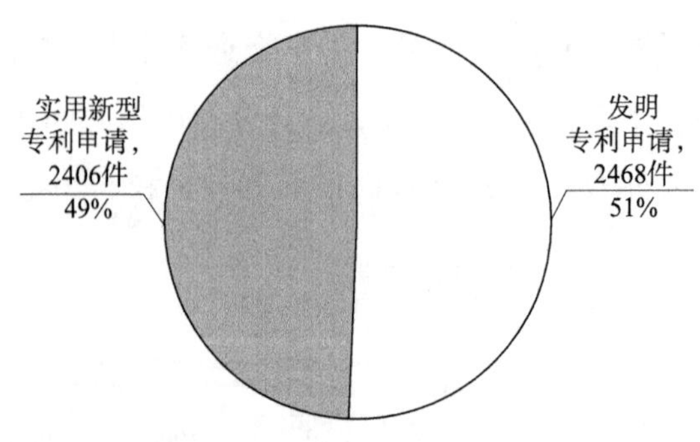

图6－21　华东交通大学中国专利申请类型

的技术实力一般。

（四）技术构成

图 6－22 列出了华东交通大学专利申请涉及的前二十位 IPC 分类号。涉及专利申请量超过 100 件的 IPC 分类号有 1 个，为 F16F 9/53。涉及专利申请量在 80～100 件的 IPC 分类号有 3 个，分别为 G06N 3/04、G06N 3/08、G06K 9/62。各分类号具体含义见表 6－3。

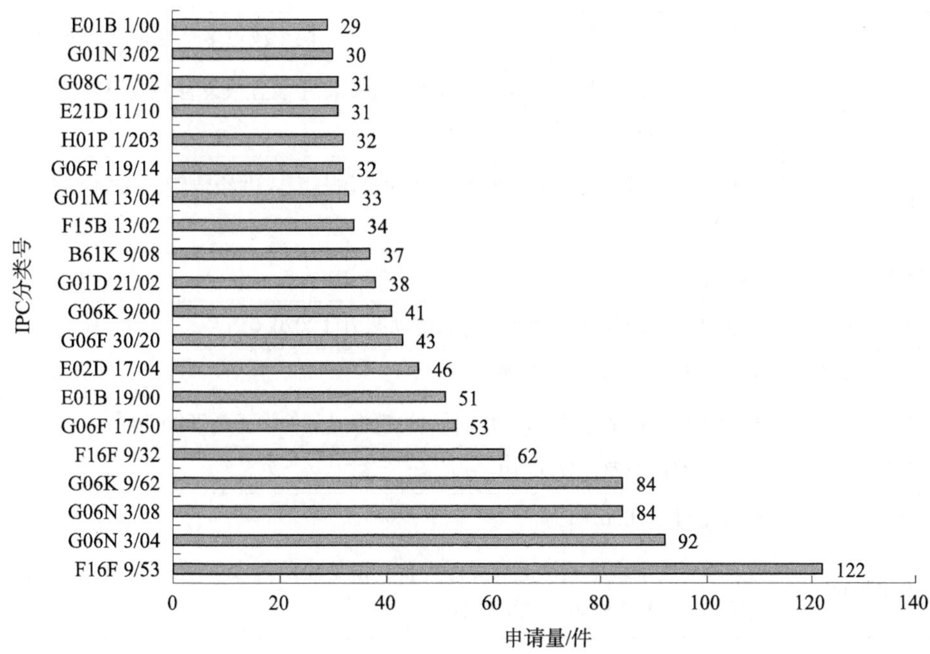

图 6－22 华东交通大学专利申请 IPC 分类号分布

表 6－3 华东交通大学专利申请涉及的前二十个 IPC 分类号及含义

IPC 分类号	含义
F16F 9/53	•• 改变流体黏性调整阻尼性质的装置，例如电磁［2006.01］
G06N 3/04	•• 体系结构，例如，互连拓扑［2006.01］
G06N 3/08	•• 学习方法［2006.01］
G06K 9/62	• 应用电子设备进行识别的方法或装置［2022.01］
F16F 9/32	• 零件［2006.01］
G06F 17/50	• 计算机辅助设计（静态存储的测试电路的设计入 G11C 29/54）
E01B 19/00	轨道的防尘、风、阳光、霜冻或腐蚀的设备；减少噪音的设备（防雪栅入 E01F 7/02；扫雪机入 E01H 8/02；洒水入 E01H 11/00）［2006.01］

续表

IPC 分类号	含义
E02D 17/04	•• 基础坑边缘的修砌或加固［2006.01］
G06F 30/20	• 设计优化、验证或模拟（电路设计的优化、验证或模拟入 G06F 30/30）［2020.01］
G06K 9/00	识别模式的方法或装置［图形读取或将机械参数模式（例如力或存在）转换为电信号的方法或装置 G06K 11/00］（图像或视频识别或理解 G06V）（语音识别 G10L 15/00）［2022.01］
G01D 21/02	• 用不包括在其他单个小类中的装置来测量两个或更多个变量［2006.01］
B61K 9/08	• 监测线路的测量设备（用于建造轨道的测量装置或设备的应用入 E01B 35/00；测量技术入 G01）［2006.01］
F15B 13/02	• 以适用于伺服马达的控制为特征的流体分配或供给装置（多路阀入 F16K 11/00）［2006.01］
G01M 13/04	•• 轴承［2019.01］
G06F 119/14	• 力的分析或优化，例如：静态或动态力［2020.01］
H01P 1/203	••• 带状线滤波器［2006.01］
E21D 11/10	•• 用混凝土现场浇注；为此所用的模板或其他设备［2006.01］
G08C 17/02	• 用无线电线路［2006.01］
G01N 3/02	• 零部件［2006.01］
E01B 1/00	道碴层；支承轨枕或轨道的其他设备；道碴层的排水（采用沟槽、涵洞或管道排水入 E01F 5/00）［2006.01］

（五）发明人排名

图 6－23 为华东交通大学中国专利申请量前十位发明人排名。排名前四的发明人分别为胡国良、冯青松、胡军、刘燕德，其作为发明人的专利申请量分别占该校中国专利申请总量的 5.13%、4.45%、4.19%、4.12%，仅第一位发明人占比超过 5%。前十位发明人对应的专利申请共 1267 件，占总量的 26.00%，占比未超过 30%。由此可见，华东交通大学的专利发明人较为分散，与其学校规模相对较大及其在校从事研发活动的师生人数相对较多等情况相符。

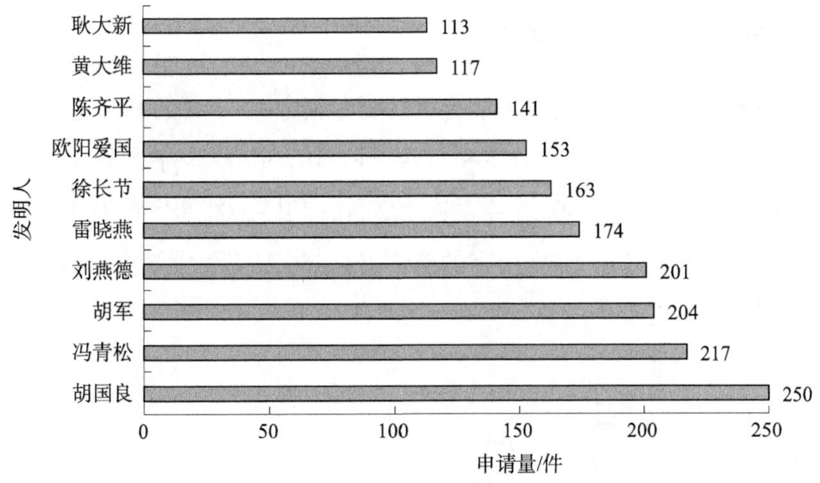

图 6-23　华东交通大学中国专利主要发明人排名

（六）有效发明专利发明人统计

华东交通大学有效发明专利共计 669 件。在该校的有效发明专利中，对各专利的第一发明人进行统计，可以得到如图 6-24 所示的结果。其中，冯青松作为第一发明人的专利数量最多，为 26 件；胡军作为第一发明人的专利有 20 件；杨辉作为第一发明人的专利有 15 件；黄大维、徐长节等 2 位发明人分别作为第一发明人的专利数量均为 13 件；张跃进作为第一发明人的专利有 10 件；其余发明人作为第一发明人的专利数量均不足 10 件。结合发明人排名情况及有效发明专利发明人统计情况，可以看出冯青松和胡军是华东交通大学专利申请活动较为积极的团队负责人。

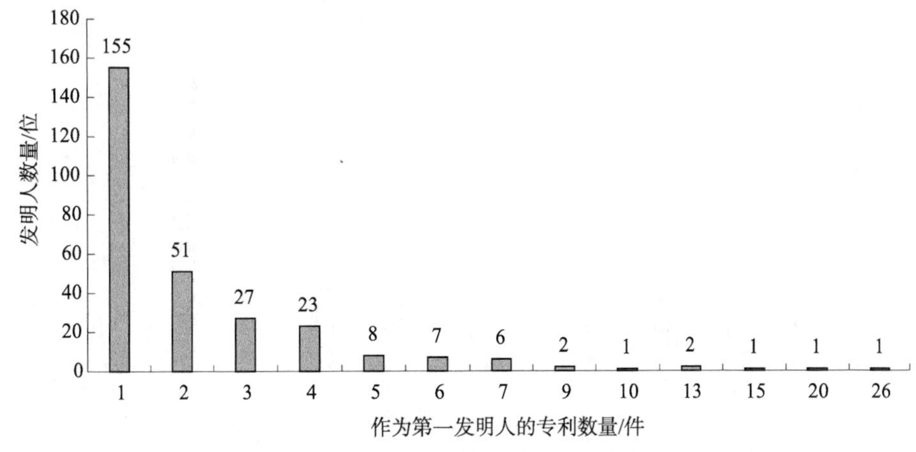

图 6-24　华东交通大学有效发明专利第一发明人统计情况

（七）有效发明专利首权字数

如图 6－25 所示，华东交通大学有效发明专利中除 33 件首权字数数据空缺外，首权字数分布中，1～100 个字的专利有 45 件，101～200 个字的有 137 件，201～300 个字的有 128 件，301～400 个字的有 122 件，401～600 个字的有 102 件，601～1000 个字的有 65 件，超过 1000 个字的有 37 件。华东交通大学有效发明专利平均首权字数约为 400 个字。

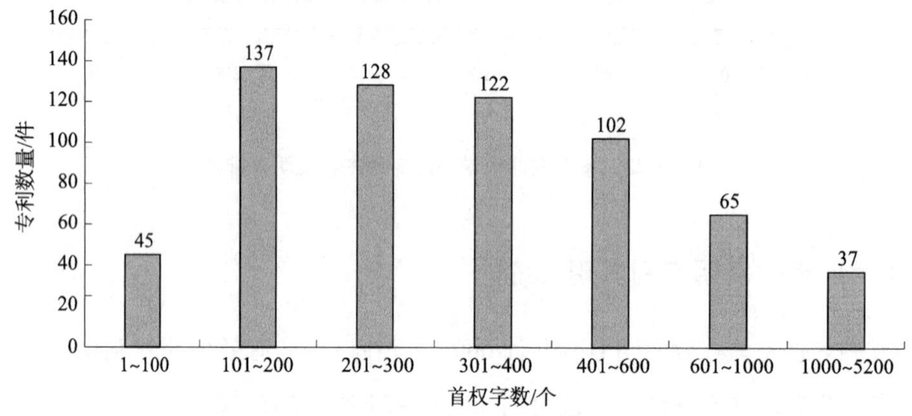

图 6－25　华东交通大学有效发明专利首权字数分布

（八）有效发明专利权利要求数量

如图 6－26 所示，华东交通大学有效发明专利中，权利要求数量为 5 个以下的有 177 件，权利要求数量为 5～10 个的有 487 件，权利要求数量在 11 个以上的仅有 5 件。华东交通大学有效发明专利平均权利要求数量约为 7.3 个。

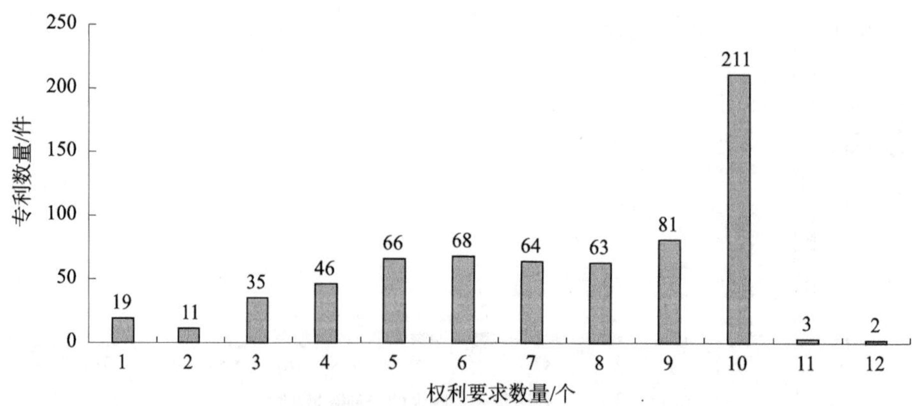

图 6－26　华东交通大学有效发明专利权利要求数量分布

（九）有效发明专利文献页数

如图 6－27 所示，华东交通大学有效发明专利中，专利文献页数为 5～10 页的专利有 236 件，11～15 页的专利有 239 件，16～20 页的专利有 120 件，21～30 页的专利有 65 件，31 页以上的专利有 9 件。华东交通大学有效发明专利文献页数集中于 6～18 页这个区间，平均说明书页数约为 9.3 页。

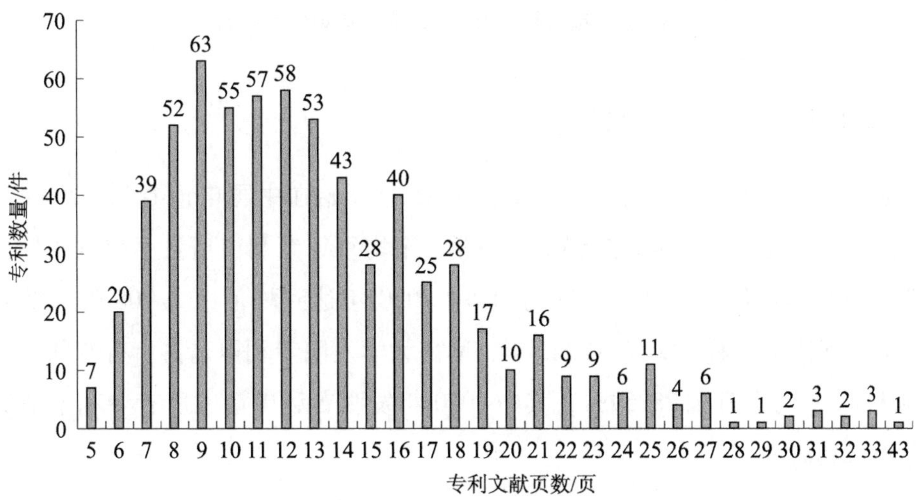

图 6－27　华东交通大学有效发明专利文献页数分布

四、南昌航空大学

（一）全球专利申请地域排名

如图 6－28 所示，从采集的 1985～2022 年专利数据来看，由于在分析中考虑了同族专利的情况，南昌航空大学专利申请量为 5290 件。这些专利申请集中在中国，有 5247 件（占比 99.19%）；少数专利分布于美国、澳大利亚、世界知识产权组织。结合专利申请时间来看，南昌航空大学从 2011 年开始布局海外专利，于 2011 年向世界知识产权组织提出 1 件专利申请。最近几年海外专利申请较多，2020 年申请了 13 件，2021 年申请了 10 件，海外专利申请呈现快速增加的趋势。

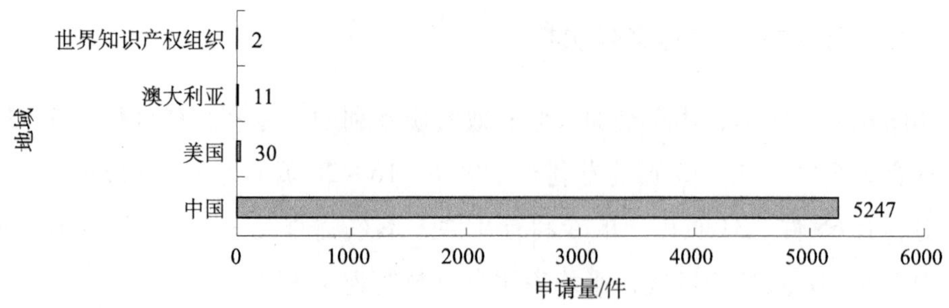

图 6－28　南昌航空大学全球专利申请地域排名

（二）中国专利申请趋势

如图 6－29 所示，南昌航空大学自 1985 年开始在中国申请专利。2006 年之前，南昌航空大学专利申请趋势增长平缓，平均每年专利申请量不超过 3 件；从 2007 年专利申请量开始呈现上升的趋势，2020 年达到峰值，为 708 件。结合专利申请类型情况来看，2012～2022 年，南昌大学发明专利申请占所有专利申请的比例从 56. 27% 上升到 78. 59%，其中 2020 年发明专利申请占所有专利申请的比例为 88. 21%。

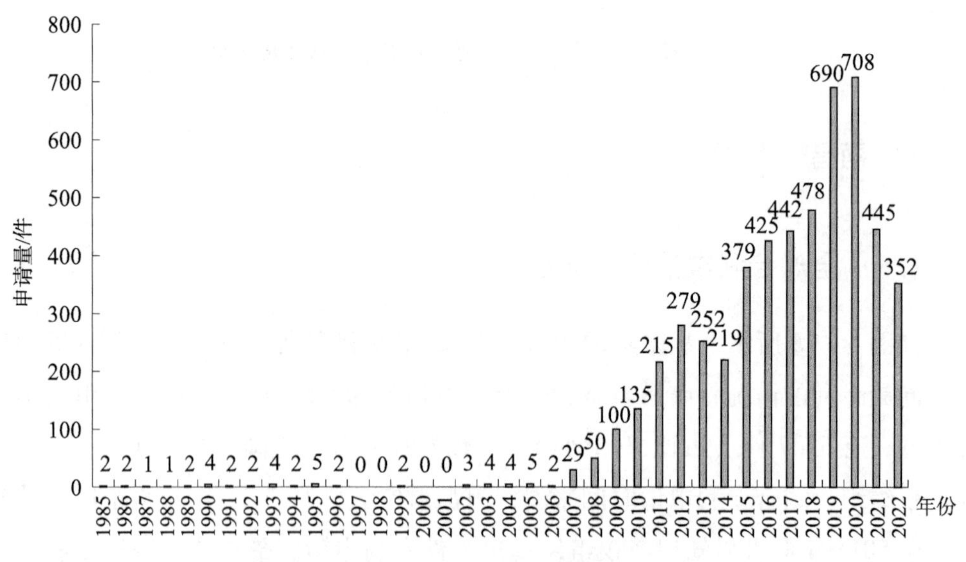

图 6－29　南昌航空大学中国专利申请趋势

（三）中国专利申请类型

如图 6－30 所示，南昌航空大学的中国专利申请中，发明专利申请共有 3673

件，占总申请量的 70%；实用新型专利申请共有 1574 件，占总申请量的 30%。南昌航空大学的专利申请类型主要为发明专利申请，其科技创新能力及其在本领域的技术实力可见一斑。

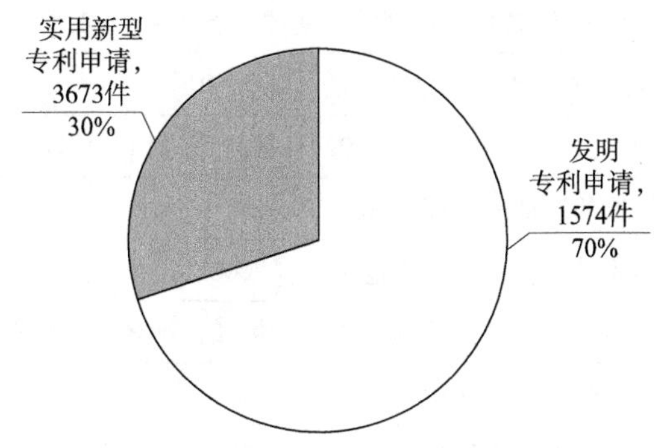

图 6－30 南昌航空大学中国专利申请类型

（四）技术构成

图 6－31 列出了南昌航空大学专利申请涉及的前二十位 IPC 分类号。涉及专利申请量超过 60 件的 IPC 分类号有 7 个，分别为 C02F 1/30、G06K 9/62、B01J 20/30、C02F 1/28、B82Y 40/00、G06N 3/04、B82Y 30/00。各分类号具体含义见表 6－4。

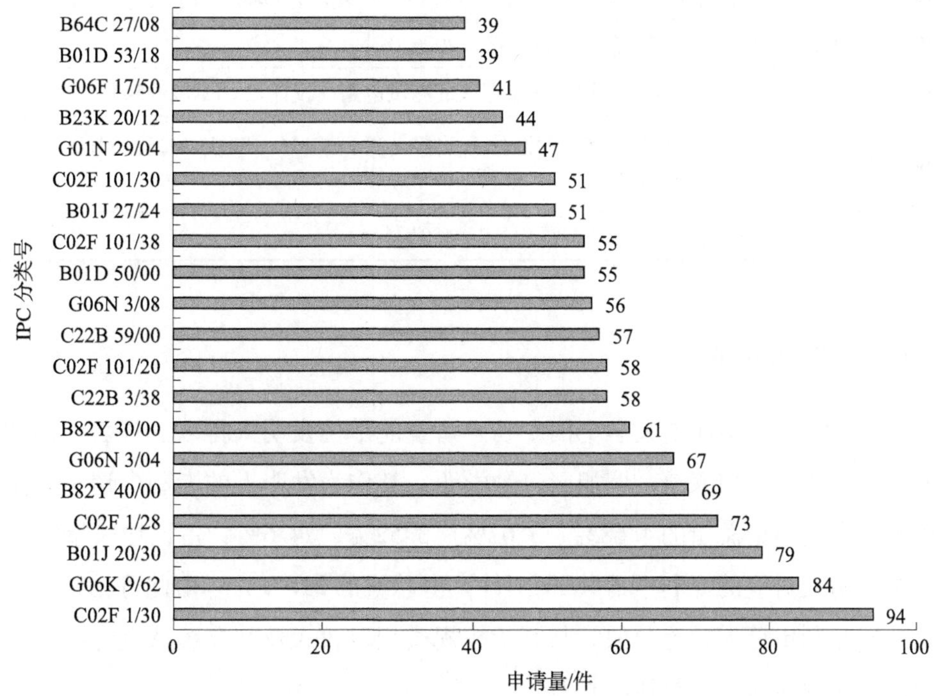

图 6－31 南昌航空大学专利申请 IPC 分类号分布前二十

表 6 -4　南昌航空大学专利申请涉及的前二十个 IPC 分类号及含义

IPC 分类号	含义
C02F 1/30	• 辐射法［2006.01］
G06K 9/62	• 应用电子设备进行识别的方法或装置［2022.01］
B01J 20/30	• 制备，再生或再活化的方法［2006.01］
C02F 1/28	• 吸附法（离子交换法入 C02F 1/42；吸附剂的组成入 B01J）［2006.01］
B82Y 40/00	纳米结构的制造或处理［2011.01］
G06N 3/04	•• 体系结构，例如，互连拓扑［2006.01］
B82Y 30/00	用于材料和表面科学的纳米技术，例如：纳米复合材料［2011.01］
C22B 3/38	••• 含磷的［2006.01］
C02F 101/20	•• 重金属或重金属化合物［2006.01］
C22B 59/00	稀土金属的提取［2006.01］
G06N 3/08	•• 学习方法［2006.01］
B01D 50/00	用于从气体或蒸气中分离粒子的组合方法或设备
C02F 101/38	•• 含氮［2006.01］
B01J 27/24	• 氮的化合物［2006.01］
C02F 101/30	• 有机化合物［2006.01］
G01N 29/04	• 固体分析（利用声发射技术入 G01N 29/14）［2006.01］
B23K 20/12	• 由摩擦产生热；摩擦焊接［2006.01］
G06F 17/50	• 计算机辅助设计（静态存储的测试电路的设计入 G11C 29/54）
B01D 53/18	•• 吸收装置；其中的液体分配器（B01D 3/16，B01D 3/26，B01D 3/30 优先）［2006.01］
B64C 27/08	•• 有两个或多个旋翼的［2006.01］

（五）发明人排名

图 6 -32 为南昌航空大学中国专利申请量前十位发明人排名。排名前四的发明人分别为谢宇、何兴道、罗旭彪、钟学明，其作为发明人的专利申请量分别占该校中国专利申请总量的4.68%、3.62%、3.52%、24.6%，占比均未超过5%。前十位发明人对应的专利申请共 1139 件，占总量的 21.71%。由此可见，南昌航空大学的专利申请人较为分散，与其学校规模相对较大及其在校从事专利申请活动的师生人数相对较多等情况相符。

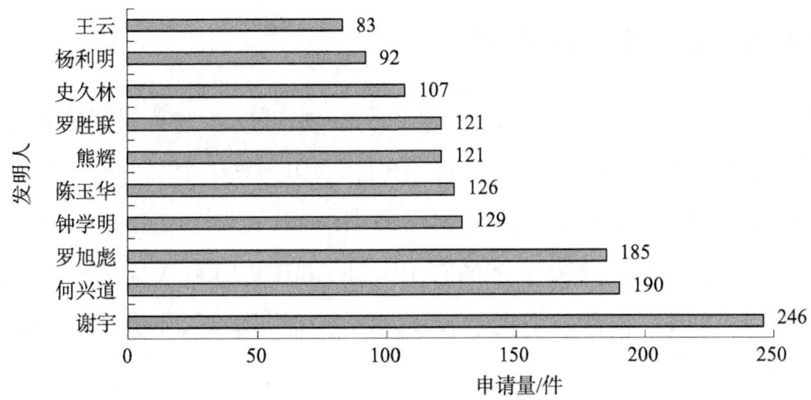

图 6-32　南昌航空大学中国专利主要发明人排名

(六) 有效发明专利发明人统计

南昌航空大学有效发明专利共计 1095 件。在该校的有效发明专利中，对各专利的第一发明人进行统计，可以得到如图 6-33 所示的结果。其中，谢宇作为第一发明人的专利数量最多，为 35 件；伏燕军作为第一发明人的专利有 25 件；罗旭彪作为第一发明人的专利有 23 件；陈玉华作为第一发明人的专利有 20 件；徐雪峰作为第一发明人的专利有 17 件；张聪炫作为第一发明人的专利有 16 件；刘崇波、杨利明等 2 位发明人分别作为第一发明人的专利数量均为 15 件；其余发明人作为第一发明人的专利数量均不足 15 件。结合发明人排名情况及有效发明专利发明人统计情况，可以看出谢宇和罗旭彪是南昌航空大学中专利申请活动较为积极的团队负责人。

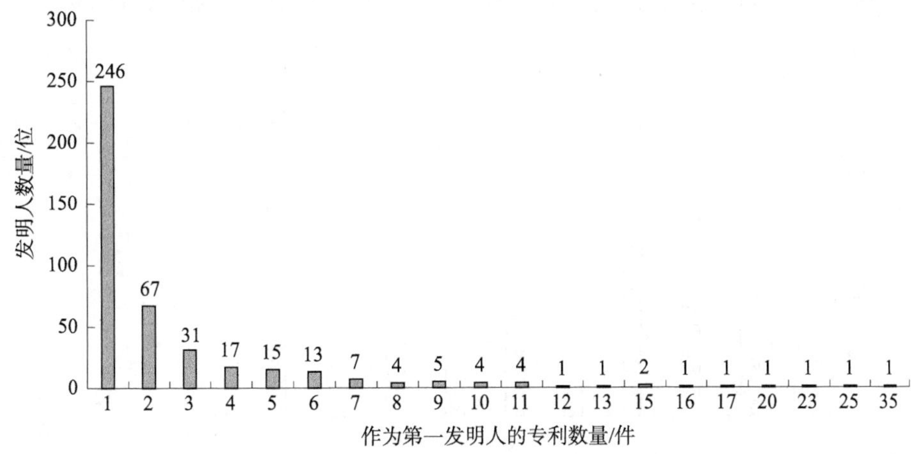

图 6-33　南昌航空大学有效发明专利第一发明人统计情况

（七）有效发明专利首权字数

如图6－34所示，南昌航空大学有效发明专利中除56件首权字数数据空缺外，首权字数分布中，1～100个字的专利有79件，101～200个字的有176件，201～300个字的有214件，301～400个字的有169件，401～500个字的有106件，501～600个字的有72件，601～800个字的有101件，801～1000个字的有49件，超过1000个字的有73件。南昌航空大学有效发明专利平均首权字数约为437个字。

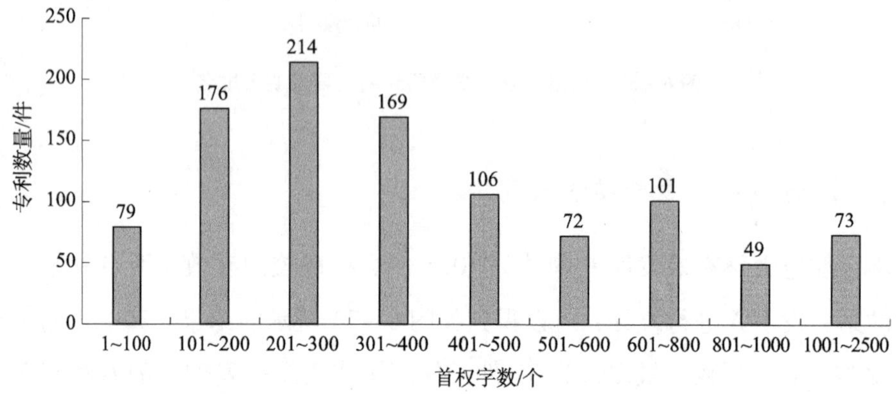

图6－34　南昌航空大学有效发明专利首权字数分布

（八）有效发明专利权利要求数量

如图6－35所示，南昌航空大学有效发明专利中，权利要求数量为5个以下的有496件，权利要求数量为6～10个的有592件，权利要求数量为11个以上的仅有7件。南昌航空大学有效发明专利平均权利要求数量约为6.1个。

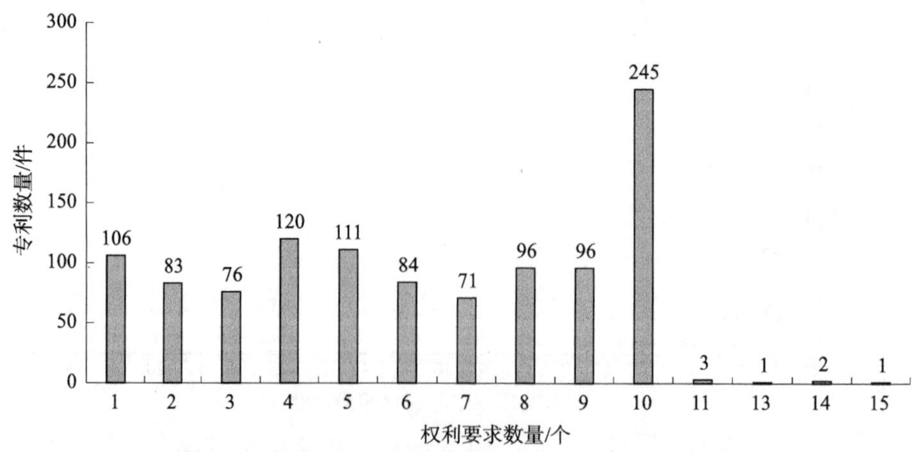

图6－35　南昌航空大学有效发明专利权利要求数量分布

（九）有效发明专利文献页数

如图 6－36 所示，南昌航空大学有效发明专利中，专利文献页数为 5 页以下的专利有 58 件，6～10 页的专利有 584 件，11～15 页的专利有 315 件，16～20 页的专利有 88 件，21～30 页的专利有 46 件，31 页以上的专利有 4 件。南昌航空大学有效发明专利文献页数集中于 5～17 页这个区间，平均说明书页数约为 8.6 页。

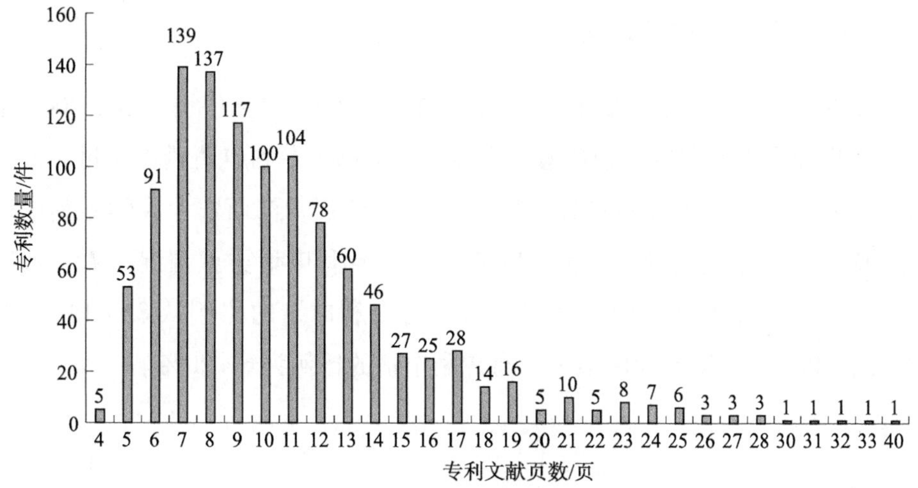

图 6－36　南昌航空大学有效发明专利文献页数分布

五、江西农业大学

（一）全球专利申请地域排名

如图 6－37 所示，从采集的 1988～2022 年专利数据来看，由于在分析中考虑了同族专利的情况，江西农业大学的专利申请量为 1812 件。这些专利申请集中在中国，有 1775 件（占比 97.96%）；少数专利申请分布于澳大利亚、世界知识产权组织、美国。结合专利申请时间来看，江西农业大学从 2009 年开始布局海外专利，2009 年向世界知识产权组织提出 1 件专利申请。最近几年海外专利申请较多，2020 年申请了 13 件，2021 年申请了 20 件，海外专利申请呈现快速增加的趋势。

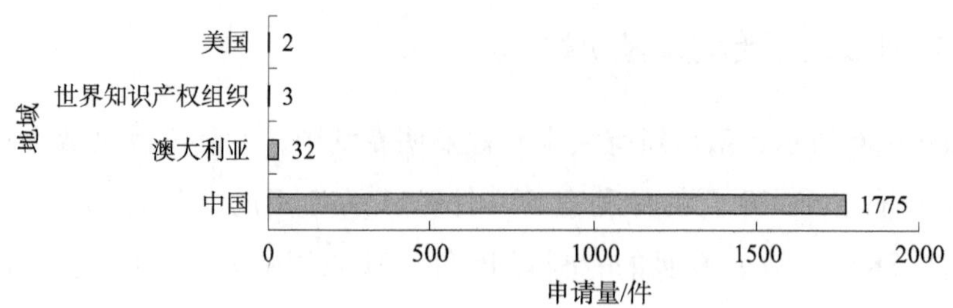

图6－37　江西农业大学全球专利申请地域排名

（二）中国专利申请趋势

如图6－38所示，江西农业大学自1988年开始在中国申请专利。2006年之前，江西农业大学专利申请趋势增长平缓，平均每年专利申请量不超过2件；从2007年开始呈现小幅上升的趋势，特别是2017年后，江西农业大学专利申请量增长较快，2020年达到峰值，为323件。结合专利申请类型情况来看，2011～2020年，江西农业大学发明专利申请占所有专利申请的比例从85.71%下降到46.42%；2022年发明专利申请占所有专利申请的比例为60.20%。

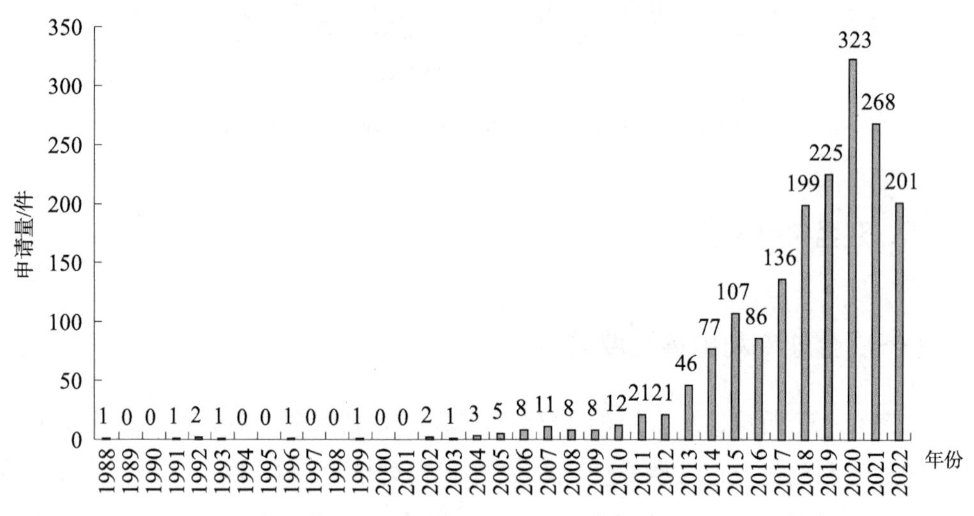

图6－38　江西农业大学中国专利申请趋势

（三）中国专利申请类型

如图6－39所示，江西农业大学的中国专利申请中，发明专利申请共有1054件，占总申请量的59%；实用新型专利申请共有721件，占总申请量的41%。

江西农业大学的专利申请类型主要为发明专利申请，其科技创新能力及其在本领域的技术实力可见一斑。

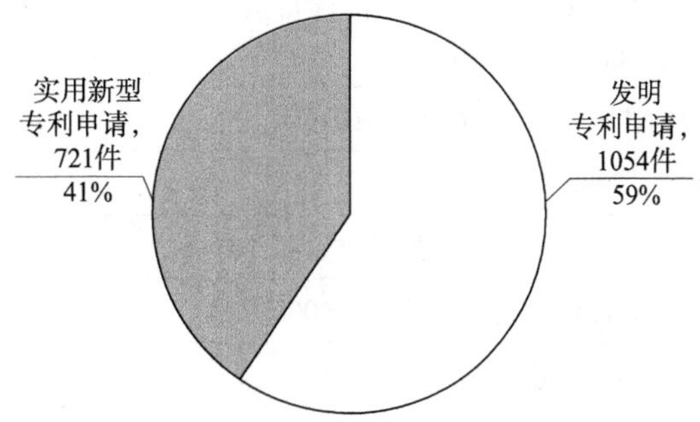

图 6-39 江西农业大学中国专利申请类型

（四）技术构成

图 6-40 列出了江西农业大学专利申请涉及的前二十位 IPC 分类号。涉及专利申请量超过 50 件的 IPC 分类号为 C12N 15/11。涉及专利申请量在 30～50 件的 IPC 分类号有 4 个，分别为 C12Q 1/68、A01P 3/00、G01N 21/01、A01C 7/20。各分类号具体含义见表 6-5。

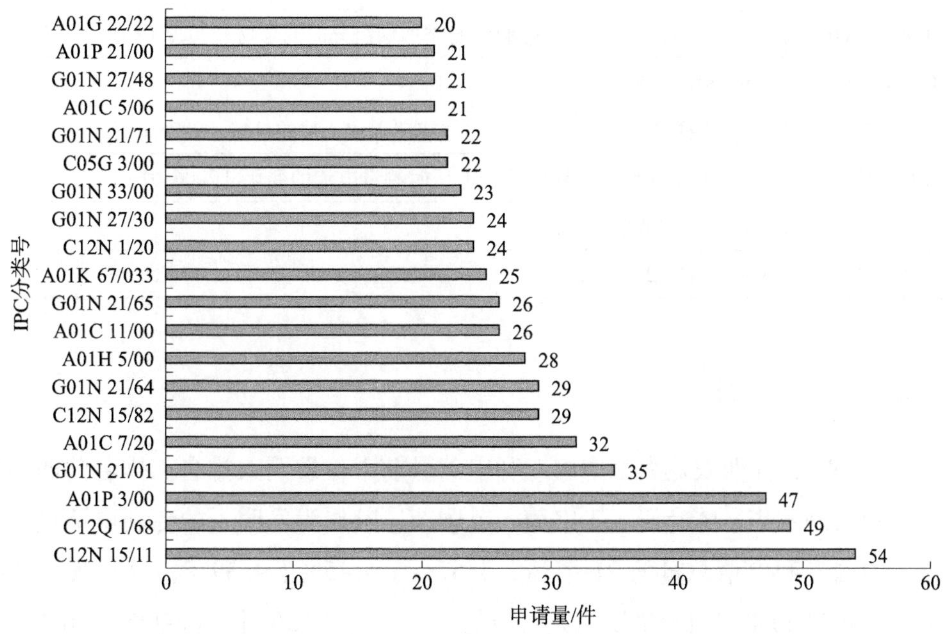

图 6-40 江西农业大学专利申请 IPC 分类号分布前二十

表 6－5　江西农业大学专利申请涉及的前二十个 IPC 分类号及含义

IPC 分类号	含义
C12N 15/11	•• DNA 或 RNA 片段；其修饰形成（不用于重组技术的 DNA 或 RNA 入 C07H 21/00）［2006.01］
C12Q 1/68	• 包括核酸［3，2006.01，2018.01］
A01P 3/00	杀菌剂［2006.01］
G01N 21/01	• 便于进行光学测试的装置或仪器［2006.01］
A01C 7/20	• 导种和播种的播种机零件［2006.01］
C12N 15/82	•••• 用于植物细胞［2006.01］
G01N 21/64	••• 荧光；磷光［2006.01］
A01H 5/00	特征在于其植物部分的被子植物，即有花植物；特征在于除其植物学分类之外的特征的被子植物［2018.01］
A01C 11/00	移栽机械［2006.01］
G01N 21/65	••• 喇曼散射［2006.01］
A01K 67/033	• 无脊椎动物的饲养或养殖；无脊椎动物的新品种［2006.01］
C12N 1/20	• 细菌；其培养基［2006.01］
G01N 27/30	••• 电极，例如测试电极；半电池（G01N 27/414 优先）［2006.01］
G01N 33/00	利用不包括在 G01N 1/00 至 G01N 31/00 组中的特殊方法来研究或分析材料［2006.01］
C05G 3/00	一种或多种肥料与无特殊肥效的添加剂组分的混合物［2020.01］
G01N 21/71	•• 热激发的［2006.01］
A01C 5/06	• 用于播种或种植的开沟、作畦或覆盖沟、畦的机械［2006.01］
G01N 27/48	••• 用极谱法，即缓慢改变电压时测量电流的变化［2006.01］
A01P 21/00	植物生长调节剂［2006.01］
A01G 22/22	•• 水稻［2018.01］

（五）发明人排名

图 6－41 为江西农业大学中国专利申请量前十位发明人排名。排名前四的发明人分别为刘木华、陈尚钘、王宗德、范国荣，其作为发明人的专利申请量分别占该校中国专利申请总量的 21.41%、4.67%、4.45%、4.39%，只有第 1 位发明人占比超过 20%。前十位发明人对应的专利申请共 550 件，占总量的 30.99%。江西农业大学的专利发明人较为集中，已经形成特定的研发团队，刘木华等为该高等院校的研发核心人员。

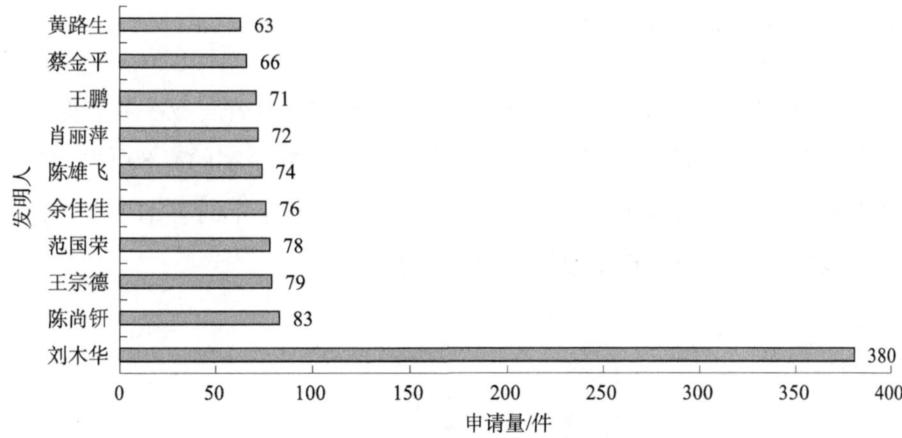

图6-41　江西农业大学中国专利主要发明人排名

（六）有效发明专利发明人统计

江西农业大学有效发明专利共计302件。在该校的有效发明专利中，对各专利的第一发明人进行统计，可以得到如图6-42所示的结果。其中，黄路生作为第一发明人的专利数量最多，为16件；钟盛华作为第一发明人的专利有11件；陈金印、吴小波、肖建辉、张亚平等4位发明人分别作为第一发明人的专利数量均为8件；陈雄飞、王鹏、王宗德、张令等4位发明人作分别作为第一发明人的专利数量均为6件；其余发明人作为第一发明人的专利数量均不超过5件。结合发明人排名情况及有效发明专利发明人统计情况，可以看出王宗德、陈雄飞、王鹏和黄路生是江西农业大学专利申请活动较为积极的团队负责人。

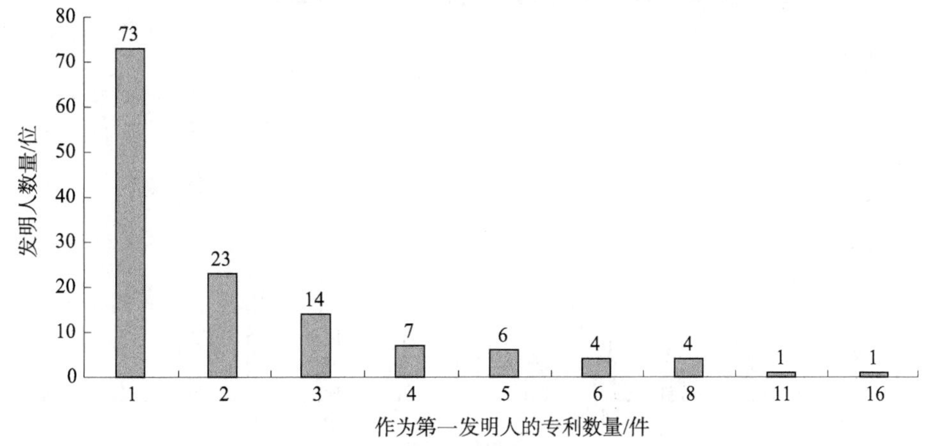

图6-42　江西农业大学有效发明专利第一发明人统计情况

（七）有效发明专利首权字数

如图 6-43 所示，江西农业大学有效发明专利中除 10 件首权字数数据空缺外，首权字数分布中，1~100 个字的专利有 62 件，101~200 个字的有 80 件，201~500 个字的有 84 件，501~1000 个字的有 35 件，超过 1000 个字的有 31 件。江西农业大学有效发明专利平均首权字数约为 485 个字。

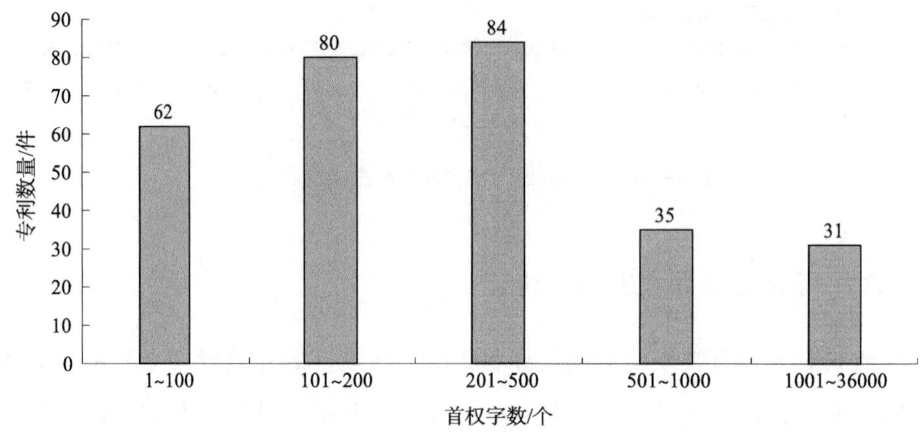

图 6-43　江西农业大学有效发明专利首权字数分布

（八）有效发明专利权利要求数量

如图 6-44 所示，江西农业大学有效发明专利中，权利要求数量为 5 个以下的有 68 件，权利要求数量为 6~10 个的有 232 件，权利要求数量为 11 个以上的有 2 件。江西农业大学有效发明专利平均权利要求数量约为 7.6 个。

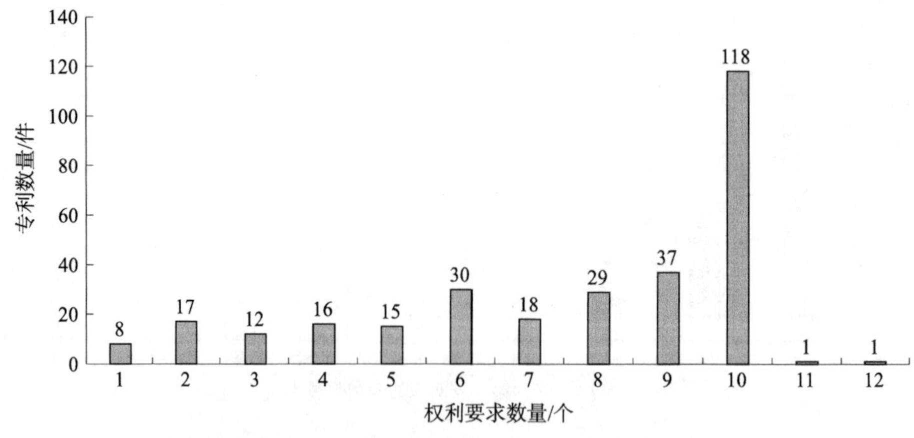

图 6-44　江西农业大学有效发明专利权利要求数量分布

（九）有效发明专利文献页数

如图6－45所示，江西农业大学有效发明专利中，专利文献页数为5页以下的专利有11件，6～10页的专利有123件，11～15页的专利有103件，16～20页的专利有31件，21～30页的专利有27件，31页以上的专利有7件。江西农业大学有效发明专利平均说明书页数约为11.0页。

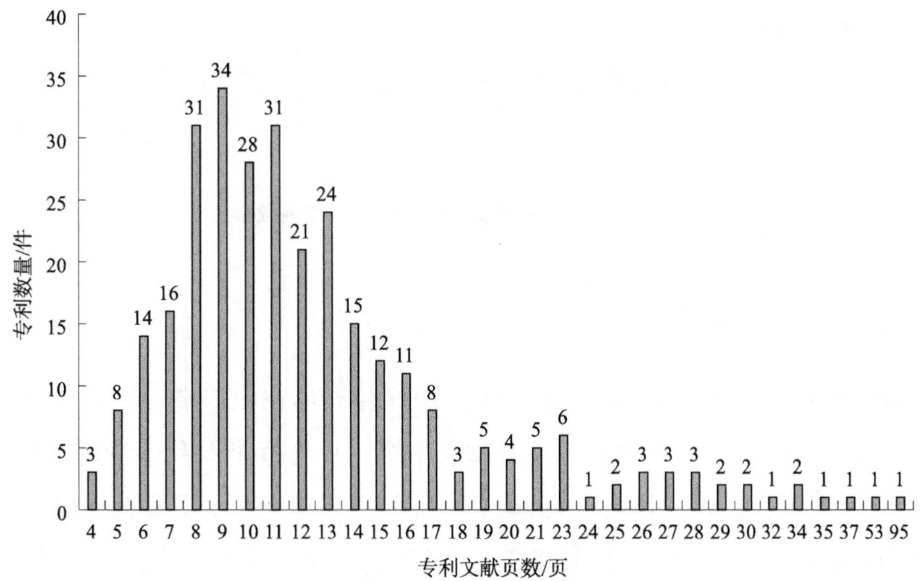

图6－45　江西农业大学有效发明专利文献页数分布

六、景德镇陶瓷大学

（一）全球专利申请地域排名

如图6－46所示，从采集的1987～2022年专利数据来看，由于在分析中考虑了同族专利的情况，景德镇陶瓷大学的专利申请量为1260件。这些专利申请集中在中国，有1246件；少数专利申请分布于世界知识产权组织、美国、欧洲专利局、澳大利亚、巴西、德国、印度。结合专利申请时间来看，景德镇陶瓷大学从2011年开始布局海外专利，2011年向世界知识产权组织提出2件专利申请，其在2015年、2017年和2019年分别提出了1件专利申请。

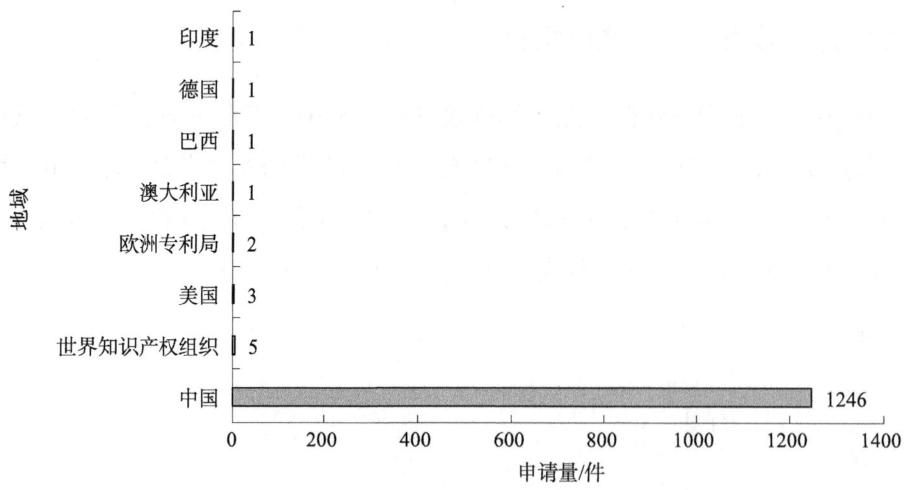

图 6-46 景德镇陶瓷大学全球专利申请地域排名

（二）中国专利申请趋势

如图 6-47 所示，景德镇陶瓷大学自 1987 年开始在中国申请专利。2008 年之前，景德镇陶瓷大学专利申请趋势增长平缓，平均每年专利申请量不超过 3 件；从 2009 年开始呈现小幅上升的趋势，特别是 2016 年后，景德镇陶瓷大学专利申请量增长较快，2017 年达到峰值，为 176 件。结合专利申请类型情况来看，2012 年之前，景德镇陶瓷大学提出的 206 件专利申请中，141 件为发明专利申请。2013～2022 年，景德镇陶瓷大学发明专利申请为 722 件，实用新型专利申请为 318 件。

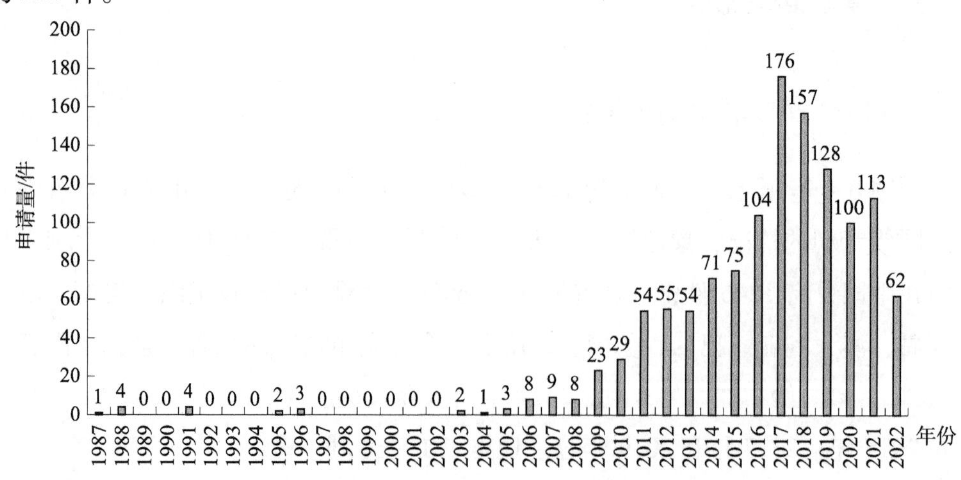

图 6-47 景德镇陶瓷大学中国专利申请趋势

（三）中国专利申请类型

如图 6－48 所示，景德镇陶瓷大学的中国专利申请中，发明专利申请共有 861 件，占总申请量的 69%；实用新型专利申请共有 385 件，占总申请量的 31%。景德镇陶瓷大学的专利申请类型主要为发明专利申请，其科技创新能力及其在本领域的技术实力可见一斑。

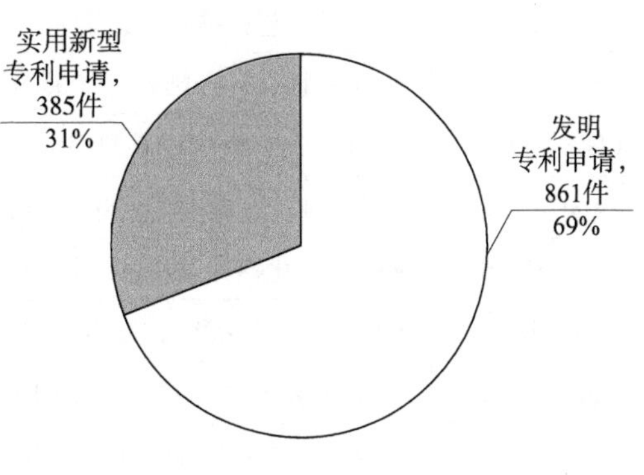

图 6－48　景德镇陶瓷大学中国专利申请类型

（四）技术构成

图 6－49 列出了景德镇陶瓷大学专利申请涉及的前二十位 IPC 分类号。涉及专利申请量超过 90 件的 IPC 分类号有 2 个，分别为 C04B 35/622、C04B 41/86。涉及专利申请量在 30～60 件的 IPC 分类号有 5 个，分别为 C04B 33/13、C03C 8/00、C04B 35/10、C04B 33/132、C04B 41/89。各分类号具体含义见表 6－6。

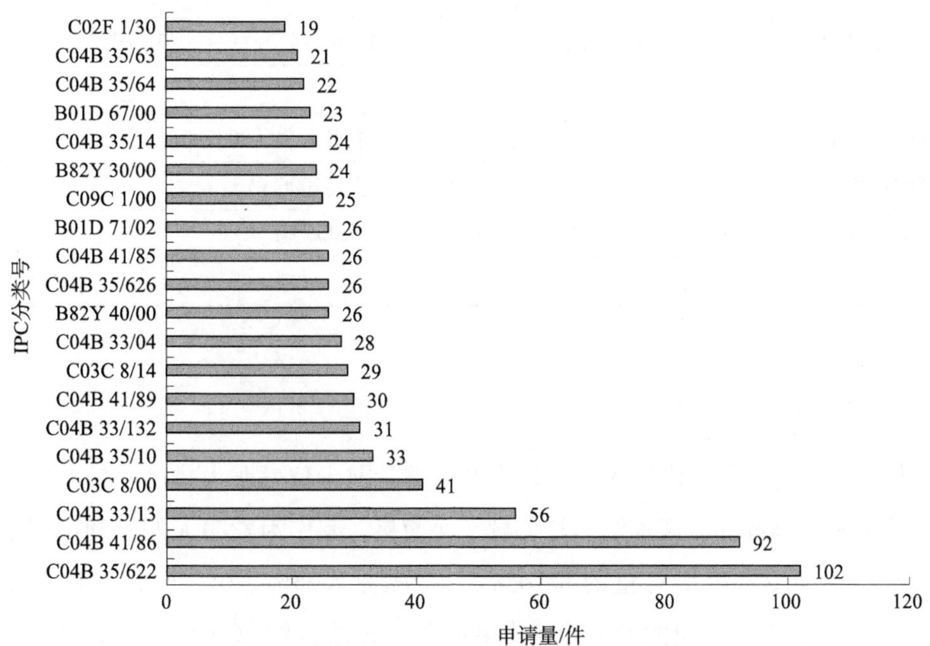

图 6－49　景德镇陶瓷大学专利申请 IPC 分类号分布前二十

表 6-6 景德镇陶瓷大学专利申请涉及的前二十个 IPC 分类号及含义

IPC 分类号	含义
C04B 35/622	• 形成工艺；准备制造陶瓷产品的无机化合物的加工粉末［2006.01］
C04B 41/86	•••• 釉料；冷釉料［2006.01］
C04B 33/13	•• 配料成分（C04B 33/36、C04B 35/71 优先）［2006.01］
C03C 8/00	搪瓷；釉；含有非熔块添加剂的熔块组合物熔封成分〔4〕［2006.01］
C04B 35/10	•• 以氧化铝为基料的［2006.01］
C04B 33/132	••• 废料；废物（C04B 33/16 优先）［2006.01］
C04B 41/89	••• 形成至少两层具有不同组成的叠加层的［2006.01］
C03C 8/14	• 含有非熔块添加剂的玻璃熔块混合物，例如乳浊剂、着色剂、球磨添加物［2006.01］
C04B 33/04	•• 黏土；高岭土［2006.01］
B82Y 40/00	纳米结构的制造或处理［2011.01］
C04B 35/626	•• 分别或作为配合料制备或处理粉末［2006.01］
C04B 41/85	••• 用无机材料［2006.01］
B01D 71/02	• 无机材料［2006.01］
C09C 1/00	纤维状填料以外的特殊无机材料的处理（发光的或变色荧光的材料入 C09K）；炭黑的制备［2006.01］
B82Y 30/00	用于材料和表面科学的纳米技术，例如：纳米复合材料［2011.01］
C04B 35/14	•• 以氧化硅为基料的［2006.01］
B01D 67/00	专门适用于分离工艺或设备的半透膜的制备方法［2006.01］
C04B 35/64	•• 焙烧或烧结工艺（C04B 33/32 优先）［2006.01］
C04B 35/63	••• 使用专门用于形成工艺的添加剂［2006.01］
C02F 1/30	• 辐射法［2006.01］

（五）发明人排名

图 6-50 为景德镇陶瓷大学中国专利申请量前十位发明人排名。排名前四的发明人分别为周健儿、汪永清、江伟辉、吴南星，其作为发明人的专利申请量分别占该校中国专利申请总量的 8.74%、7.70%、7.38%、6.34%，占比均超过 5%。前十位发明人对应的专利申请共 448 件，占总量的 36.0%。由此可见，景德镇陶瓷大学的专利发明人较为集中，已经形成特定的研发团队，周健儿等为该高等院校的研发核心人员。

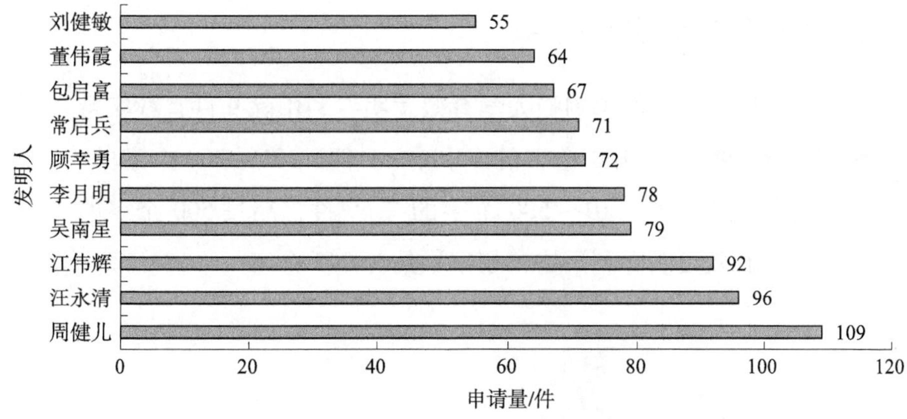

图 6-50 景德镇陶瓷大学中国专利主要发明人排名

（六）有效发明专利发明人统计

景德镇陶瓷有效发明专利共计 390 件。在该校的有效发明专利中，对各专利的第一发明人进行统计，可以得到如图 6-51 所示的结果。其中，董伟霞作为第一发明人的专利数量最多，为 27 件；江伟辉作为第一发明人的专利有 25 件；李月明作为第一发明人的专利有 19 件；常启兵、周健儿等 2 位发明人分别作为第一发明人的专利数量均为 15 件；包启富作为第一发明人的专利有 11 件；肖卓豪作为第一发明人的专利有 10 件；其余发明人作为第一发明人的专利数量不足 10 件。结合发明人排名情况及有效发明专利发明人统计情况，可以看出周健儿、江伟辉、李月明是景德镇陶瓷大学中专利申请活动较为积极的团队负责人。

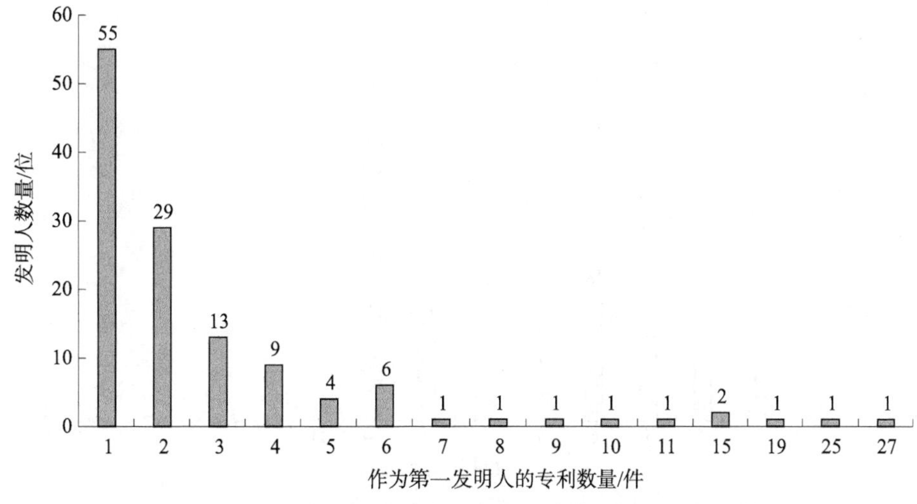

图 6-51 景德镇陶瓷大学有效发明专利第一发明人统计情况

（七）有效发明专利首权字数

如图 6－52 所示，景德镇陶瓷大学有效发明专利中除 9 件首权字数数据空缺外，首权字数分布中，1～100 个字的专利有 61 件，101～200 个字的有 148 件，201～300 个字的有 72 件，301～500 个字的有 69 件，超过 500 个字的有 31 件。景德镇陶瓷大学有效发明专利平均首权字数约为 245 个字。

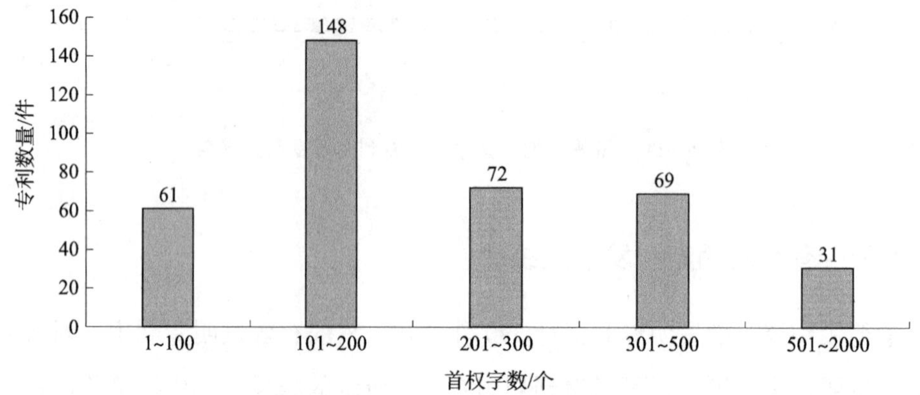

图 6－52　景德镇陶瓷大学授权有效发明专利首权字数分布

（八）有效发明专利权利要求数量

如图 6－53 所示，景德镇陶瓷大学有效发明专利中，权利要求数量为 5 个以下的有 64 件，权利要求数量为 6～10 个的有 311 件，权利要求数量在 11 个以上的仅有 15 件。景德镇陶瓷大学有效发明专利平均权利要求数量约为 7.9 个。

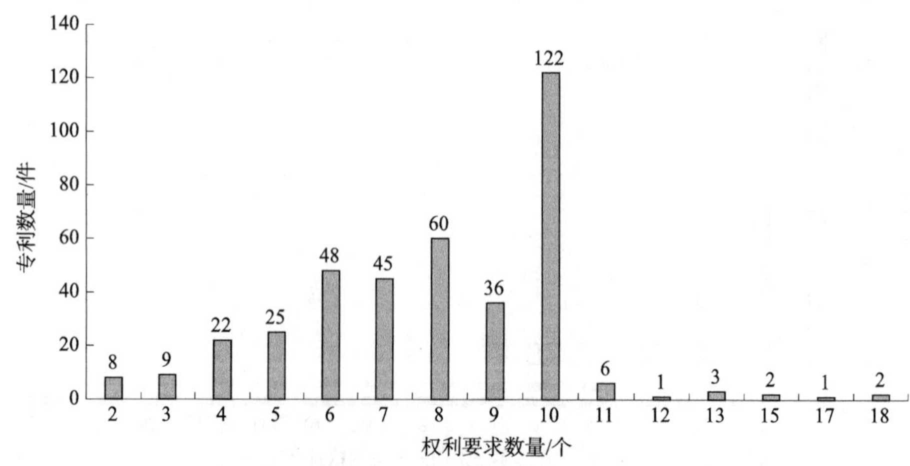

图 6－53　景德镇陶瓷大学有效发明专利权利要求数量分布

（九）有效发明专利文献页数

如图 6－54 所示，景德镇陶瓷大学授权有效发明专利中，专利文献页数为 5 页以下的专利有 36 件，6～10 页的专利有 283 件，11～15 页的专利有 52 件，16～20 页的专利有 11 件，21 页以上的专利有 8 件。景德镇陶瓷大学有效发明专利文献页数集中于 5～11 页这个区间，平均说明书页数约为 6.6 页。

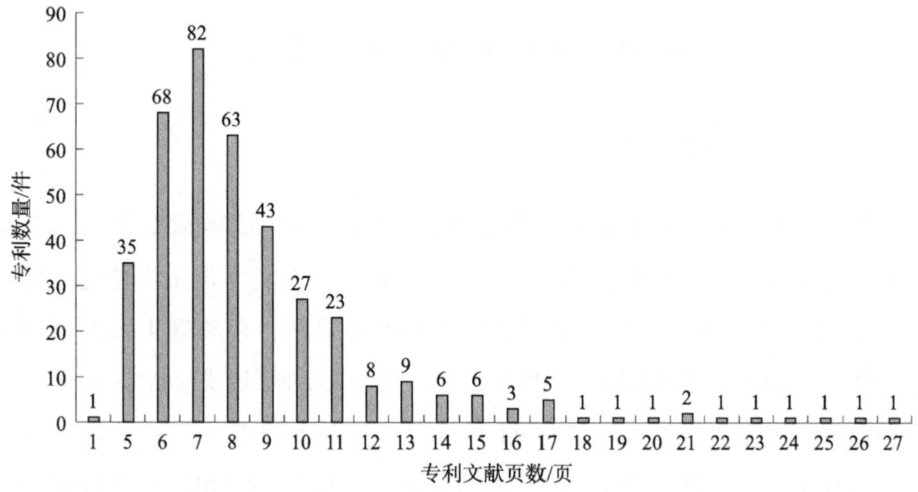

图 6－54 景德镇陶瓷大学有效发明专利文献页数分布

七、东华理工大学

（一）全球专利申请地域排名

如图 6－55 所示，从采集的 1990～2022 年专利数据来看，由于在分析中考虑了同族专利的情况，东华理工大学的专利申请量为 3209 件。这些专利申请绝大多数为中国专利申请，有 3189 件；少数专利申请分布于澳大利亚、美国、欧洲专利局、世界知识产权组织等。结合专利申请时间来看，东华理工大学从 1986 年开始布局海外专利，1986 年向欧洲专利局提出 2 件专利申请。最近几年海外专利申请较多，2020 年申请了 3 件，2021 年申请了 10 件，海外专利申请呈现快速增加的趋势。

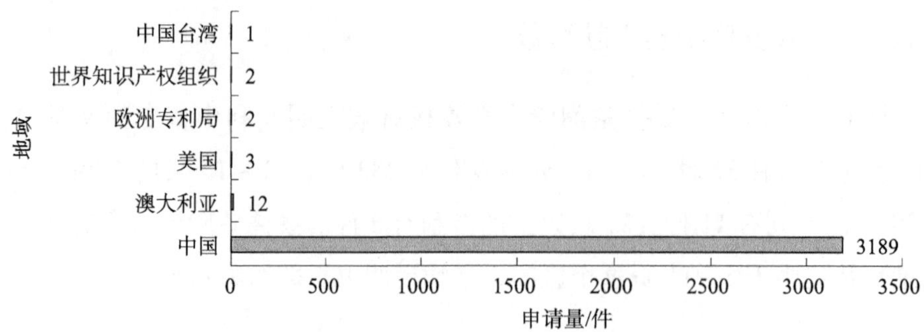

图 6－55　东华理工大学全球专利申请地域排名

（二）中国专利申请趋势

如图 6－56 所示，东华理工大学自 1990 年开始在中国申请专利。2007 年之前，东华理工大学专利申请趋势增长平缓，平均每年专利申请量不超过 1 件；从 2008 年开始呈现小幅上升的趋势，特别是 2016 年之后，东华理工大学专利申请量增长较快，2020 年达到峰值，为 620 件。结合专利申请类型情况来看，2010 年之前，东华理工大学提出申请的 44 件专利中，21 件为发明专利；2011～2021 年，东华理工大学发明专利占所有专利申请的比例从 54.05% 下降到 43.72%，最低为 2017 年的 27.89%；2022 年发明专利占所有专利申请的比例为 79.20%。

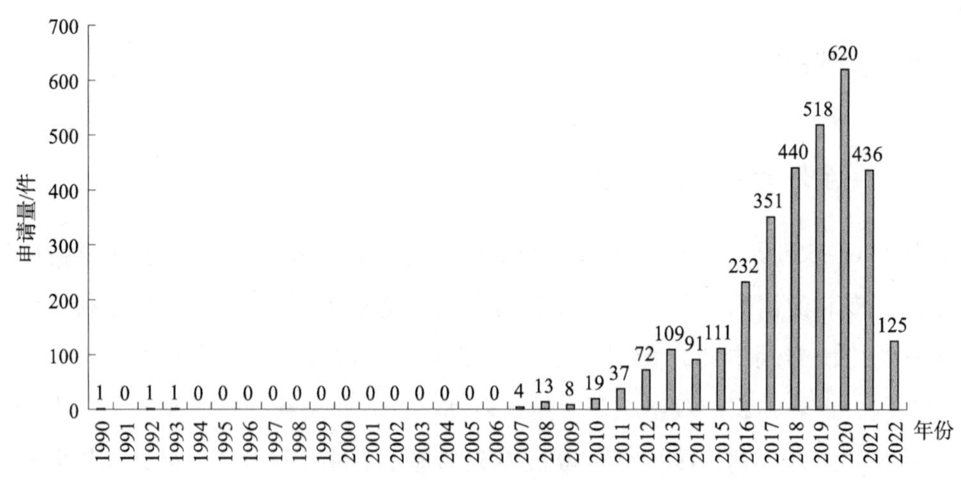

图 6－56　东华理工大学中国专利申请趋势

（三）中国专利申请类型

如图 6－57 所示，东华理工大学的中国专利申请中，发明专利申请共有 1273

件，占总量的40%；实用新型专利申请共有1916件，占总量的60%。东华理工大学的专利申请类型主要为实用新型专利申请，其科技创新能力及其在本领域的技术实力与其他高等院校相较而言一般。

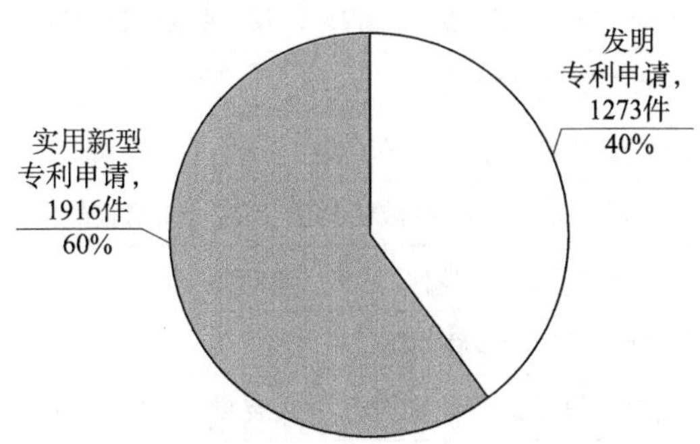

图6－57　东华理工大学中国专利申请类型

（四）技术构成

图6－58列出了东华理工大学专利涉及的前二十位IPC分类号。涉及专利申请量超过50件的IPC分类号为B01J 20/30。涉及专利申请量在40～50件的IPC分类号有3个，分别为C02F 1/28、G06F 1/20、G06F 1/18。各分类号具体含义见表6－7。

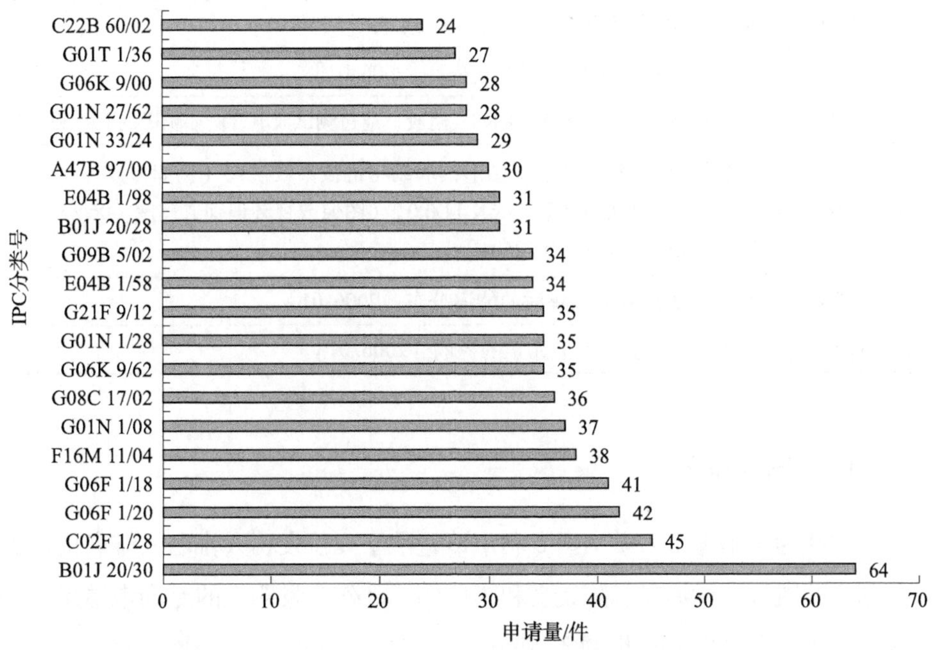

图6－58　东华理工大学专利申请IPC分类号分布前二十

表 6－7　东华理工大学专利申请涉及的前二十个 IPC 分类号及含义

IPC 分类号	含义
B01J 20/30	• 制备，再生或再活化的方法［2006.01］
C02F 1/28	• 吸附法（离子交换法入 C02F 1/42；吸附剂的组成入 B01J）［2006.01］
G06F 1/20	•• 冷却方法［2006.01］
G06F 1/18	•• 封装或电源分布［2006.01］
F16M 11/04	•• 器械的固定方法；器械相对于支架允许调整的方法［2006.01］
G01N 1/08	••• 用提取工具，如岩心钻头［2006.01］
G08C 17/02	• 用无线电线路［2006.01］
G06K 9/62	• 应用电子设备进行识别的方法或装置［2022.01］
G01N 1/28	• 测试用样品的制备（将样品安装在显微镜载片上入 G02B 21/34；电子显微镜中支承被分析的物品或材料的装置入 H01J 37/20）［2006.01］
G21F 9/12	••• 吸收；吸附；离子交换［2006.01］
E04B 1/58	•• 用于条形建筑构件的［2006.01］
G09B 5/02	• 对教材给予目视显示，例如用电影胶卷［2006.01］
B01J 20/28	• 以其形态或物理性能为特征的［2006.01］
E04B 1/98	••• 防振动或震动（有关基础的入 E02D 31/08）；防止机械性的损坏，例如，空袭（仅仅防火的入 E04B 1/94；为此目的的装修入 E04F；抗地震或类似震动的房屋，掩蔽所，防弹片的墙的安排入 E04H 9/00）［2006.01］
A47B 97/00	本小类其他组不包含的家具或家具附件［2006.01］
G01N 33/24	• 地面材料（G01N 33/42 优先）［2006.01］
G01N 27/62	• 通过测试气体的电离，例如气溶胶；通过测试放电，例如阴极发射［2021.01］
G06K 9/00	识别模式的方法或装置［图形读取或将机械参数模式（例如力或存在）转换为电信号的方法或装置 G06K 11/00］（图像或视频识别或理解 G06V）（语音识别 G10L 15/00）［2022.01］
G01T 1/36	• 测量 X 射线或核辐射的能谱分布［2006.01］
C22B 60/02	• 钍、铀或其他锕系元素的提取［2006.01］

（五）发明人排名

图 6－59 为东华理工大学中国专利申请量前十三位发明人排名。排名前四的发明人分别为薛凯喜、梁炯丰、陈焕文和李栋伟，其作为发明人的专利申请量分别占该高等院校中国专利申请总量的 3.20%、3.14%、3.14%、3.10%。前十三位发明

人对应的专利申请共754件，占总量的31.10%。由此可见，东华理工大学的专利发明人较为集中，已经形成特定的研发团队，薛凯喜等为该校的研发核心人员。

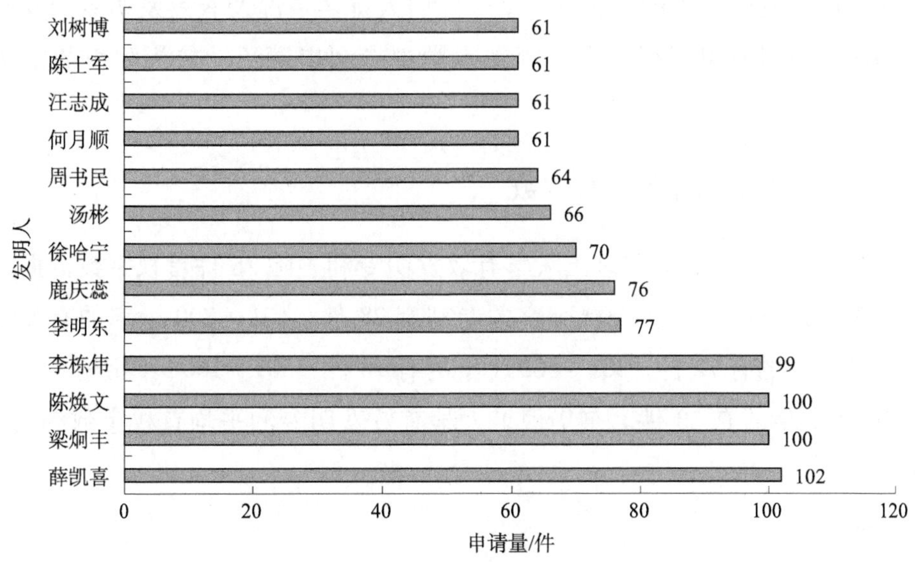

图6－59　东华理工大学中国专利主要发明人排名

（六）有效发明专利发明人统计

东华理工大学有效发明专利共计358件。在该校的有效发明专利中，对各专利的第一发明人进行统计，可以得到如图6－60所示的结果。其中，汤彬作为第一发明人的专利数量最多，为9件；董晓峰、惠振阳等2位发明人分别作

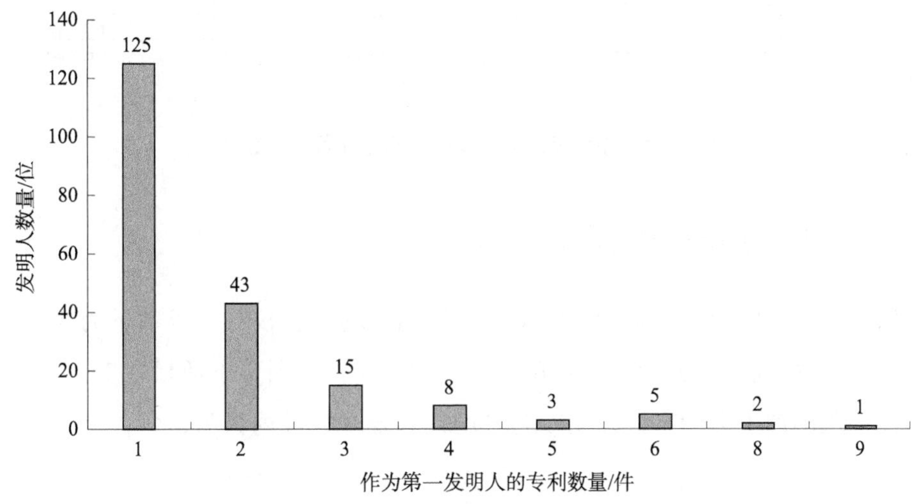

图6－60　东华理工大学有效发明专利发明人作为第一发明人的专利数据统计情况

为第一发明人的专利数量均为 8 件；聂逢君、王海涛、吴汤婷、徐洪珍、周利民等 5 位发明人分别作为第一发明人的专利数量均为 6 件；其余发明人作为第一发明人的专利数量不超过 5 件。结合发明人排名情况及有效发明专利发明人统计情况，可以看出汤彬是东华理工大学中专利申请活动较为积极的团队负责人。

（七）有效发明专利首权字数

如图 6－61 所示，东华理工大学有效发明专利中除 26 件首权字数数据空缺外，首权字数分布中，1～100 个字的专利有 28 件，101～200 个字的有 82 件，201～300 个字的有 72 件，301～500 个字的有 78 件，501～1000 个字的有 59 件，超过 1000 个字的有 13 件。东华理工大学有效发明专利平均首权字数约为 363 个字。

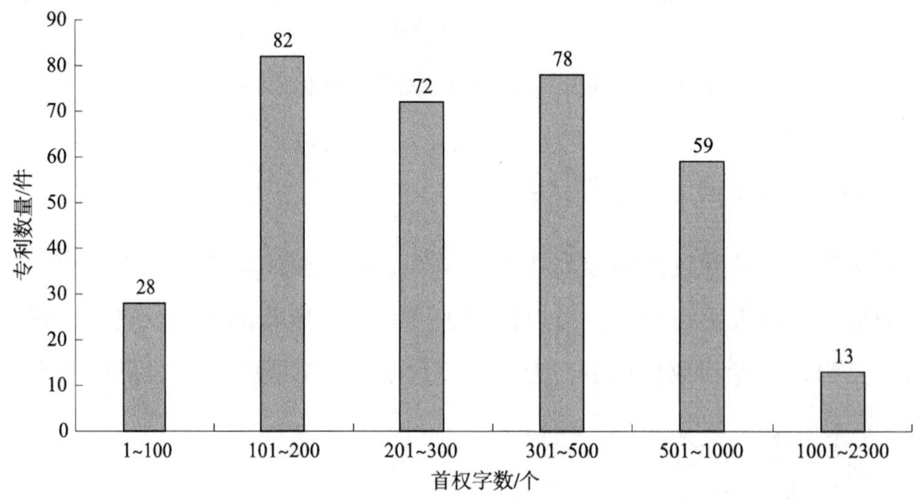

图 6－61　东华理工大学有效发明专利首权字数分布

（八）有效发明专利权利要求数量

如图 6－62 所示，东华理工大学有效发明专利中，权利要求数量为 5 个以下的有 93 件，权利要求数量为 6～10 个的有 260 件，权利要求数量在 11 个以上的有 5 件。东华理工大学有效发明专利平均权利要求数量约为 7. 3 个。

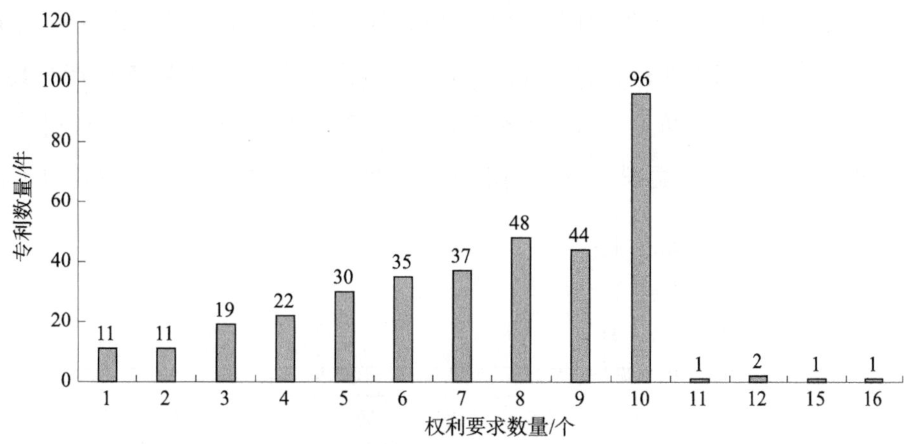

图 6－62　东华理工大学有效发明专利权利要求数量分布

（九）有效发明专利文献页数

如图 6－63 所示，东华理工大学有效发明专利中，专利文献页数为 6～10 页的专利有 137 件，11～15 页的专利有 135 件，16～20 页的专利有 59 件，21～30 页的专利有 24 件，31 页以上的专利有 3 件。东华理工大学有效发明专利文献页数集中于 6～18 页这个区间，平均说明书页数约为 10.8 页。

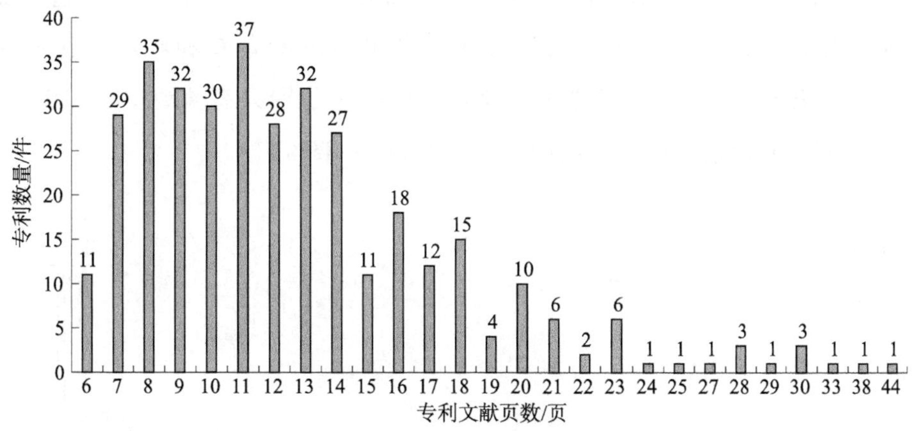

图 6－63　东华理工大学有效发明专利文献页数分布

八、江西中医药大学

（一）全球专利申请地域排名

如图 6－64 所示，从采集的 1985～2022 年专利数据来看，由于在分析中考虑了同族专利的情况，江西中医药大学的专利申请量为1135件。这些专利申请集中在中国，有1129件；少数专利申请分布于澳大利亚、世界知识产权组织、美国。结合专利申请时间，江西中医药大学从2020年开始布局海外专利，2020年向世界知识产权组织提出1件专利申请。其在2021年共申请了5件海外专利。

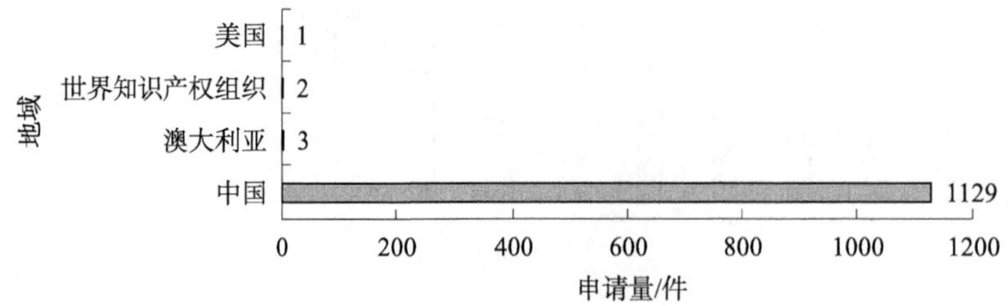

图6-64 江西中医药大学全球专利申请地域排名

(二) 中国专利申请趋势

如图6-65所示，江西中医药大学自1985年开始在中国申请专利。2009年之前，江西中医药大学专利申请趋势增长平缓，平均每年专利申请量不超过3件；从2010年开始呈现小幅上升的趋势，特别是2015年之后，江西中医药大学专利申请量增长较快，2020年达到峰值，为233件。结合专利申请类型情况来看，2019年以前，江西中医药大学发明专利申请占所有专利申请的比例大于67%，但是2020年、2021年的发明专利申请占比分别只有47.01%、50.45%。2022年发明专利申请占所有专利申请的比例为68.83%。

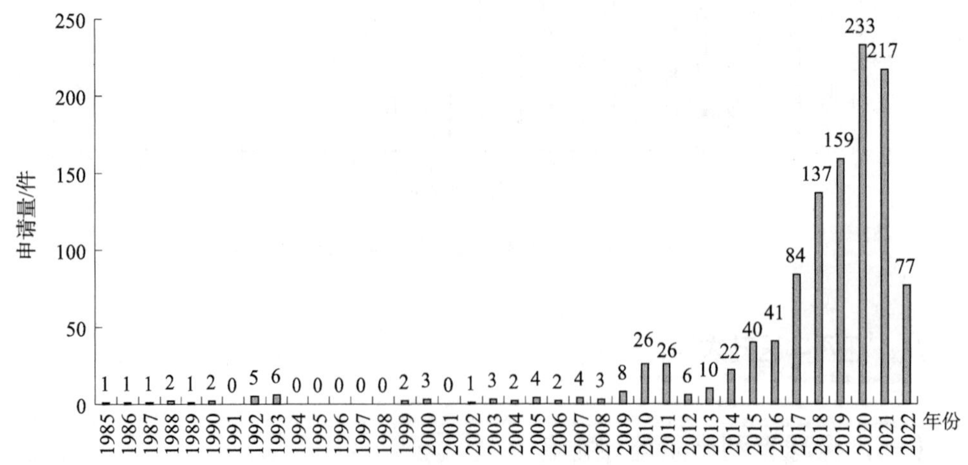

图6-65 江西中医药大学中国专利申请趋势

（三）中国专利申请类型

如图 6－66 所示，江西中医药大学的中国专利申请中，发明专利申请共有 750 件，占总申请量的 66%；实用新型专利申请共有 379 件，占总申请量的 34%。江西中医药大学的专利申请类型主要为发明专利申请，其科技创新能力及其在本领域的技术实力可见一斑。

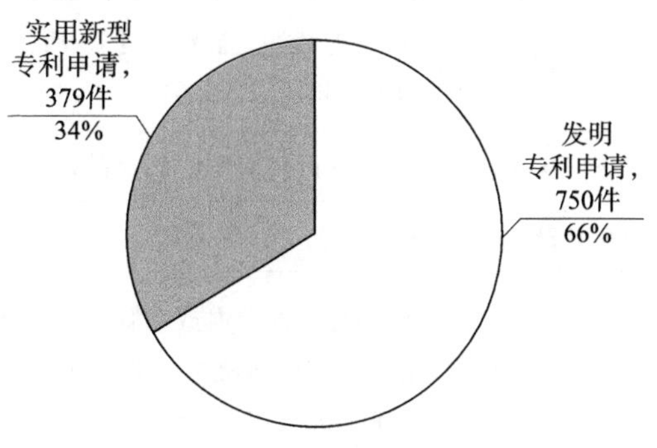

图 6－66　江西中医药大学中国专利申请类型

（四）技术构成

图 6－67 列出了江西中医药大学专利申请涉及的前二十位 IPC 分类号。涉及专利申请量超过 50 件的 IPC 分类号有 2 个，分别为 A61P 29/00、A61P 1/16。涉及专利申请量在 40～50 件的 IPC 分类号有 3 个，分别为 A61P 35/00、A61P 9/10、A23L 33/105。各分类号具体含义见表 6－8。

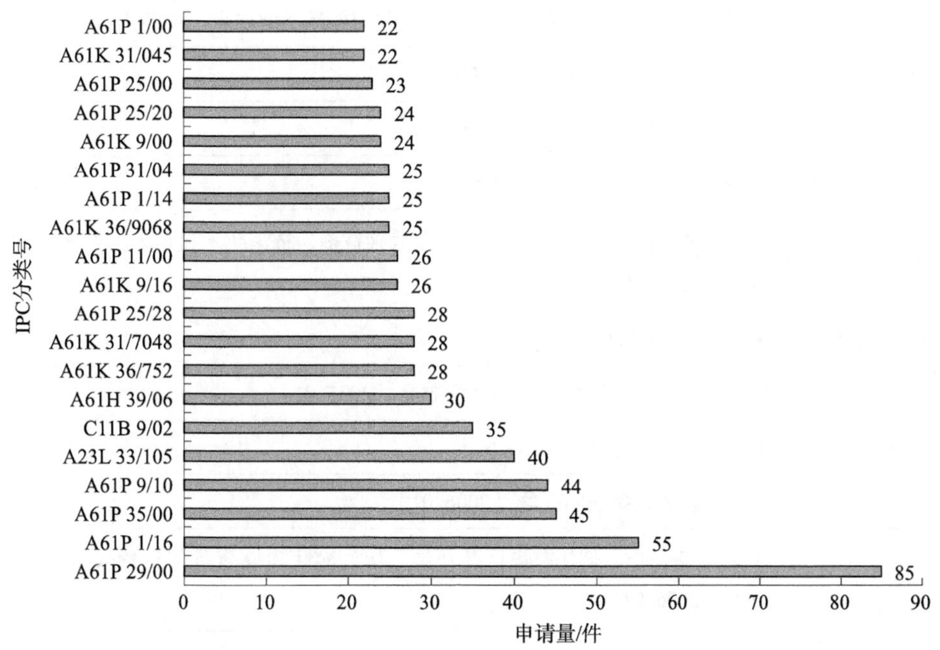

图 6－67　江西中医药大学专利申请 IPC 分类号分布前二十

表 6-8 江西中医药大学专利申请涉及的前二十个 IPC 分类号及含义

IPC 分类号	含义
A61P 29/00	非中枢性止痛剂、退热药或抗炎剂，例如抗风湿药；非甾体抗炎药（NSAIDs）［2006.01］
A61P 1/16	• 治疗肝脏或胆囊疾病的药物，例如保肝药、利胆药、溶石药［2006.01］
A61P 35/00	抗肿瘤药［2006.01］
A61P 9/10	• 治疗局部缺血或动脉粥样硬化疾病的，例如抗心绞痛药、冠状血管舒张药、治疗心肌梗死、视网膜病、脑血管功能不全、肾动脉硬化疾病的药物［2006.01］
A23L 33/105	•• 植物提取物，其人工复制品或其衍生物［2016.01］
C11B 9/02	• 从原料回收或精制香精油［2006.01］
A61H 39/06	• 在细胞生命限度内加热或冷却这样反射点的仪器［2006.01］
A61K 36/752	••• 柑橘属，例如橘络、柑或柠檬［2006.01］
A61K 31/7048	••• 有氧作为环杂原子的，例如 leucoglucosan、橘皮苷、红霉素、制霉菌素［2006.01］
A61P 25/28	• 用于治疗中枢神经系统神经变性疾病的药物，例如精神功能改善剂、识别增强剂、用于治疗早老性痴呆或其他类型的痴呆的药物［2006.01］
A61K 9/16	•• 块状；粒状；微珠状［2006.01］
A61P 11/00	治疗呼吸系统疾病的药物［2006.01］
A61K 36/9068	••• 姜属，例如花姜［2006.01］
A61P 1/14	• 助消化药，例如酸类、酶类、食欲兴奋剂、抗消化不良药、滋补药、抗肠胃气胀药［2006.01］
A61P 31/04	• 抗细菌药［2006.01］
A61K 9/00	以特殊物理形状为特征的医药配制品［2006.01］
A61P 25/20	• 安眠药；镇静药［2006.01］
A61P 25/00	治疗神经系统疾病的药物［2006.01］
A61K 31/045	• 羟基化合物，例如醇类；其盐类，例如醇化物（氢过氧化物入 A61K 31/327）［2006.01］
A61P 1/00	治疗消化道或消化系统疾病的药物［2006.01］

（五）发明人排名

图 6－68 为江西中医药大学中国专利申请量前十位发明人排名。排名前四的发明人分别为杨明、伍振峰、王学成、朱根华，其作为发明人的专利申请量分别占该校中国专利申请总量的 24.80%、14.17%、8.41%、7.97%，占比均已超过 5%。前十位发明人对应的专利申请共 382 件，占总量的 33.84%。江西中医药大学的专利发明人较为集中，已经形成特定的研发团队，杨明等为该校的研发核心人员。

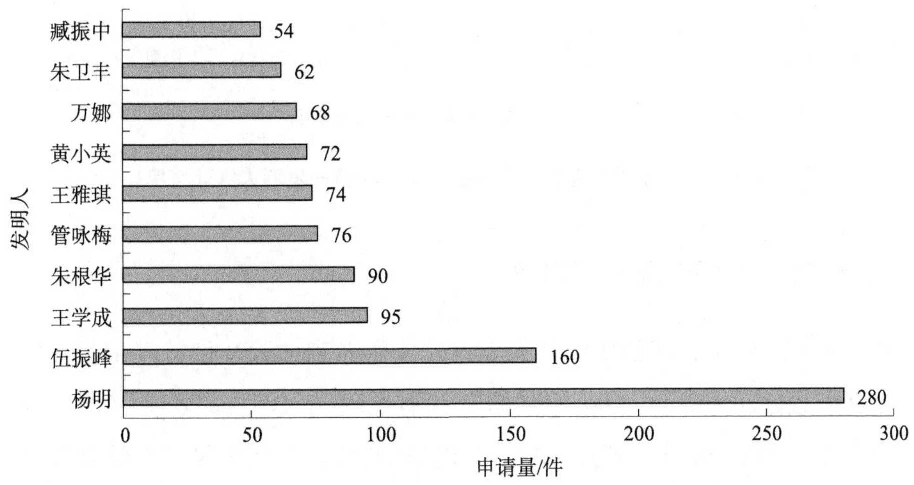

图 6－68　江西中医药大学中国专利主要发明人排名

（六）有效发明专利发明人统计

江西中医药大学有效发明专利共计 218 件。在该校的有效发明专利中，对各专利的第一发明人进行统计，可以得到如图 6－69 所示的结果。其中，李志峰、伍振峰等 2 位发明人分别作为第一发明人的专利数量最多，均为 10 件；冯育林、刘建群、任刚等 3 位发明人分别作为第一发明人的专利数量均为 8 件；马勤阁、杨明等 2 位发明人分别作为第一发明人的专利数量均为 7 件；万娜、杨世林、余雄英等 3 位发明人分别作为第一发明人的专利数量均为 5 件；其余发明人作为第一发明人的专利数量均不足 5 件。结合发明人排名情况及有效发明专利发明人统计情况，可以看出杨明和伍振峰是江西中医药大学专利申请活动较为积极的团队负责人。

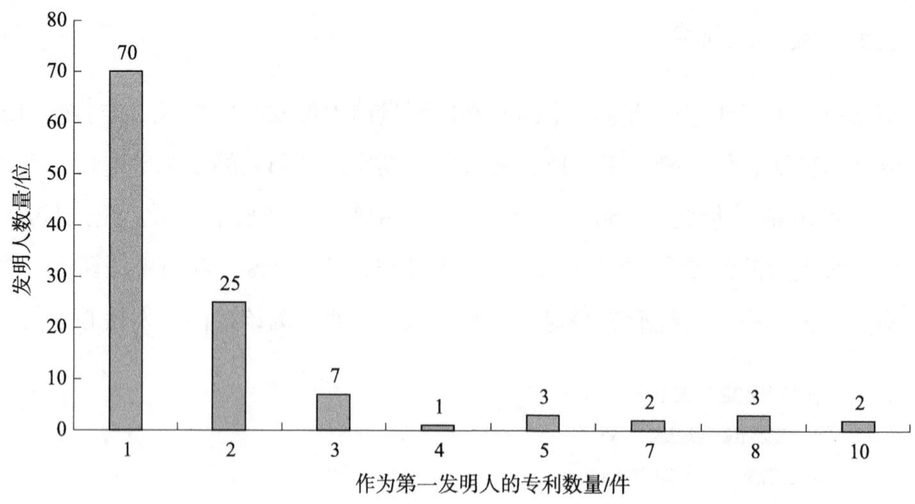

图 6－69　江西中医药大学有效发明专利第一发明人统计情况

（七）有效发明专利首权字数

如图 6－70 所示，江西中医药大学有效发明专利中除 9 件首权字数数据空缺外，首权字数分布中，1～100 个字的专利有 93 件，101～200 个字的有 64 件，201～500 个字的有 34 件，超过 500 个字的有 18 件。江西中医药大学有效发明专利平均首权字数约为 184 个字。

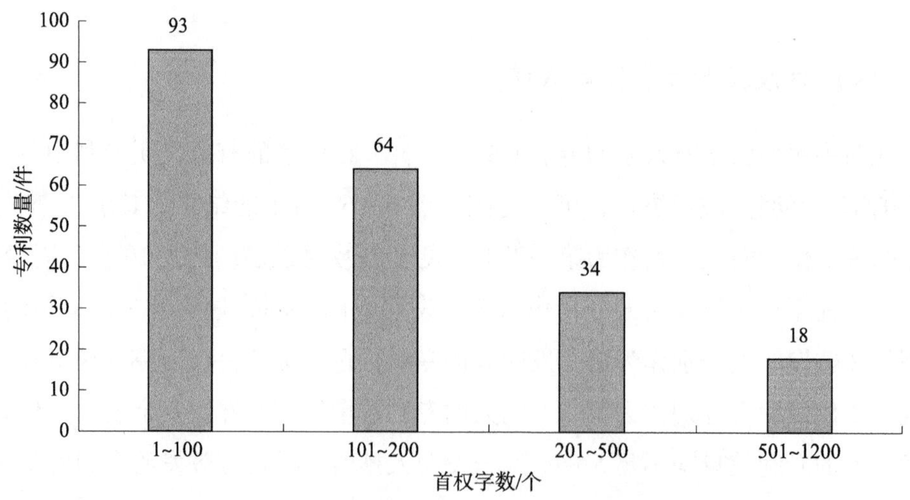

图 6－70　江西中医药大学有效发明专利首权字数分布

（八）有效发明专利权利要求数量

如图 6－71 所示，江西中医药大学有效发明专利中，权利要求数量为 5 个以下的有 47 件，权利要求数量为 6～10 个的有 159 件，权利要求数量为 11 个以上的仅有 12 件。江西中医药大学有效发明专利平均权利要求数量约为 7.9 个。

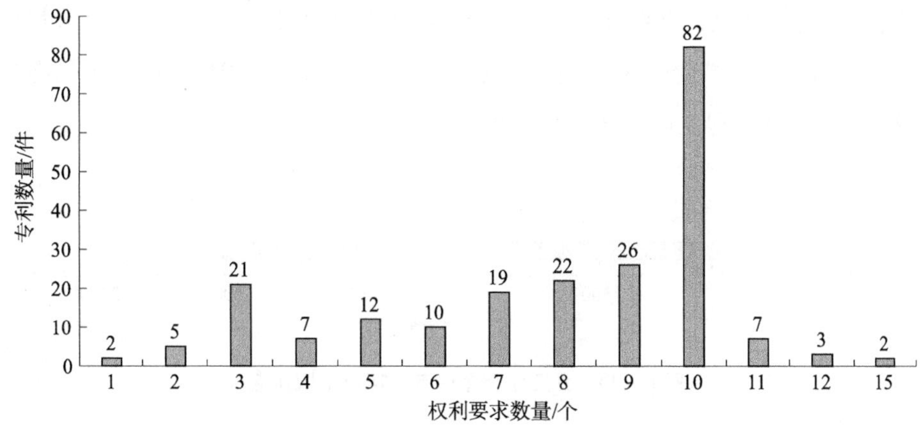

图 6－71　江西中医药大学有效发明专利权利要求数量分布

（九）有效发明专利文献页数

如图 6－72 所示，江西中医药大学有效发明专利中，专利文献页数为 5 页的专利有 6 件，6～10 页的专利有 70 件，11～15 页的专利有 83 件，16～20 页的专利有 35 件，21～30 页的专利有 18 件，31 页以上的专利有 6 件。江西中医药大学有效发明专利平均说明书页数约为 11.3 页。

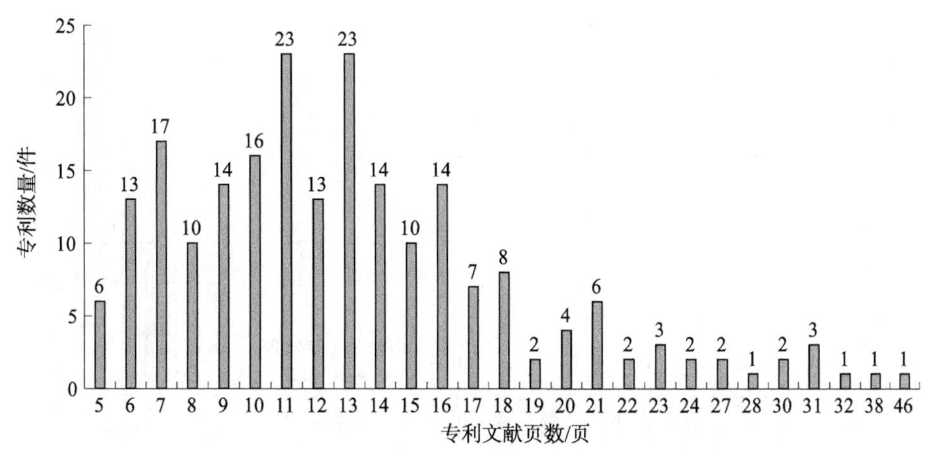

图 6－72　江西中医药大学有效发明专利文献页数分布

九、九江学院

（一）全球专利申请地域排名

如图 6－73 所示，从采集的 1988～2022 年专利数据来看，由于在分析中考虑了同族专利的情况，九江学院的专利申请量为 2008 件。这些专利申请集中在中国，有 2006 件。结合专利申请时间来看，九江学院从 2021 年开始布局海外专利，2021 年向澳大利亚申请了 2 件专利。

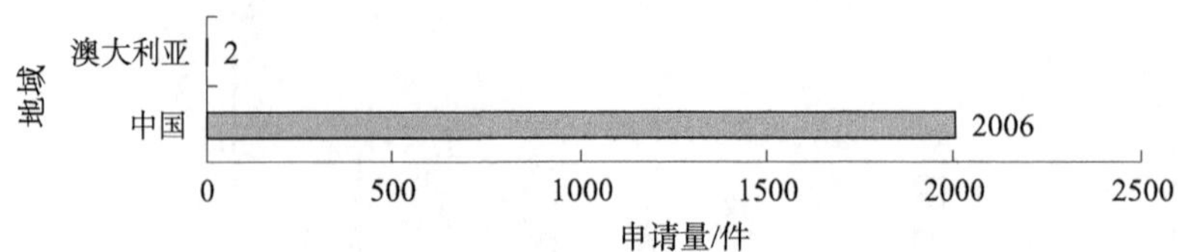

图 6－73　九江学院全球专利申请地域排名

（二）中国专利申请趋势

如图 6－74 所示，九江学院自 1988 年开始在中国申请专利。2007 年之前，九江学院专利申请趋势增长平缓，平均每年专利申请量不超过 1 件；从 2009 年开始呈现上升的趋势，2020 年达到峰值，为 513 件。结合专利申请类型情况来看，2007 年之前，九江学院的 10 件专利申请中，2 件为发明专利申请，8 件为实用新型专利申请；2008 年后的 1996 件专利申请中，572 件为发明专利申请，

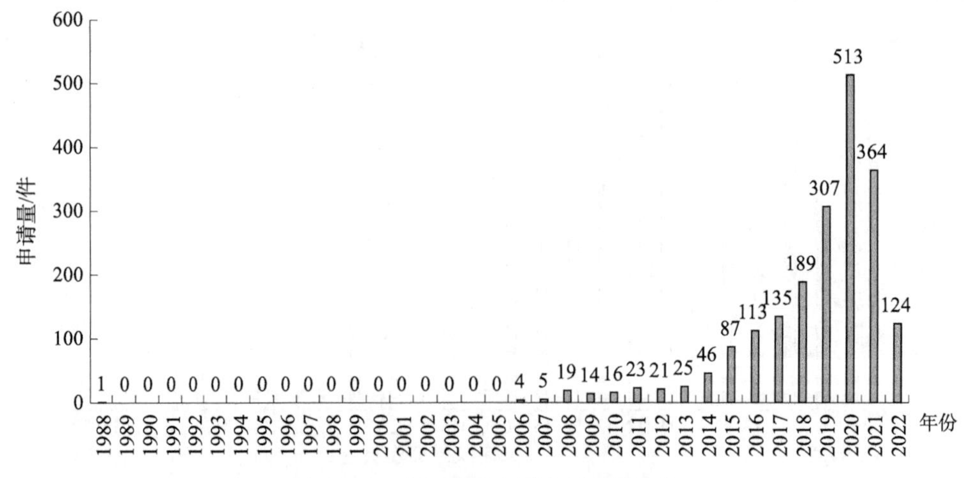

图 6－74　九江学院中国专利申请趋势

1424 件为实用新型专利申请，发明专利申请在所有专利申请中的占比由 20% 提升至 28.66%。

（三）中国专利申请类型

如图 6－75，九江学院的专利申请中，发明专利申请共有 574 件，占总申请量的 29%；实用新型专利申请共有 1432 件，占总申请量的 71%。九江学院的专利申请类型主要为实用新型专利申请，其科技创新能力及其在本领域的技术实力有待提升。

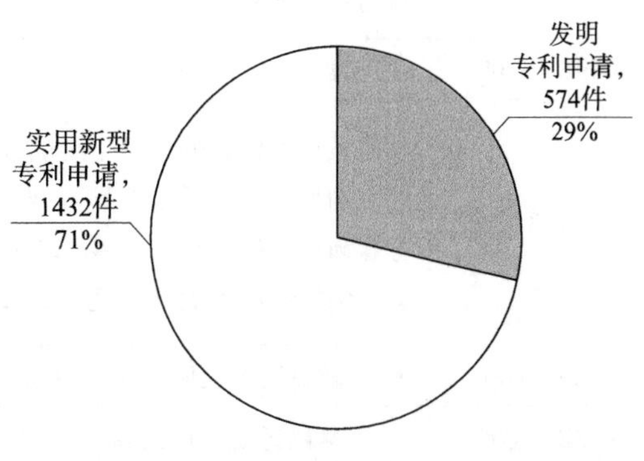

图 6－75　九江学院中国专利申请类型

（四）技术构成

图 6－76 列出了九江学院专利申请涉及的前二十位 IPC 分类号。涉及专利申请量超过 20 件的 IPC 分类号有 6 个，分别为 G09B 5/02、G09B 19/00、G09B 15/00、B44D 3/00、G09B 5/06、A63B 71/06。各分类号具体含义见表 6－9。

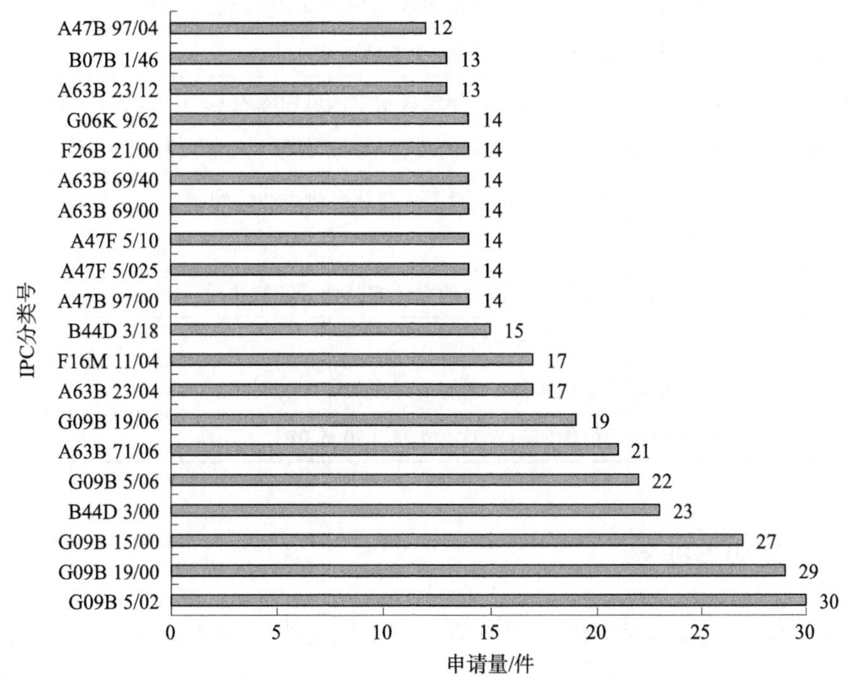

图 6－76　九江学院专利申请 IPC 分类号分布前二十

表6-9 九江学院专利申请涉及的前二十个IPC分类号及含义

IPC分类号	含义
G09B 5/02	• 对教材给予目视显示，例如用电影胶卷［2006.01］
G09B 19/00	不包括在本小类的其他大组中的教具（瞄准射击的教学或实践器械入F41G 3/26）［2006.01］
G09B 15/00	音乐教具［2006.01］
B44D 3/00	其他类目不包含的，用于绘画或艺术图的辅助装置或器具（用于在表面上涂液，例如涂料的手工工具入B05C 17/00；用于在建筑物上而不是在绘画上进行修饰加工的器具入E04F 21/00）；用于颜色鉴定，选用或合成的方法或装置，例如使用色板（比色计入G01J 3/00）［2006.01］
G09B 5/06	• 对教材给予视听显示［2006.01］
A63B 71/06	• 比赛或运动员用的指示装置或记分装置［2006.01］
G09B 19/06	• 外语（对教材可听显示的入G09B 5/04）［2006.01］
A63B 23/04	•• 用于下肢［2006.01］
F16M 11/04	•• 器械的固定方法；器械相对于支架允许调整的方法［2006.01］
B44D 3/18	• 备有绘画或画图表面的板或片；用于油画布的伸展架［2006.01］
A47B 97/00	本小类其他组不包含的家具或家具附件［2006.01］
A47F 5/025	•• 有机械驱动的，例如旋转桌（A47F 5/03优先）［2006.01］
A47F 5/10	• 可调节的或可折叠的陈列台［2006.01］
A63B 69/00	特殊运动用的训练用品或器械（跳伞人员训练入B64D 23/00）［2006.01］
A63B 69/40	• 用于投掷球的固定排列的装置（泥鸽目标抛靶器入F41J 9/18）［2006.01］
F26B 21/00	干燥固体材料或制品用的空气或气体的供应或控制装置（空气调节或通风一般入F24F）［2006.01］
G06K 9/62	• 应用电子设备进行识别的方法或装置［2022.01］
A63B 23/12	•• 用于上肢［2006.01］
B07B 1/46	• 一般筛的结构零件；筛的清理或加热［2006.01］
A47B 97/04	• 黑板或类似物用的支架或支座［2006.01］

（五）发明人排名

图6-77为九江学院中国专利申请量前十位发明人排名。排名前四的发明人分别为丁志华、杨涛、纪岗昌、张弘，其作为发明人的专利申请量分别占该高等院校中国专利申请总量的2.04%、1.94%、1.94%、1.80%。前十位发明人共申

请专利 287 件，占总量的 14.31%。由此可见，九江学院的专利发明人已经形成特定的研发团队，丁志华等为该校的研发核心人员。

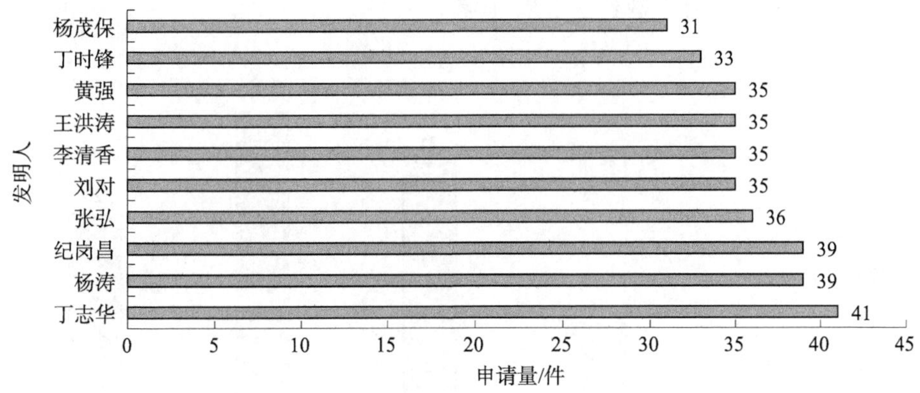

图 6－77　九江学院中国专利主要发明人排名

（六）有效发明专利发明人统计

九江学院有效发明专利共计 130 件。在该校的有效发明专利中，对各专利的第一发明人进行统计，可以得到如图 6－78 所示的结果。其中，张梦贤作为第一发明人的专利数量最多，为 8 件；董西伟、罗东云、张炳火等 3 位发明人分别作为第一发明人的专利数量均为 4 件；其余发明人作为第一发明人的专利数量均不超过 3 件。

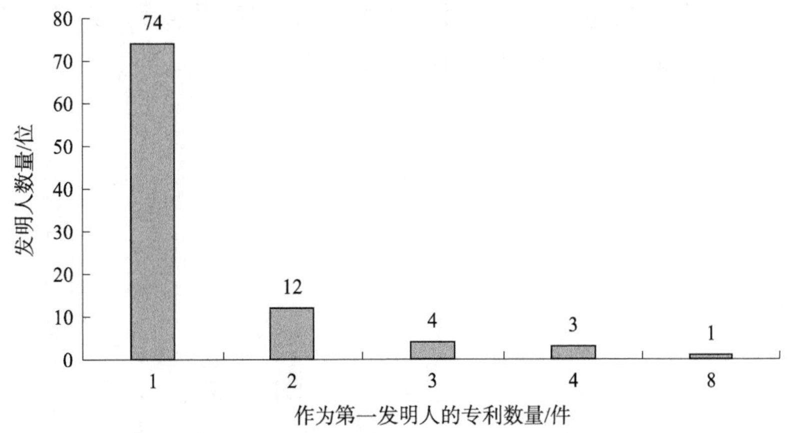

图 6－78　九江学院有效发明专利第一发明人统计情况

（七）有效发明专利首权字数

如图 6－79 所示，九江学院有效发明专利中除 12 件首权字数数据空缺外，首权字数分布中，1～100个字的专利只有10件，101～200个字的有15件，201～300个字的有31件，301～500个字的有36件，超过500个字的有26件。九江学院有效发明专利平均首权字数约为375个字。

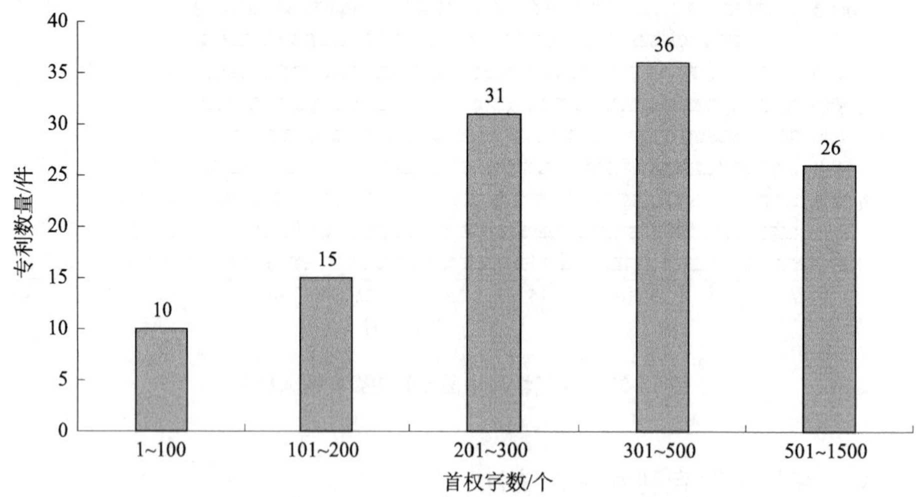

图6－79　九江学院有效发明专利首权字数分布

（八）有效发明专利权利要求数量

如图6－80所示，九江学院有效发明专利中，权利要求数量为5个以下的专利有30件，权利要求数量为6～10个的有99件，权利要求数量为11个以上的仅有1件。九江学院有效发明专利平均权利要求数量约为7.4个。

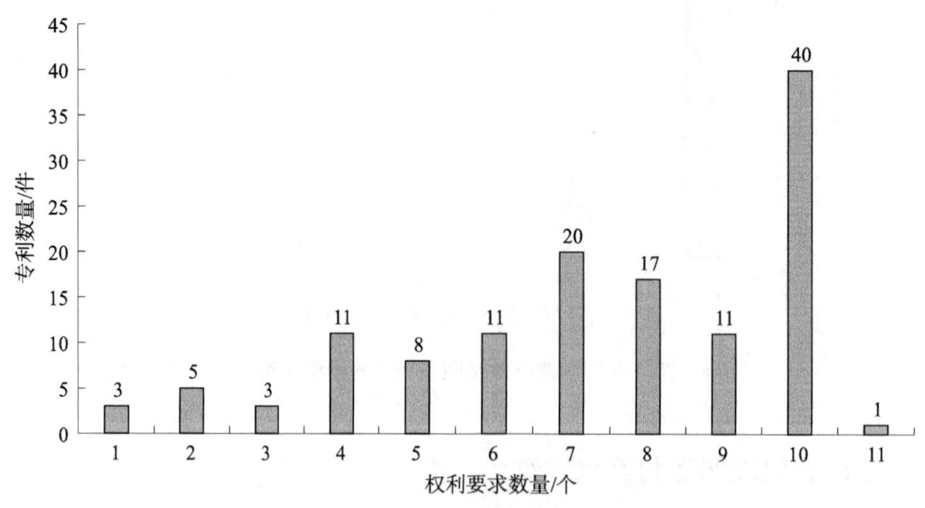

图6－80　九江学院有效专利权利要求数量分布

（九）有效发明专利文献页数

如图 6－81 所示，九江学院有效发明专利中，专利文献页数为 5 页以下的专利有 5 件，6～10 页的专利有 57 件，11～15 页的专利有 43 件，16～20 页的专利有 21 件，21 页以上的专利有 4 件。九江学院有效发明专利平均说明书页数约为 9.6 页。

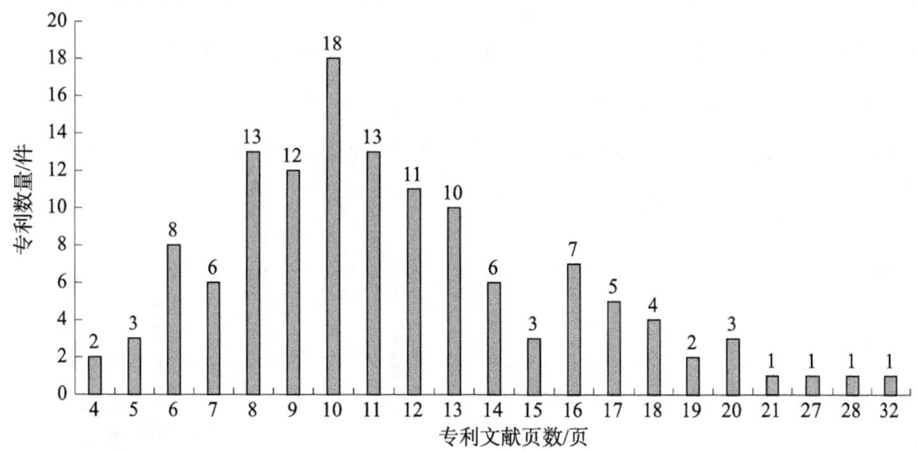

图 6－81　九江学院有效发明专利文献页数分布

十、江西师范大学

（一）全球专利申请地域排名

如图 6－82 所示，从采集的 1985～2022 年专利数据来看，由于在分析中考虑了同族专利的情况，江西师范大学的专利申请量为 2682 件。这些专利申请集中在中国，有 2673 件；江西师范大学共向世界知识产权组织提出 5 件专利申请，向美国提出 4 件专利申请。结合专利申请时间来看，江西师范大学从 2017 年开始布局海外专利，向世界知识产权组织提出 1 件专利申请，向美国提出了 2 件专利申请。

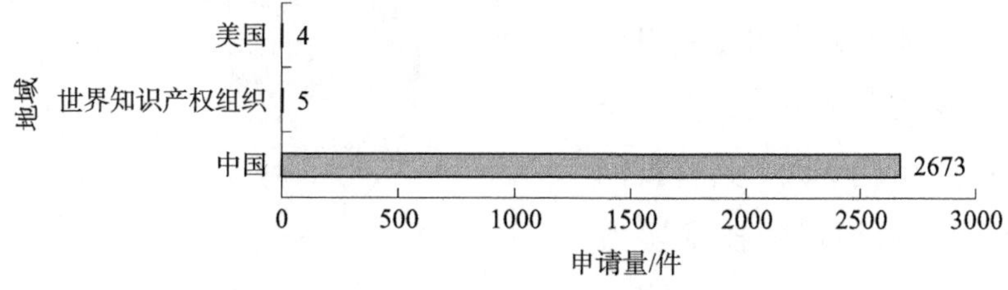

图 6－82　江西师范大学全球专利申请地域排名

（二）中国专利申请趋势

如图6－83所示，江西师范大学自1985年开始在中国申请专利。2008年之前，江西师范大学专利申请趋势增长平缓，平均每年专利申请量不超过2件；从2009年开始呈现小幅上升的趋势，特别是2012年之后，江西师范大学专利申请量增长较快，2017年达到峰值，为499件。结合专利申请类型情况来看，江西师范大学2008年之前提出的32件专利申请中，23件为发明专利申请，9件为实用新型专利申请；2009年之后提出的2641件专利申请中，1433件为发明专利申请，1208件为实用新型专利申请。实用新型专利申请在所有专利申请中的占比由28.13%提升至45.74%。

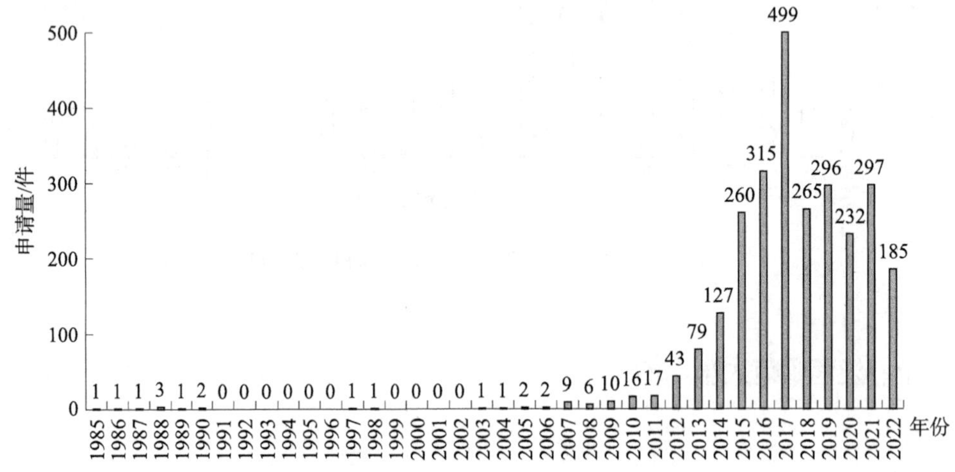

图6－83　江西师范大学中国专利申请趋势

（三）中国专利申请类型

如图6－84所示，江西师范大学的中国专利申请中，发明专利申请共有1456件，占总申请量的54%；实用新型专利申请共有1217件，占总申请量的46%。江西师范大学的专利申请类型主要为发明专利申请，但两类专利申请占比相差不大，其科技创新能力及其在本领域的技术实力一般。

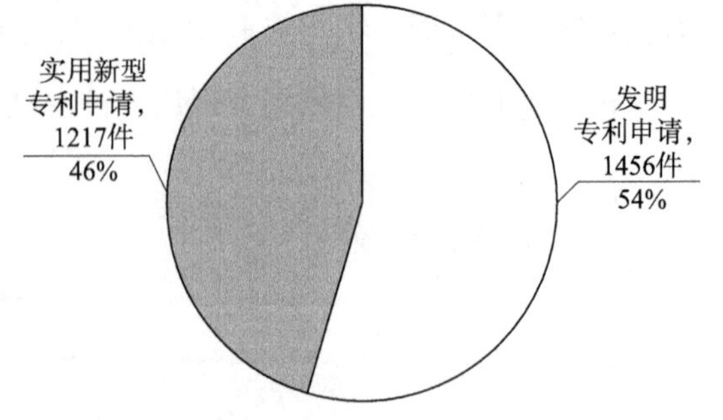

图6－84　江西师范大学中国专利申请类型

（四）技术构成

图6－85列出了江西师范大学专利申请涉及的前二十位IPC分类号。涉及专利申请量超过50件的IPC分类号有2个，分别为A63B 71/06、A63B 23/12。专利申请量在30～50件的IPC分类号有4个，分别为A63B 23/02、B82Y 40/00、C09K 11/06、A63B 23/04。各分类号具体含义见表6－10。

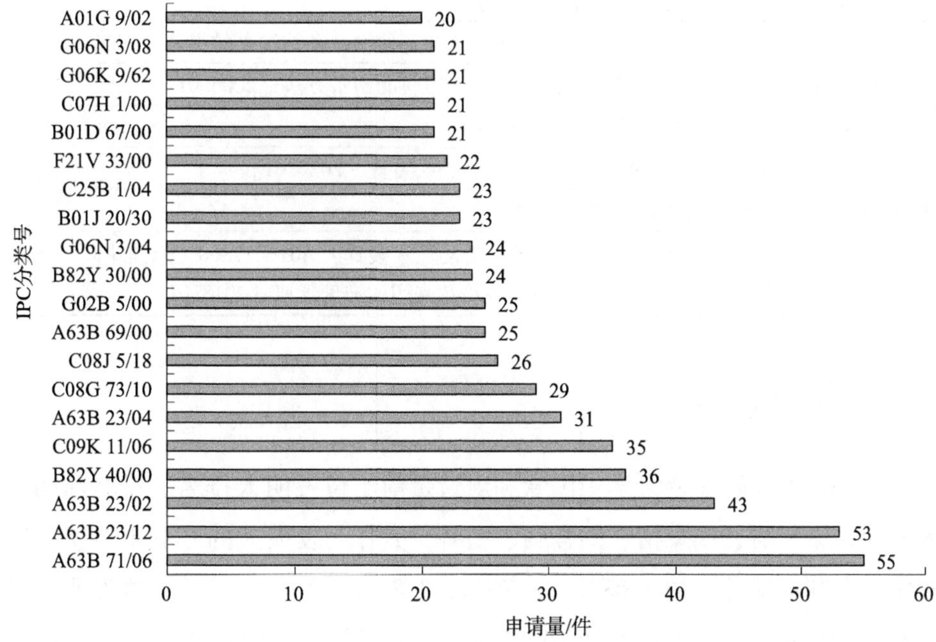

图6－85　江西师范大学专利申请IPC分类号分布前二十

表6－10　江西师范大学专利涉及的前二十个IPC分类号及含义

IPC分类号	含义
A63B 71/06	• 比赛或运动员用的指示装置或记分装置［2006.01］
A63B 23/12	•• 用于上肢［2006.01］
A63B 23/02	• 用于腹部、脊骨、躯干或肩部的［2006.01］
B82Y 40/00	纳米结构的制造或处理［2011.01］
C09K 11/06	• 含有机发光材料［2006.01］
A63B 23/04	•• 用于下肢［2006.01］
C08G 73/10	•• 聚酰亚胺；聚酯－酰亚胺；聚酰胺－酰亚胺；聚酰胺酸或类似的聚酰亚胺的母体［2006.01］
C08J 5/18	• 薄膜或片材的制造［2006.01］
A63B 69/00	特殊运动用的训练用品或器械（跳伞人员训练入B64D 23/00）［2006.01］

续表

IPC 分类号	含义
G02B 5/00	除透镜外的光学元件（光波导入 G02B 6/00；光学逻辑元件入 G02F 3/00）[2006.01]
B82Y 30/00	用于材料和表面科学的纳米技术，例如：纳米复合材料 [2011.01]
G06N 3/04	•• 体系结构，例如，互连拓扑 [2006.01]
B01J 20/30	• 制备，再生或再活化的方法 [2006.01]
C25B 1/04	••• 通过电解水 [2021.01]
F21V 33/00	不包含在其他类目中的照明装置与其他物品在结构上的组合 [2006.01]
B01D 67/00	专门适用于分离工艺或设备的半透膜的制备方法 [2006.01]
C07H 1/00	糖衍生物的制备工艺 [2006.01]
G06K 9/62	• 应用电子设备进行识别的方法或装置 [2022.01]
G06N 3/08	•• 学习方法 [2006.01]
A01G 9/02	• 容器，例如花盆或花箱（自动浇水装置入 A01G 27/00；悬挂花篮、装花盆用的容器入 A47G 7/00）；栽培花卉用的玻璃器皿 [2018.01]

（五）发明人排名

图 6-86 为江西师范大学中国专利申请量前十位发明人排名。排名前四的发明人分别为涂宗财、侯豪情、刘桂强、王辉，其作为发明人的专利申请量分别占该校中国专利申请总量的 4.08%、3.70%、2.81%、2.43%。前十位发明人对应的专利申请共 445 件，占总量的 16.65%。由此可见，江西师范大学的专利发明人已经形成特定的研发团队，涂宗财等为该校的研发核心人员。

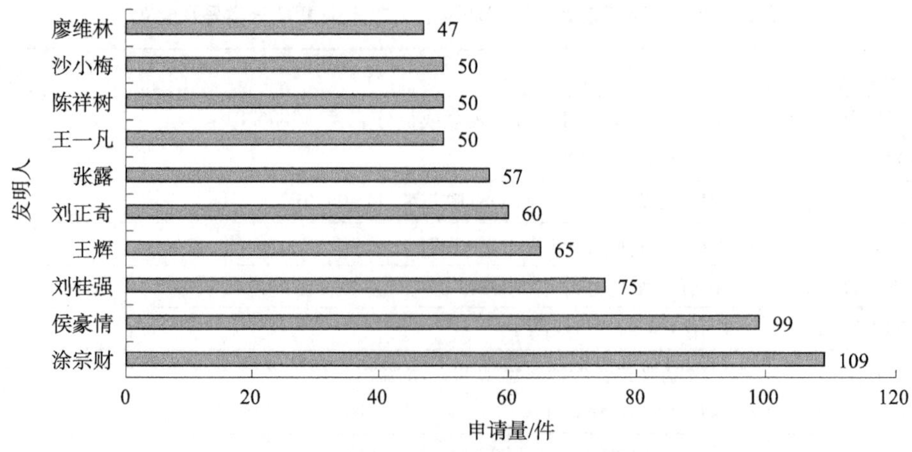

图 6-86 江西师范大学中国专利主要发明人排名

（六）有效发明专利发明人统计

江西师范大学有效发明专利共计568件。在该校的有效发明专利中，对各专利的第一发明人进行统计，可以得到如图6－87所示的结果。其中，侯豪情作为第一发明人的专利数量最多，为45件；涂宗财作为第一发明人的专利有22件；陈祥树作为第一发明人的专利有17件；赵军锋作为第一发明人的专利有16件；钟声亮作为第一发明人的专利有12件；卢章辉作为第一发明人的专利有11件；其余发明人作为第一发明人的专利数量均不足10件。结合发明人排名情况及有效发明专利发明人统计情况，可以看出涂宗财和侯豪情是江西师范大学专利申请活动较为积极的团队负责人。

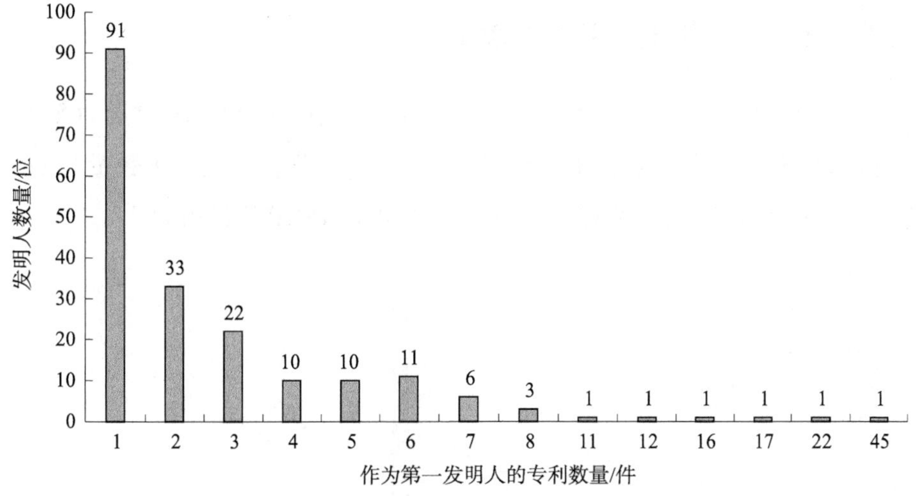

图6－87　江西师范大学有效发明专利第一发明人统计情况

（七）有效发明专利首权字数

如图6－88所示，江西师范大学有效发明专利中除42件首权字数数据空缺外，首权字数分布中，1～100个字的专利有76件，101～200个字的有137件，201～300个字的有108件，301～400个字的有64件，401～600个字的有71件，601～1000个字的有53件，超过1000个字的有17件。江西师范大学有效发明专利平均首权字数约为333个字。

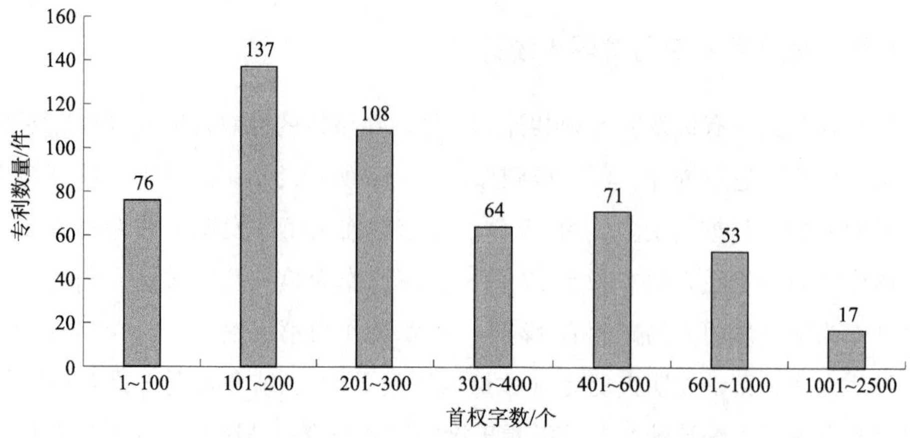

图 6－88　江西师范大学有效发明专利首权字数分布

(八) 有效发明专利权利要求数量

如图 6－89 所示，江西师范大学有效发明专利中，权利要求数量为 5 个以下的专利有 117 件，权利要求数量为 6～10 个的有 425 件，权利要求数量为 11 个以上的有 26 件。江西师范大学有效发明专利平均权利要求数量约为 7.8 个。

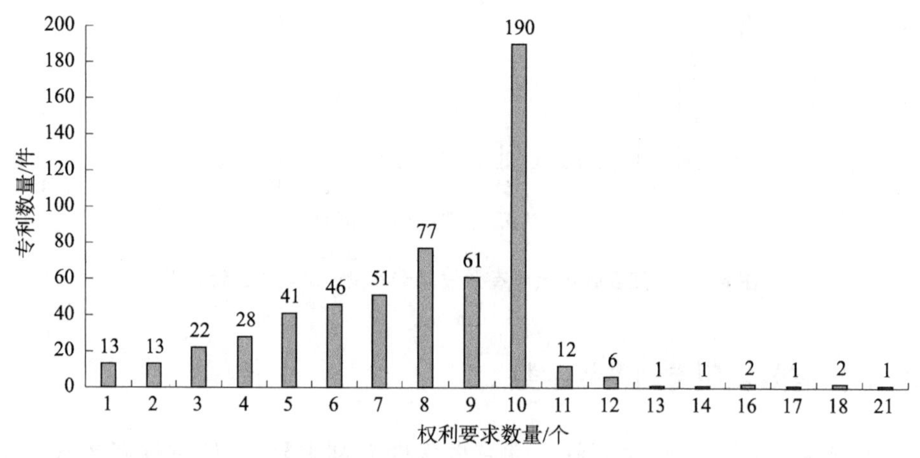

图 6－89　江西师范大学有效专利权利要求数量分布

(九) 有效发明专利文献页数

如图 6－90 所示，江西师范大学有效发明专利中，专利文献页数为 5 页以下的专利有 13 件，6～10 页的专利有 263 件，11～15 页的专利有 177 件，16～20 页的专利有 79 件，21～30 页的专利有 29 件，31 页以上的专利有 7 件。江西师范大学有效发明专利文献页数集中于 6～17 页这个区间，平均说明书页数约为 10.3 页。

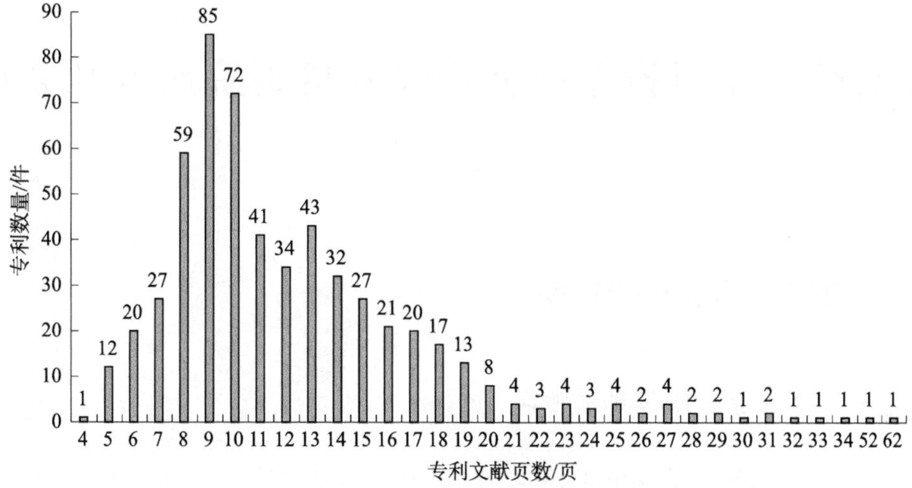

图 6－90 江西师范大学有效发明专利文献页数分布

第七章　江西省专利创新前五科研院所专利分析

一、航空工业直升机设计研究所

（一）全球专利申请地域排名

如图 7 - 1 所示，从采集的 1994 ~ 2022 年专利数据来看，由于在分析中考虑了同族专利的情况，航空工业直升机设计研究所的专利申请量为 1481 件。这些专利申请集中在中国，有 1477 件。结合专利申请时间来看，航空工业直升机设计研究所从 2018 年开始布局海外专利，2018 年向世界知识产权组织提出 2 件专利申请，2020 年向世界知识产权组织提出 2 件专利申请。

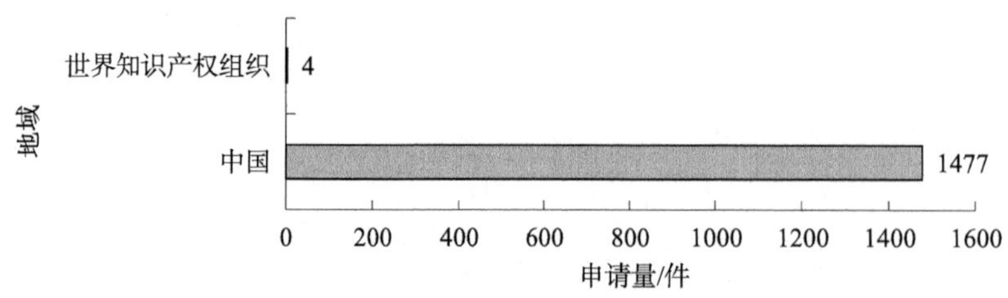

图 7 - 1　航空工业直升机设计研究所全球专利申请地域排名

（二）中国专利申请趋势

如图 7 - 2 所示，航空工业直升机设计研究所自 1994 年开始在中国申请专利。2008 年之前，航空工业直升机设计研究所专利申请趋势增长平缓，平均每年专利申请量不超过 1 件；从 2009 年开始呈现小幅上升的趋势，特别是 2017 年之后，航空工业直升机设计研究所专利申请量增长较快，2020 年达到峰值，为 250 件。结合专利申请类型情况来看，航空工业直升机设计研究 2008 年前所提出的 6 件专利申请中，3 件为发明专利申请，3 件为实用新型专利申请，发明专利申请在所有专利申请中占比为50%；2009年后提出的1471件专利申请中，1168件为发明专利申请，303件为实用新型专利申请，发明专利申请在所有专利申请中的占比为79.40%。

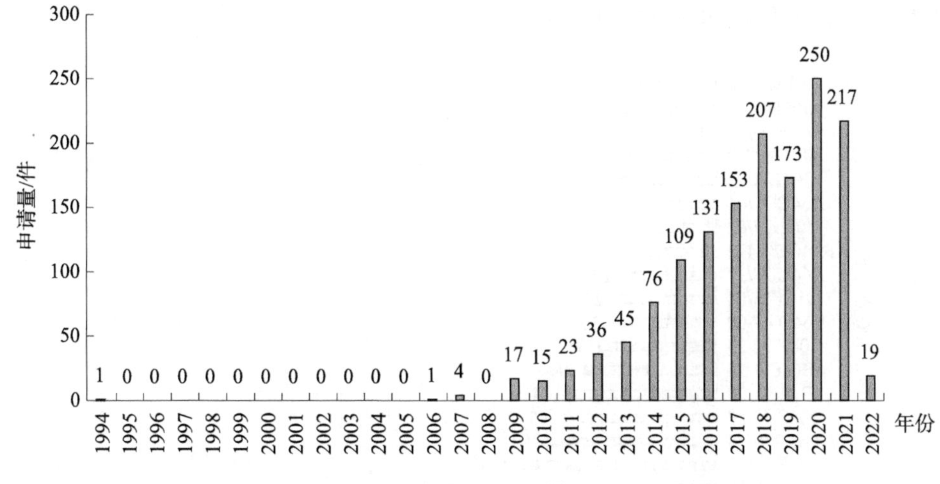

图7-2　航空工业直升机设计研究所中国专利申请趋势

(三) 中国专利申请类型

如图7-3所示，航空工业直升机设计研究所的中国专利申请中，发明专利申请共有1171件，占总申请量的79%；实用新型专利申请共有306件，占总申请量的21%。航空工业直升机设计研究所的专利申请类型主要为发明专利申请，其科技创新能力及其在本领域的技术实力可见一斑。

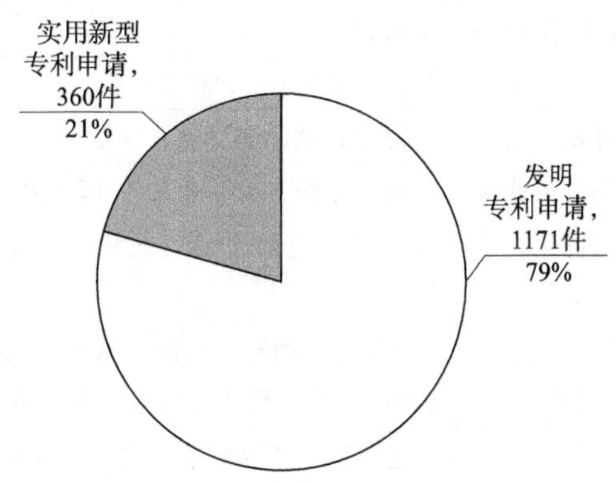

图7-3　航空工业直升机设计研究所中国专利申请类型

(四) 技术构成

图7-4列出了航空工业直升机设计研究所专利申请涉及的前二十位IPC分

类号。涉及专利申请量超过 100 件的 IPC 分类号有 2 个，分别为 B64F 5/60、G01M 13/00，其中，涉及 B64F 5/60 的专利申请量最多，达到 170 件。涉及专利申请量在 50～100 件的 IPC 分类号有 3 个，分别为 G06F 30/15、G06F 17/50、G06F 119/14。各分类号具体含义见表 7－1。

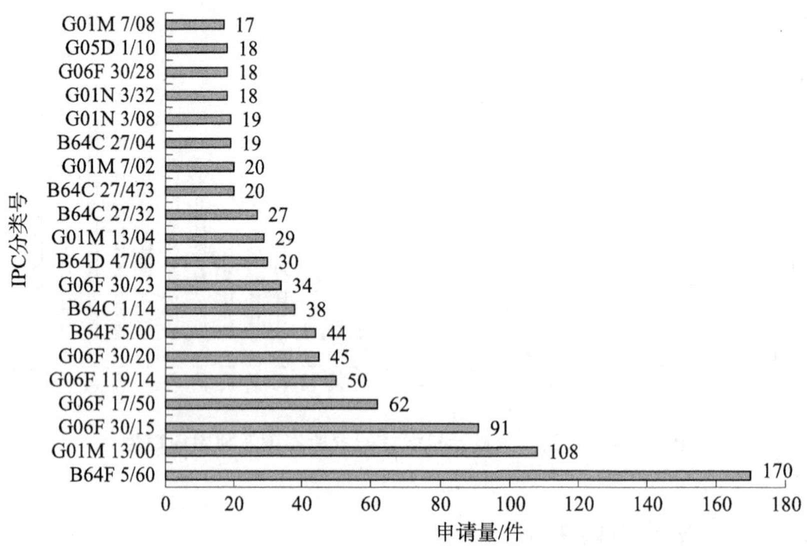

图 7－4 航空工业直升机设计研究所专利申请 IPC 分类号分布前二十

表 7－1 航空工业直升机设计研究所专利申请涉及的前二十个 IPC 分类号及含义

IPC 分类号	含义
B64F 5/60	• 飞机部件或系统的测试或检查［2017.01］
G01M 13/00	机械部件的测试［2019.01］
G06F 30/15	•• 车辆、飞行器或船只的设计［2020.01］
G06F 17/50	• 计算机辅助设计（静态存储的测试电路的设计入 G11C 29/54）
G06F 119/14	• 力的分析或优化，例如：静态或动态力［2020.01］
G06F 30/20	• 设计优化、验证或模拟（电路设计的优化、验证或模拟入 G06F 30/30）［2020.01］
B64F 5/00	其他类目不包括的飞机设计、制造、装配、清洗、维修或修理；其他类目不包括的飞机部件的处理、运输、测试或检查［2017.01］
B64C 1/14	• 窗；门；舱盖或通道壁板；外层框架结构；座舱盖；风挡（可与起落架部件一起移动的整流装置入 B64C 25/16；炸弹舱门入 B64D 1/06）［2006.01］
G06F 30/23	•• 使用有限元方法（FEM）或有限差方法（FDM）［2020.01］
B64D 47/00	其他类目不包含的设备［2006.01］
G01M 13/04	• 轴承［2019.01］
B64C 27/32	旋翼［2006.01］

续表

IPC 分类号	含义
B64C 27/473	••• 结构特征的［2006.01］
G01M 7/02	• 振动测试［2006.01］
B64C 27/04	• 直升飞机［2006.01］
G01N 3/08	• 施加稳定的张力或压力（G01N 3/28 优先）［2006.01］
G01N 3/32	•• 施加重复力或脉动力［2006.01］
G06F 30/28	•• 使用流体动力学，例如使用纳维-斯托克斯方程或计算流体力学［2020.01］
G05D 1/10	• 三维的位置或航道的同时控制（G05D 1/12 优先）［2006.01］
G01M 7/08	• 冲击测试［2006.01］

（五）发明人排名

图7-5为航空工业直升机设计研究所中国专利申请量前十一位发明人排名。排名前五的发明人分别为刘正江、陈卫星、陈焕、李新民和邓建军，其作为发明人的专利申请量分别占该科研院所中国专利申请总量的2.57%、2.44%、2.37%、2.17%和2.17%。前十一位发明人对应的专利申请共153件，占总量的10.36%。由此可见，航空工业直升机设计研究所的专利发明人已经形成特定的研发团队，刘正江等为该科研院所的研发核心人员。

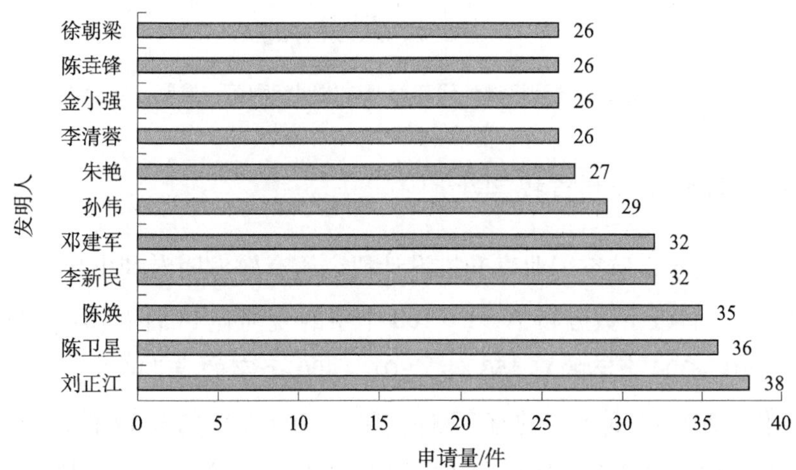

图7-5　航空工业直升机设计研究所中国专利主要发明人排名

（六）有效发明专利发明人统计

航空工业直升机设计研究所有效发明专利共计 609 件。在该科研院所的有效发明专利中，对各专利的第一发明人进行统计，可以得到如图 7－6 所示的结果。其中，刘正江作为第一发明人的专利数量最多，为 15 件；邓景辉作为第一发明人的专利有 10 件；刘衍涛作为第一发明人的专利有 9 件；夏国旺作为第一发明人的专利有 7 件；李清蓉、孙云伟、朱艳等 3 位发明人分别作为第一发明人的专利数量均为 6 件；邓文、刘红艳、龙海斌、马峰涛、章剑等 5 位发明人分别作为第一发明人的专利数量均为 5 件；其余发明人作为第一发明人的专利数量均不足 5 件。结合发明人排名情况及有效发明专利发明人统计情况，可以看出刘正江是航空工业直升机设计研究所中专利申请活动较为积极的团队负责人。

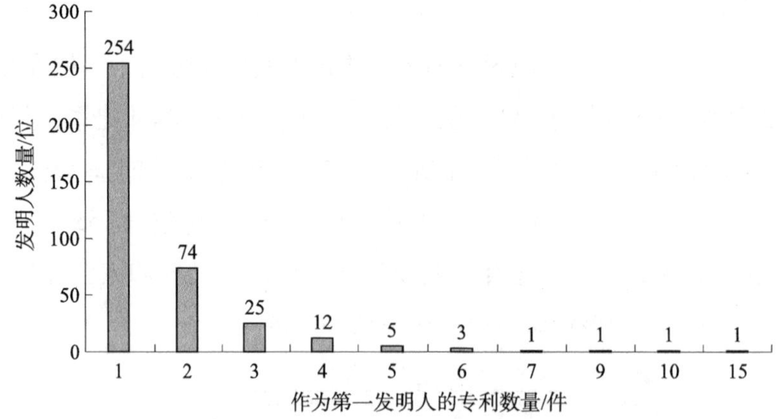

图 7－6　航空工业直升机设计研究所有效发明专利第一发明人统计情况

（七）有效发明专利首权字数

如图 7－7 所示，航空工业直升机设计研究所有效发明专利中除 38 件首权字数数据空缺外，首权字数分布中，1～100 个字的专利有 14 件，101～200 个字的有 120 件，201～300 个字的有 153 件，301～400 个字的有 114 件，401～500 个字的有 73 件，501～600 个字的有 37 件，601～700 个字的有 17 件，701～800 个字的有 10 件，801～900 个字的有 14 件，901～1000 个字的有 5 件，超过 1000 个字的有 14 件。航空工业直升机设计研究所有效发明专利平均首权字数约为 358 个字。

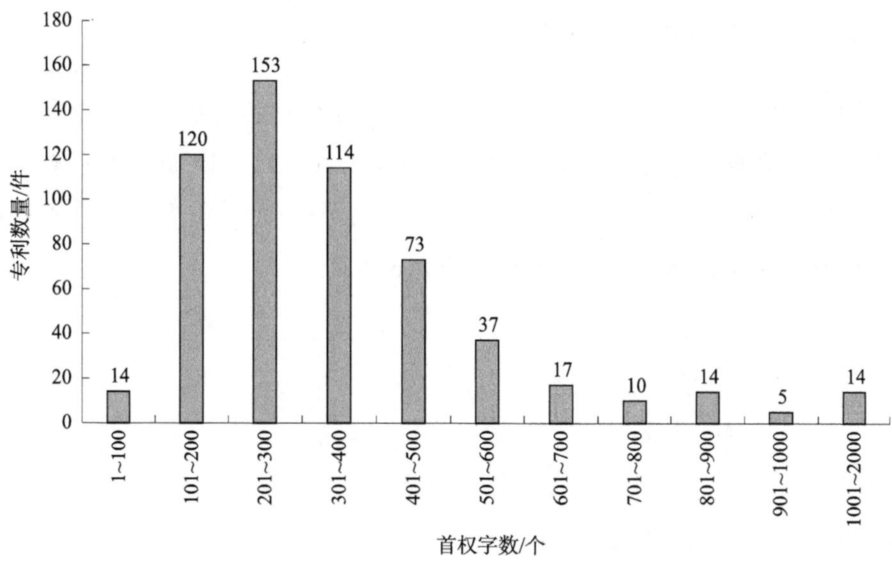

图 7-7　航空工业直升机设计研究所授权有效发明专利首权字数分布

（八）有效发明专利权利要求数量

如图 7-8 所示，航空工业直升机设计研究所有效发明专利中，权利要求数量为 5 个以下的专利有 127 件，权利要求数量为 6～10 个的专利有 477 件，权利要求数量为 11 个以上的仅有 5 件。航空工业直升机设计研究所有效发明专利平均权利要求数量约为 7.4 个。

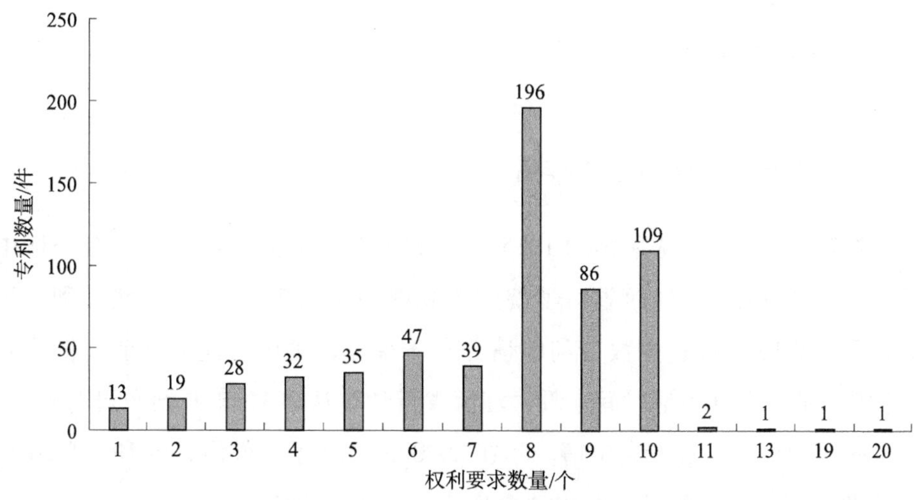

图 7-8　航空工业直升机设计研究所有效专利权利要求数量分布

（九）有效发明专利文献页数

如图7－9所示，航空工业直升机设计研究所有效发明专利中，专利文献页数为5页的专利有28件，6～10页的专利有471件，11～15页的专利有94件，16～20页的专利有11件，专利文献21页以上的专利有5件。航空工业直升机设计研究所有效发明专利平均说明书页数约为6.8页。

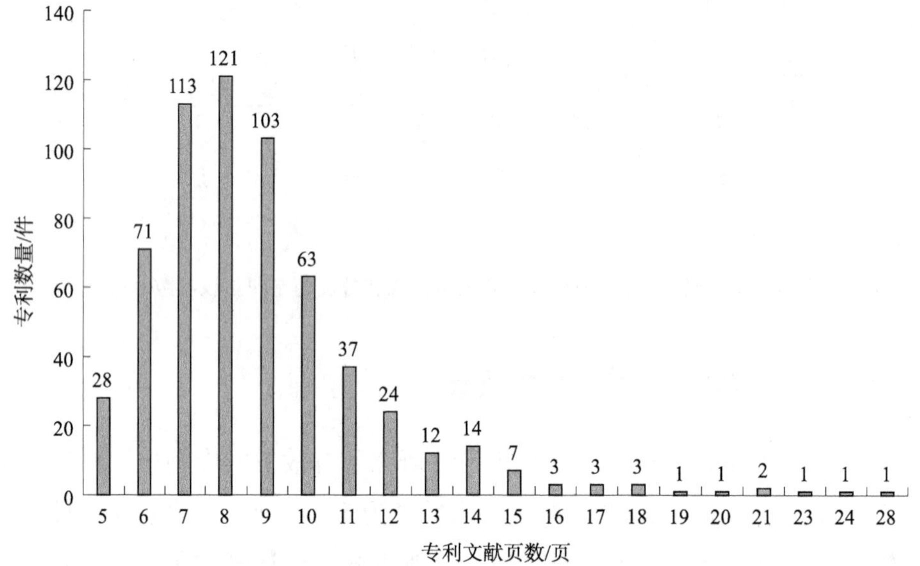

图7－9　航空工业直升机设计研究所有效发明专利文献页数分布

二、江西省科学院

（一）全球专利申请地域排名

如图7－10所示，从采集的1985～2022年专利数据来看，由于在分析中考虑了同族专利的情况，江西省科学院的专利申请量为1065件。这些专利申请集中在中国，有1045件；少数专利申请分布于南非、美国、澳大利亚、世界知识产权组织。结合专利申请时间来看，江西省科学院从2019年开始布局海外专利，2019年向美国提出3件专利申请。其在2020年申请了5件海外专利，2020年申请了10件海外专利，海外专利申请呈现快速增加的趋势。

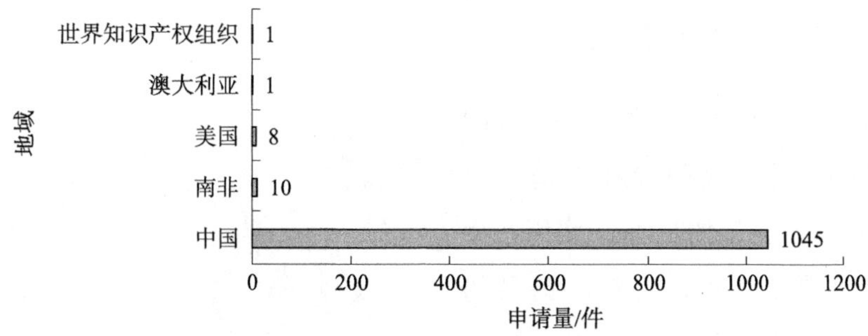

图7－10　江西省科学院全球专利申请地域排名

（二）中国专利申请趋势

如图7－11所示，江西省科学院自1985年开始在中国申请专利。2011年之前，江西省科学院专利申请趋势增长平缓，平均每年专利申请量不超过2件；从2012年开始呈现小幅上升的趋势，特别是2017年之后，江西省科学院专利申请量增长较快，2019年达到峰值，为167件。结合专利申请类型情况来看，江西省科学院2011年之前提出的52件专利申请中，32件为发明专利申请，20件为实用新型专利申请，发明专利申请在所有专利申请中占比为61.54%；2012年之后提出的993件专利申请中，803件为发明专利申请，190件为实用新型专利申请，发明专利申请在所有专利申请中占比为80.9%。

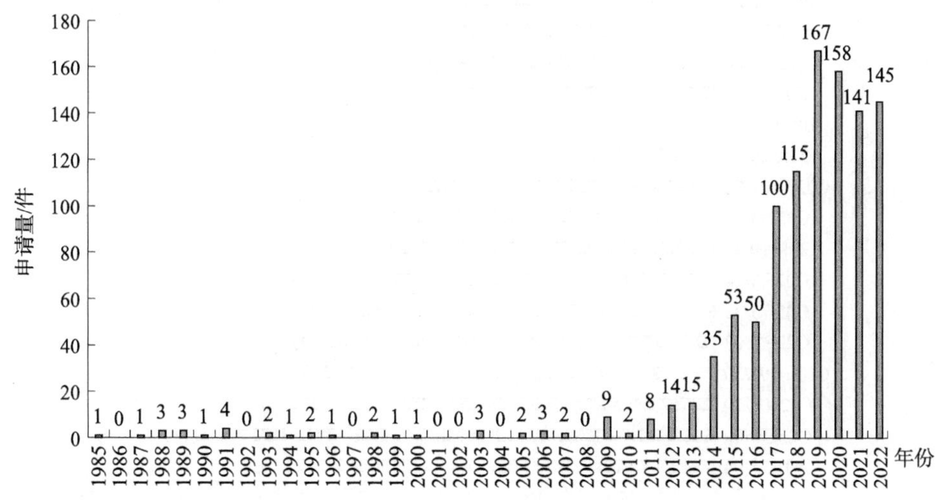

图7－11　江西省科学院中国专利申请趋势

（三）中国专利申请类型

如图7－12所示，江西省科学院的中国专利申请中，发明专利申请共有835件，占总申请量的80%；实用新型专利申请共有210件，占总申请量的20%。江西省科学院的专利申请类型主要为发明专利申请，其科技创新能力及其在本领域的技术实力可见一斑。

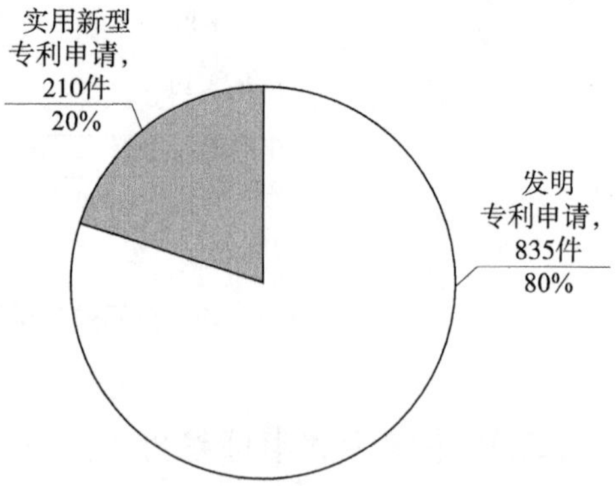

实用新型专利申请，210件 20%

发明专利申请，835件 80%

图7－12　江西省科学院中国专利申请类型

（四）技术构成

图7－13列出了江西省科学院专利申请涉及的前二十位IPC分类号。涉及专利申请量20件以上的IPC分类号有7个，分别为A01P 7/04、C22C 9/00、C12N 1/20、C02F 101/30、C22F 1/08、C02F 3/32、C02F 9/14。各分类号具体含义见表7－2。

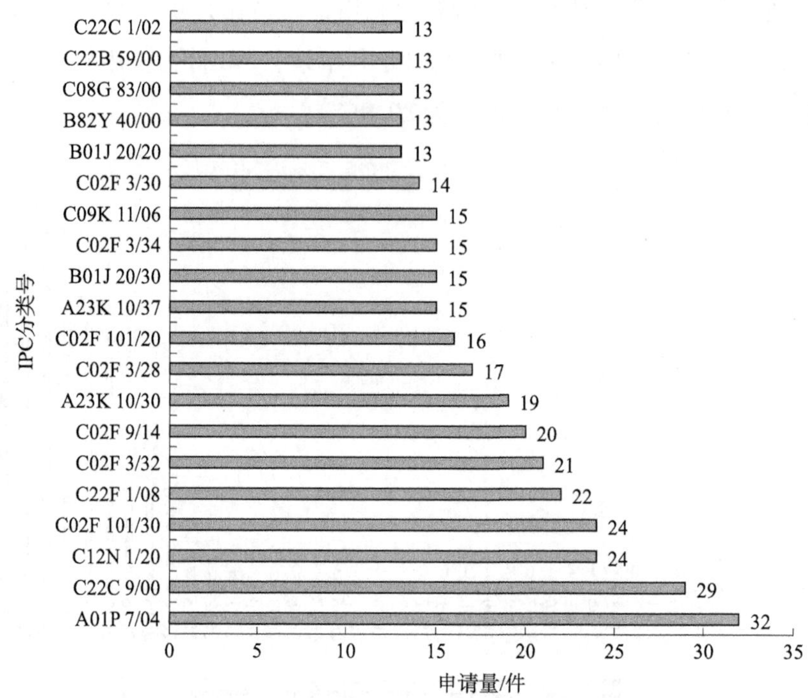

图7－13　江西省科学院专利申请IPC分类号分布前二十

表7-2　江西省科学院专利申请涉及的前二十个 IPC 分类号及含义

IPC 分类号	含义
A01P 7/04	• 杀昆虫剂［2006.01］
C22C 9/00	铜基合金［2006.01］
C12N 1/20	• 细菌；其培养基［2006.01］
C02F 101/30	• 有机化合物［2006.01］
C22F 1/08	• 铜或铜基合金［2006.01］
C02F 3/32	• 以利用动物或植物为特征的，如藻类［2006.01］
C02F 9/14	• 至少有一个生物处理步骤［2006.01］
A23K 10/30	• 从植物来源的材料，例如根，种子或干草；从真菌来源的材料，例如蘑菇由微生物或生物化学工艺获得，例如使用酵母或酶入 A23K 10/10［2016.01］
C02F 3/28	• 厌氧消化工艺［2006.01］
C02F 101/20	•• 重金属或重金属化合物［2006.01］
A23K 10/37	•• 从废弃物（从木材或草的水解产物入 A23K 10/32；从糖蜜入 A23K 10/33）［2016.01］
B01J 20/30	• 制备，再生或再活化的方法［2006.01］
C02F 3/34	• 以利用微生物为特征的［2006.01］
C09K 11/06	• 含有机发光材料［2006.01］
C02F 3/30	• 好氧和厌氧工艺［2006.01］
B01J 20/20	•• 包含游离碳；包含用碳化方法取得的碳［2006.01］
B82Y 40/00	纳米结构的制造或处理［2011.01］
C08G 83/00	在 C08G 2/00 到 C08G 81/00 组中不包含的高分子化合物［2006.01］
C22B 59/00	稀土金属的提取［2006.01］
C22C 1/02	• 用熔炼法［2006.01］

（五）发明人排名

图7-14为江西省科学院中国专利申请量前十位发明人排名。排名前四的发明人分别为吴永明、游胜勇、胡居吾、熊继海，其作为发明人的专利申请量分别占该科研院所中国专利申请总量的9.20%、8.83%、6.85%、6.57%，占比均已超过5%。前十位发明人对应的专利申请共503件，占总量的48.13%。江西省科学院的专利发明人较为集中，已经形成特定的研发团队，吴永明等为该科研院所的研发核心人员。

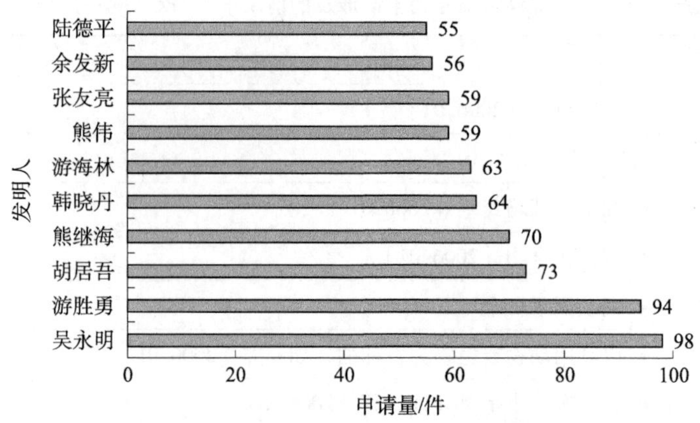

图 7-14　江西省科学院中国专利主要发明人排名

（六）有效发明专利发明人统计

江西省科学院有效发明专利共计 356 件。在该科研院所的有效发明专利中，对各专利的第一发明人进行统计，可以得到如图 7-15 所示的结果。其中，吴磊作为第一发明人的专利数量最多，为 12 件；游胜勇作为第一发明人的专利有 11 件；邹吉勇作为第一发明人的专利有 9 件；曾国屏、王金昌等 2 位发明人分别作为第一发明人的专利数量均为 8 件；董晓娜、胡居吾、袁林等 3 位发明人分别作为第一发明人的专利数量均为 7 件；曾静、韩晓丹、熊伟、张志红等 4 位发明人分别作为第一发明人的专利数量均为 6 件；其余发明人作为第一发明人的专利数量均不超过 5 件。结合发明人排名情况及有效发明专利发明人统计情况，可以看出游胜勇和胡居吾是江西省科学院中专利申请活动较为积极的团队负责人。

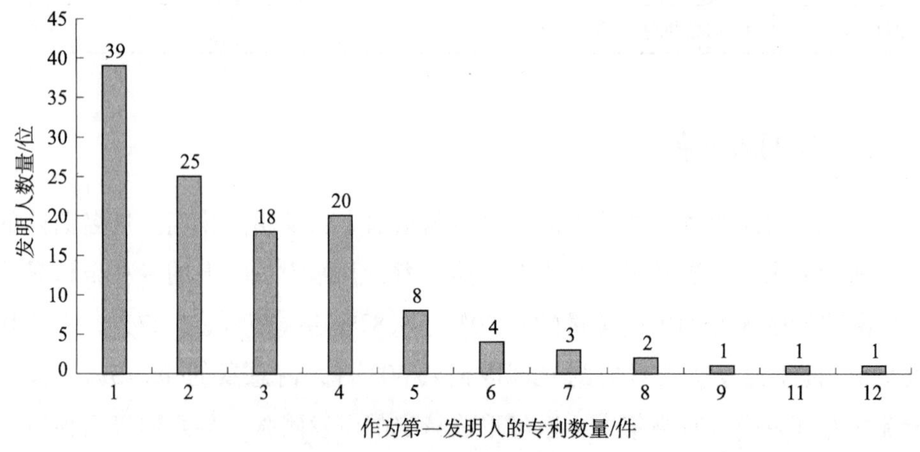

图 7-15　江西省科学院有效发明专利第一发明人统计情况

（七）有效发明专利首权字数

如图 7－16 所示，江西省科学院有效发明专利中除 18 件首权字数数据空缺外，首权字数分布中，1～100 个字的专利有 57 件，101～200 个字的有 106 件，201～300 个字的有 59 件，301～400 个字的有 32 件，401～500 个字的有 25 件，501～600 个字的有 18 件，601～700 个字的有 16 件，701～800 个字的有 10 件，超过 800 个字的有 15 件。江西省科学院有效发明专利平均首权字数约为 295 个字。

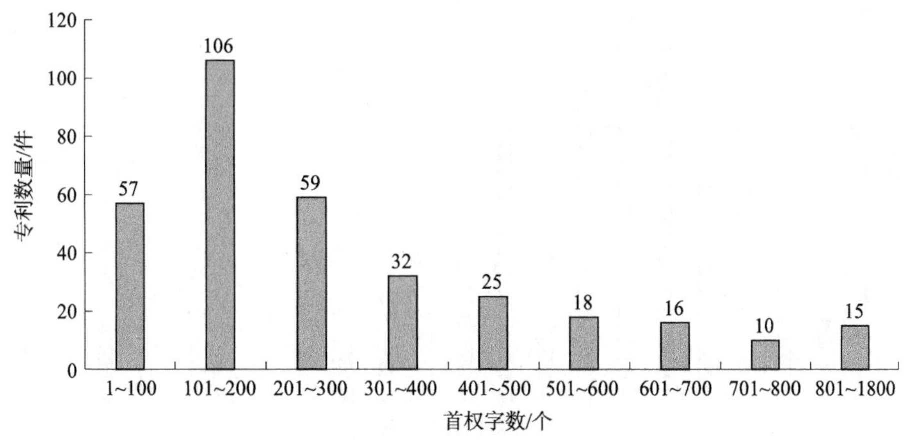

图 7－16　江西省科学院有效发明专利首权字数分布

（八）有效发明专利权利要求数量

如图 7－17 所示，江西省科学院有效发明专利中，权利要求数量为 5 个以下的有 78 件，权利要求数量为 6～10 个的有 277 件，权利要求数量为 11 个以上的仅有 1 件。江西省科学院有效发明专利平均权利要求数量约为 7.5 个。

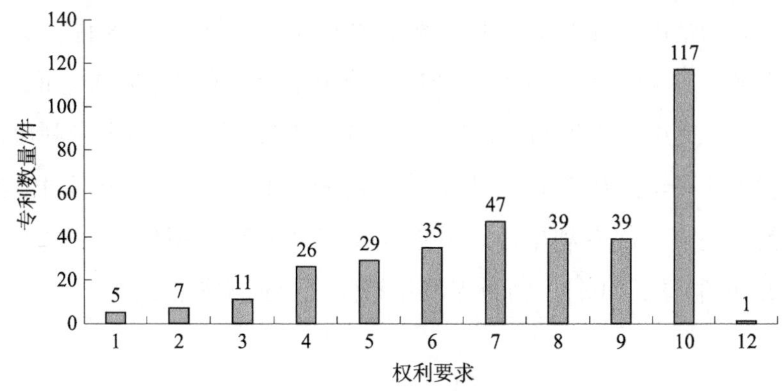

图 7－17　江西省科学院有效发明专利权利要求数量分布

（九）有效发明专利文献页数

如图7－18所示，江西省科学院有效发明专利中，专利文献页数为5页以下的专利有22件，6～10页的专利有191件，11～15页的专利有95件，16～20页的专利有38件，21页以上的专利有10件。江西省科学院有效发明专利文献页数集中于5～14页这个区间，平均说明书页数约为8.4页。

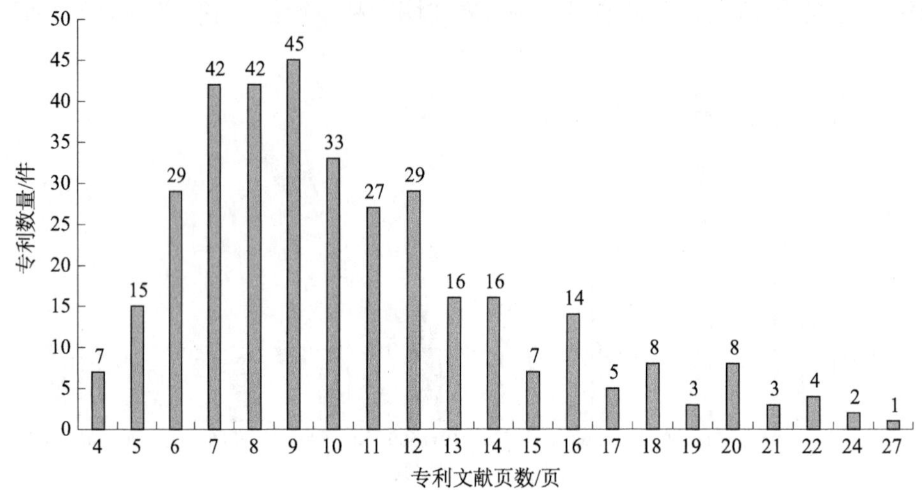

图7－18　江西省科学院有效发明专利文献页数分布

三、江西省农业科学院

（一）全球专利申请地域排名

如图7－19所示，从采集的1985～2022年专利数据来看，由于在分析中考虑了同族专利的情况，江西省农业科学院的专利申请量为1108件。这些专利申请集中在中国，有1064件；少数专利申请分布于澳大利亚、南非、欧洲专利局、卢森堡、日本、美国、世界知识产权组织、比利时、荷兰。结合专利申请时间来看，江西省农业科学院从2014年开始布局海外专利，2014年分别向世界知识产权组织和美国提出1件专利申请。最近几年海外专利申请较多，2021年申请了13件，2022年申请了11件，海外专利申请呈现快速增加的趋势。

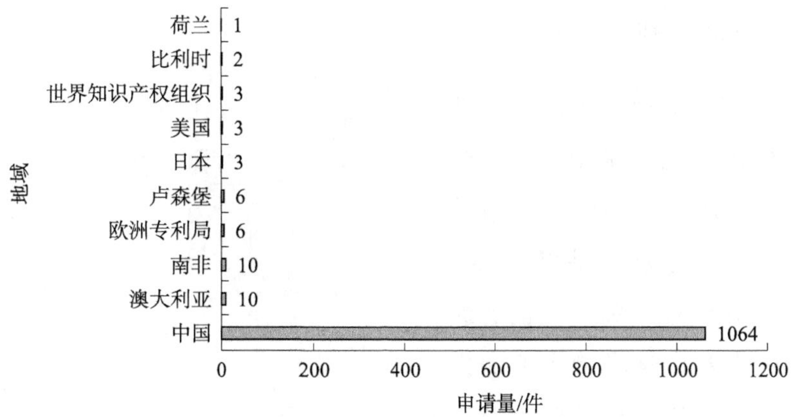

图 7－19　江西省农业科学院全球专利申请地域排名

（二）中国专利申请趋势

如图 7－20 所示，江西省农业科学院自 1985 年开始在中国申请专利。2010 年之前，江西省农业科学院专利申请趋势增长平缓，每年专利申请量不超过 1 件；从 2011 年开始呈现小幅上升的趋势，特别是 2017 年后，江西省农业科学院专利申请量增长较快，2018 年达到峰值，为 163 件。结合专利类型情况来看，江西省农业科学院 2010 年之前提出的 24 件专利申请中，18 件为发明专利申请，6 件为实用新型专利申请，实用新型专利申请在所有专利申请中的占比为 25%；2011 年之后提出的 1040 件专利申请中，783 件为发明专利申请，257 件为实用新型专利申请，实用新型专利申请在所有专利申请中的占比为 24.71%。

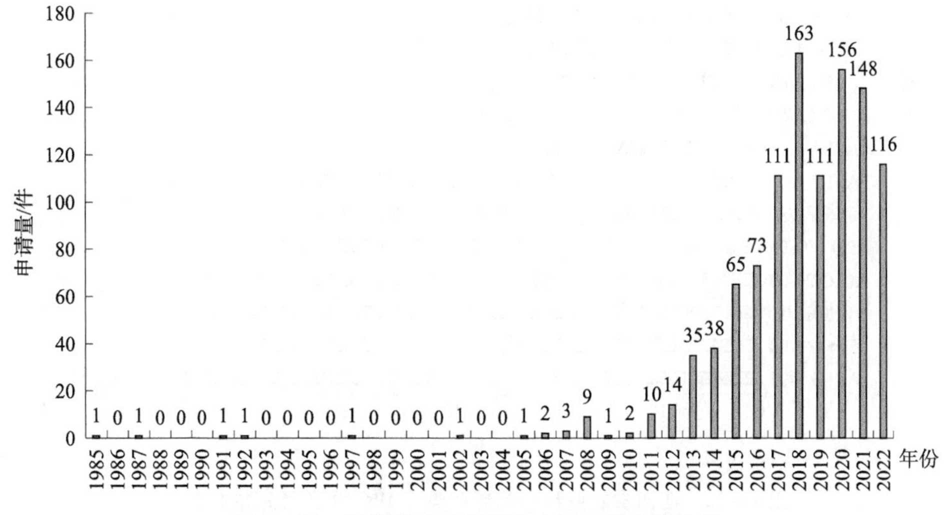

图 7－20　江西省农业科学院中国专利申请趋势

（三）中国专利申请类型

如图7－21所示，江西省农业科学院的中国专利申请中，发明专利申请共有801件，占总申请量的75%；实用新型专利申请共有263件，占总申请量的25%。江西省农业科学院的专利申请类型主要为发明专利申请，其科技创新能力及其在本领域的技术实力可见一斑。

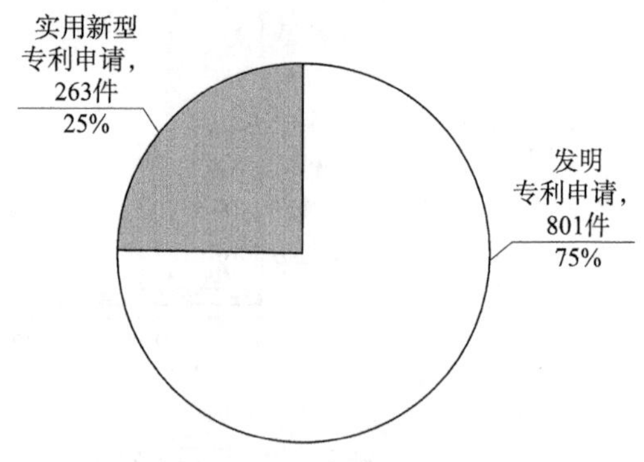

图7－21　江西省农业科学院中国专利申请类型

（四）技术构成

图7－22列出了江西省农业科学院专利申请涉及的前二十位IPC分类号。涉及专利申请量超过50件的IPC分类号有4个，分别为A01H 1/02、C05G 3/00、C12N 15/11、A01C 21/00。各分类号具体含义见表7－3。

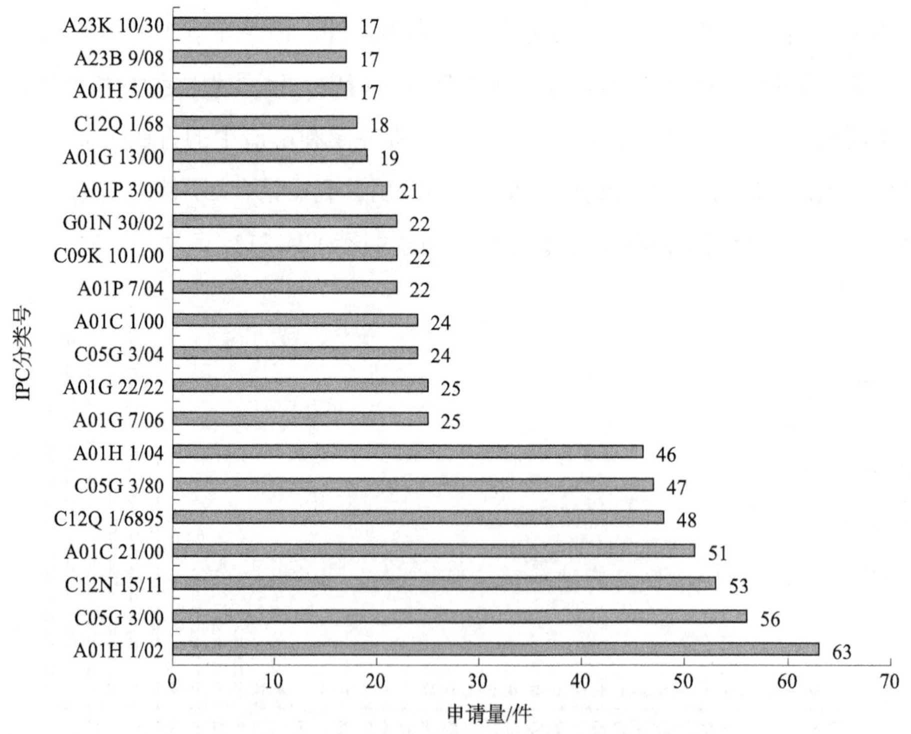

图7－22　江西省农业科学院专利申请IPC分类号分布前二十

表 7-3　江西省农业科学院专利申请涉及的前二十个 IPC 分类号及含义

IPC 分类号	含义
A01H 1/02	• 杂交的方法或设备；人工授粉［2006.01］
C05G 3/00	一种或多种肥料与无特殊肥效的添加剂组分的混合物［2020.01］
C12N 15/11	•• DNA 或 RNA 片段；其修饰形成（不用于重组技术的 DNA 或 RNA 入 C07H 21/00）［2006.01］
A01C 21/00	施肥方法［2006.01］
C12Q 1/6895	•••• 用于植物、真菌或藻类［2018.01］
C05G 3/80	• 土壤调理剂［2020.01］
A01H 1/04	• 选择的方法［2006.01］
A01G 7/06	• 对生长中树木或植物的处理，例如防止木材腐烂、花卉或木材的着色、延长植物的生命［2006.01］
A01G 22/22	•• 水稻［2018.01］
C05G 3/04	• 含有土壤调理剂的
A01C 1/00	在播种或种植前测试或处理种子、根茎或类似物的设备或方法［2006.01］
A01P 7/04	• 杀昆虫剂［2006.01］
C09K 101/00	农业用途［2006.01］
G01N 30/02	• 柱色谱法〔4〕
A01P 3/00	杀菌剂［2006.01］
A01G 13/00	植物保护（消灭害虫或有害动物的设施入 A01M；为此目的而使用的化学物品，保护性物质的组合物，例如嫁接蜡入 A01N）［2006.01］
C12Q 1/68	• 包括核酸［3，2006.01，2018.01］
A01H 5/00	特征在于其植物部分的被子植物，即有花植物；特征在于除其植物学分类之外的特征的被子植物［2018.01］
A23B 9/08	• 干燥；其后的复原［2006.01］
A23K 10/30	• 从植物来源的材料，例如根、种子或干草；从真菌来源的材料，例如蘑菇（由微生物或生物化学工艺获得，例如使用酵母或酶入 A23K 10/10）［2016.01］

（五）发明人排名

图 7-23 为江西省农业科学院中国专利申请量前十位发明人排名。排名前四的发明人分别为陈立才、冯健雄、杨迎青、陈洪凡，其作为发明人的专利申请量分别占该科研院所中国专利申请总量的 7.42%、7.14%、6.86%、6.77%，占比均已超过 5%。前十位发明人对应的专利申请共 380 件，占总量的 35.71%。江西省农业科学院的专利发明人较为集中，已经形成特定的研发团队，陈立才等为该科研院所的研发核心人员。

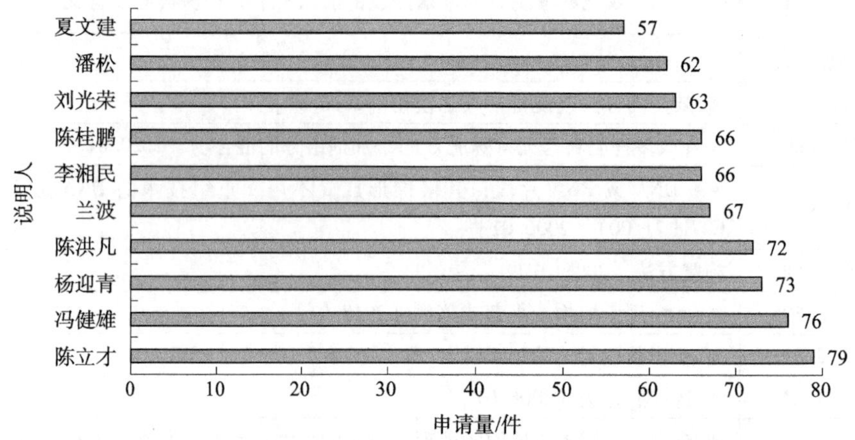

图 7－23　江西省农业科学院中国专利主要发明人排名

（六）有效发明专利发明人统计

江西省农业科学院有效发明专利共计 268 件。在该科研院所的有效发明专利中，对各专利的第一发明人进行统计，可以得到如图 7－24 所示的结果。其中，陈桂鹏作为第一发明人的专利数量最多，为 15 件；杨迎青作为第一发明人的专利有 9 件；冀建华作为第一发明人的专利有 8 件；张标金作为第一发明人的专利有 6 件；曹志斌、李海琴、廖且根、刘佳等 4 位发明人分别作为第一发明人的专利数量均为 5 件；其余发明人作为第一发明人的专利数量均不足 5 件。结合发明人排名情况及有效发明专利发明人统计情况，可以看出杨迎青和陈桂鹏是江西省农业科学院专利申请活动较为积极的团队负责人。

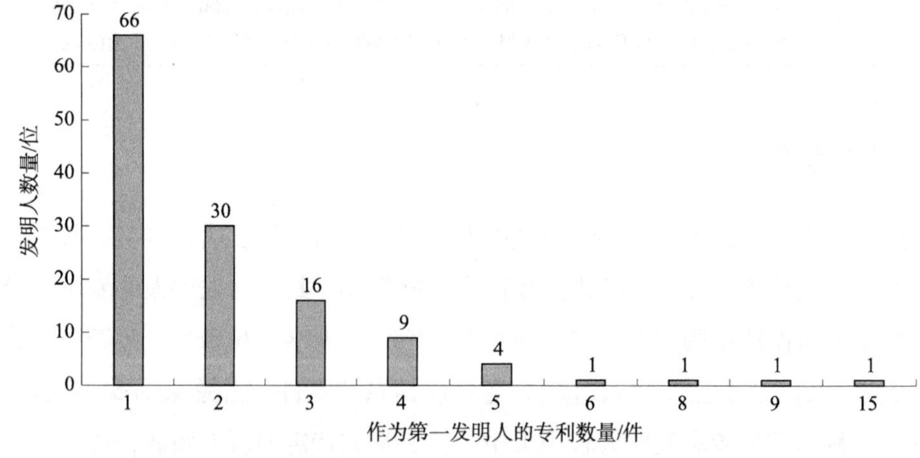

图 7－24　江西省农业科学院有效发明专利第一发明人统计情况

（七）有效发明专利首权字数

如图7-25所示，江西省农业科学院有效发明专利中除7件首权字数数据空缺外，首权字数分布中，1~100个字的专利有72件，101~200个字的有60件，201~300个字的有34件，301~400个字的有35件，401~500个字的有22件，501~600个字的有10件，601~700个字的有8件，超过700个字的有20件。江西省农业科学院有效发明专利平均首权字数约为281个字。

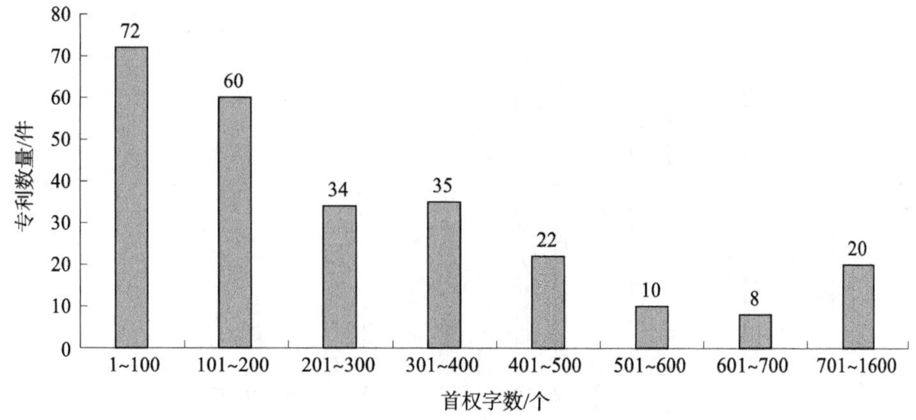

图7-25　江西省农业科学院有效发明专利首权字数分布

（八）有效发明专利权利要求数量

如图7-26所示，江西省农业科学院有效发明专利中，权利要求数量为9个以下的有139件，权利要求数量为10个的有119件，权利要求数量为11个以上的有10件。江西省农业科学院有效发明专利平均权利要求数量约为8.3个。

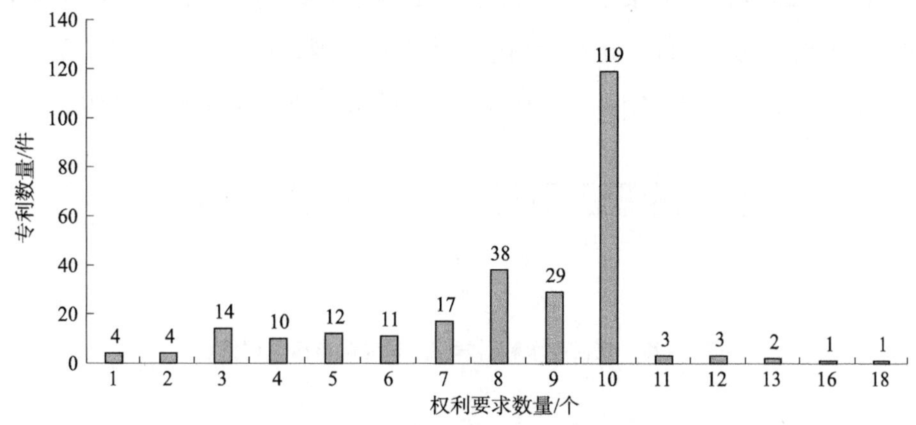

图7-26　江西省农业科学院有效发明专利权利要求数量分布

（九）有效发明专利文献页数

如图 7－27 所示，江西省农业科学院有效发明专利中，专利文献页数为 5 页的专利有 13 件，6～10 页的专利有 112 件，11～15 页的专利有 103 件，16～20 页的专利有 29 件，21 页以上的专利有 11 件。江西省农业科学院有效发明专利文献页数集中于 5～15 页这个区间，平均说明书页数约为 9.5 页。

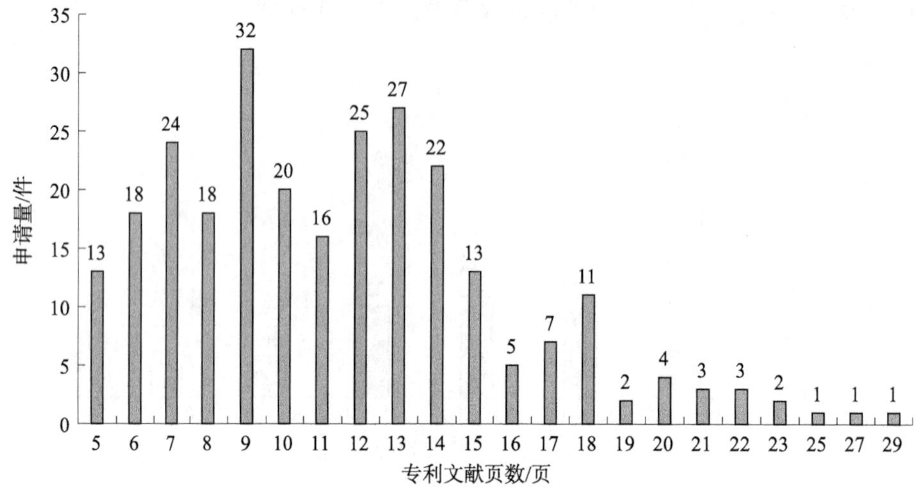

图 7－27　江西省农业科学院有效发明专利文献页数分布

四、江西省水利科学院

（一）全球专利申请地域排名

如图 7－28 所示，从采集的 2011～2022 年专利数据来看，江西省水利科学院的专利申请量为 338 件。这些专利申请集中在中国，江西省水利科学院是江西省专利创新前五科研院所中唯一一所仅向中国提出专利申请的科研院所。

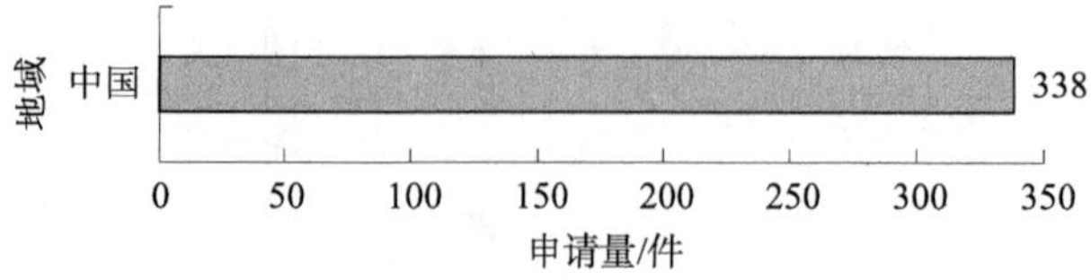

图 7－28　江西省水利科学院全球专利申请地域排名

（二）中国专利申请趋势

如图 7－29 所示，江西省水利科学院自 2011 年开始在中国申请专利。2016 年之前，江西省水利科学院专利申请趋势增长平缓，平均每年专利申请量只有 5 件；从 2017 年开始呈现上升的趋势，2020 年达到峰值，为 113 件。结合专利申请类型情况来看，江西省水利科学院 2016 年之前提出的 30 件专利申请中，12 件为发明专利申请，18 件为实用新型专利申请，发明专利申请在所有专利申请中的占比为 40%；2017 年之后提出的 308 件专利申请中，118 件为发明专利申请，190 件为实用新型专利申请，发明专利申请在所有专利申请中的占比为 38.31%。

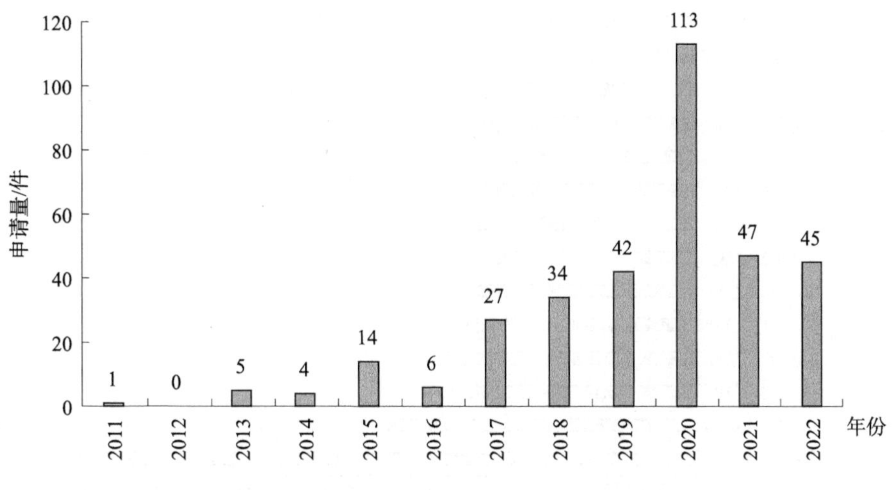

图 7－29　江西省水利科学院中国专利申请趋势

（三）中国专利申请类型

如图 7－30 所示，江西省水利科学院的中国专利申请中，发明专利申请共有 130 件，占总申请量的 38%；实用新型专利申请共有 208 件，占总申请量的 62%。江西省水利科学院的专利申请类型主要为实用新型专利申请，其科技创新能力及其在本领域的技术实力有待提升。

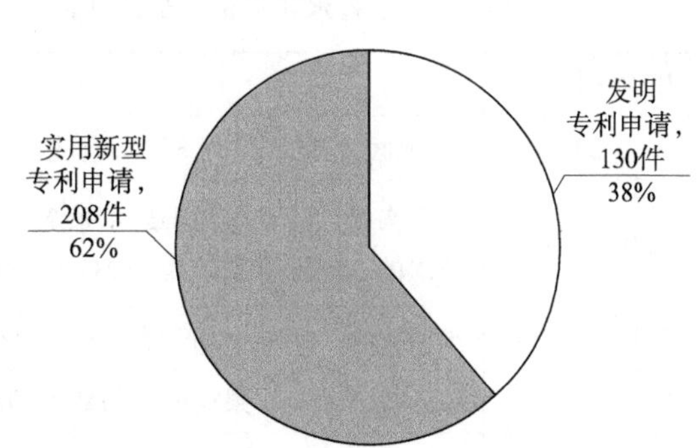

图 7－30　江西省水利科学院中国专利申请类型

（四）技术构成

图7－31列出了江西省水利科学院专利申请涉及的前二十位IPC分类号。涉及专利申请量15件以上的IPC分类号有3个，分别为G01N 33/24、E02B 13/00、E02B 11/00。各分类号具体含义见表7－4。

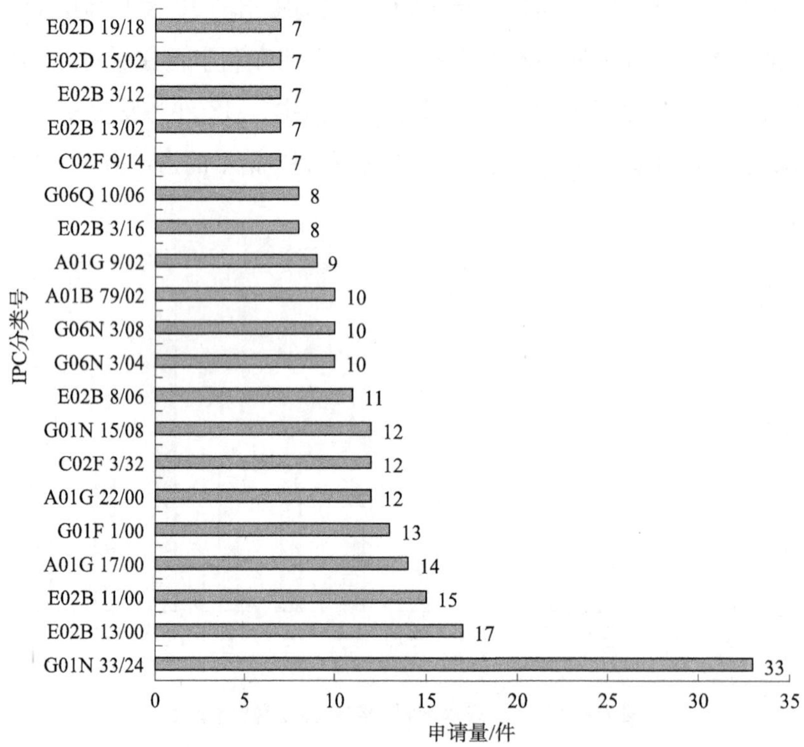

图7－31　江西省水利科学院专利申请IPC分类号分布前二十

表7－4　江西省水利科学院专利申请涉及的前二十个IPC分类号及含义

IPC分类号	含义
G01N 33/24	• 地面材料（G01N 33/42优先）［2006.01］
E02B 13/00	灌溉沟渠，即自流明渠配水系统（花园、农地、运动场或类似场地的洒水或喷水的其他配水系统入A01G 25/00）［2006.01］
E02B 11/00	土壤排水，例如，用于农业的［2006.01］
A01G 17/00	啤酒花、葡萄、果树或类似树木的栽培［2006.01］
G01F 1/00	测量连续通过仪表的流体或流动固体材料的体积流量或质量流量（测量体积流量入G01F 5/00）［2022.01］

续表

IPC 分类号	含义
A01G 22/00	未提及的特殊农作物或植物的栽培［2018.01］
C02F 3/32	• 以利用动物或植物为特征的，如藻类［2006.01］
G01N 15/08	• 测试多孔材料的渗透性、孔隙体积或孔隙表面积［2006.01］
E02B 8/06	• 溢洪道；消能设备，例如，减弱涡流的设备［2006.01］
G06N 3/04	•• 体系结构，例如，互连拓扑［2006.01］
G06N 3/08	•• 学习方法［2006.01］
A01B 79/02	• 与其他农业过程，例如施肥、种植相结合的［2006.01］
A01G 9/02	• 容器，例如花盆或花箱（自动浇水装置入 A01G 27/00；悬挂花篮、装花盆用的容器入 A47G 7/00）；栽培花卉用的玻璃器皿［2018.01］
E02B 3/16	• 密封或接缝（基础结构的接缝入 E02D 29/16；不局限于水利工程的接缝、密封入 E04B 1/68）［2006.01］
G06Q 10/06	• 资源、工作流、人员或项目管理，例如组织、规划、调度或分配时间、人员或机器资源；企业规划；组织模型［2012.01］
C02F 9/14	• 至少有一个生物处理步骤［2006.01］
E02B 13/02	• 灌溉管道的截流［2006.01］
E02B 3/12	•• 河岸、水坝、水道或其他类似工程的护砌（一般斜坡护砌入 E02D 17/20）［2006.01］
E02D 15/02	• 基础专用的大量混凝土的处置［2006.01］
E02D 19/18	••• 通过使用密封护墙（工程用的密封设施或接缝入 E02B 3/16）［2006.01］

（五）发明人排名

图 7－32 为江西省水利科学院中国专利申请量前十一位发明人排名。排名前四的发明人分别为宋月君、郑海金、张利超、杨洁，其作为发明人的专利申请量分别占该科研院所中国专利申请总量的 13.91%、13.91%、11.83%、11.54%，占比均已超过 10%。前十一位发明人共申请专利 188 件，占总量的 55.62%。江西省水利科学院的专利发明人较为集中，已经形成特定的研发团队，宋月君、郑海金等为该科研院所的研发核心人员。

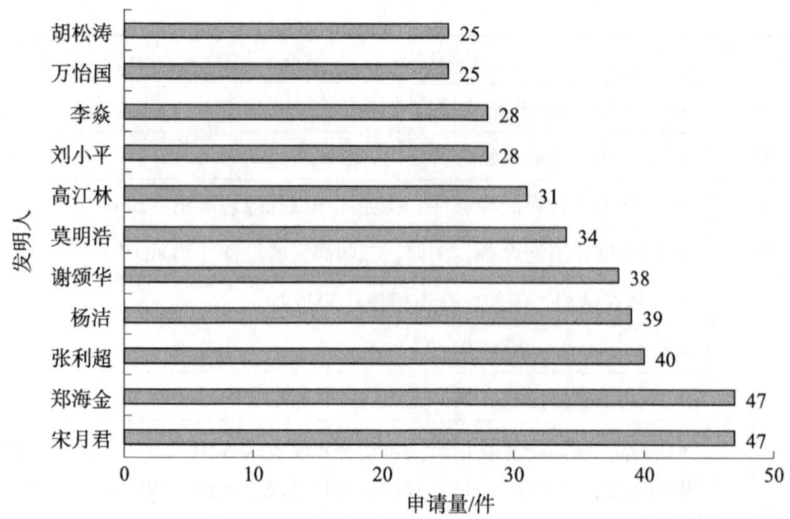

图 7-32　江西省水利科学院中国专利主要发明人排名

（六）有效发明专利发明人统计

江西省水利科学院有效发明专利共计 38 件。在该科研院所的有效发明专利中，对各专利的第一发明人进行统计，可以得到如图 7-33 所示的结果。其中，许小华作为第一发明人的专利数量最多，为 6 件；刘章君作为第一发明人的专利有 5 件；高江林作为第一发明人的专利有 4 件；谢为江作为第一发明人的专利有 3 件；其余发明人作为第一发明人的专利数量均不足 3 件。结合发明人排名情况及有效发明专利发明人统计情况，可以看出高江林是江西省水利科学院中专利申请活动较为积极的团队负责人。

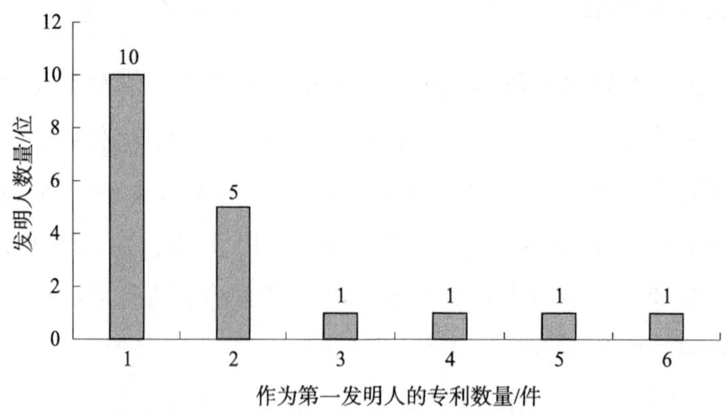

图 7-33　江西省水利科学院有效发明专利第一发明人统计情况

（七）有效发明专利首权字数

如图 7-34 所示，江西省水利科学院有效发明专利中除 4 件首权字数数据空缺外，首权字数分布中，1~200 个字的专利有 4 件，201~300 个字的有 11 件，301~400 个字的有 5 件，401~500 个字的有 6 件，超过 500 个字的有 8 件。江西省水利科学院有效发明专利平均首权字数约为 479 个字。

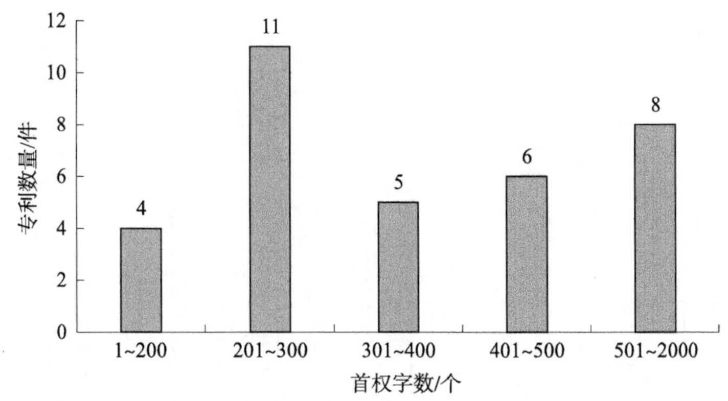

图 7-34　江西省水利科学院有效发明专利首权字数分布

（八）有效发明专利权利要求数量

如图 7-35 所示，江西省水利科学院有效发明专利中，权利要求数量为 5 个以下的专利有 11 件，权利要求数量为 6~10 个的有 27 件。江西省水利科学院有效发明专利平均权利要求数量约为 7.3 个。

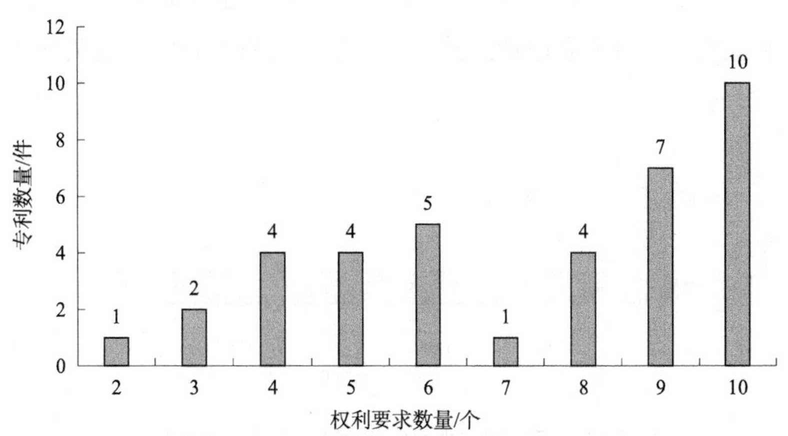

图 7-35　江西省水利科学院有效发明专利权利要求数量分布

（九）有效发明专利文献页数

如图 7－36 所示，江西省水利科学院有效发明专利中，专利文献页数为 6～10 页的专利有 12 件，11～15 页的专利有 17 件，16～20 页的专利有 7 件，21 页以上的专利有 2 件。江西省水利科学院有效发明专利文献页数集中于 8～19 页这个区间，平均说明书页数约为 10. 7 页。

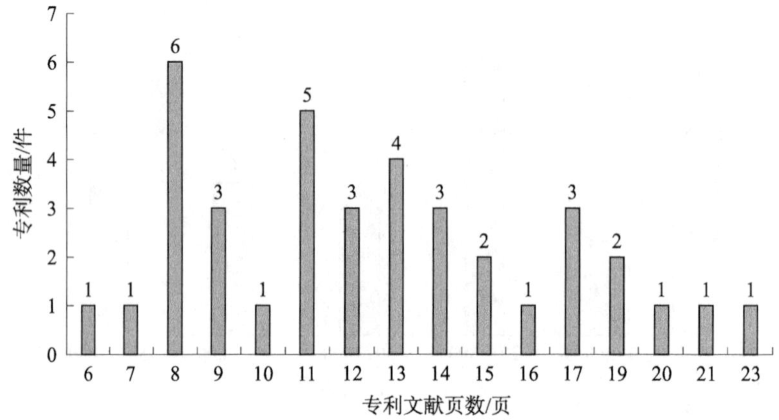

图 7－36　江西省水利科学院有效发明专利文献页数分布

五、江西省林业科学院

（一）全球专利申请地域排名

如图 7－37 所示，江西省林业科学院的专利申请主要集中于中国，仅于 2022 年向澳大利亚提出 1 件专利申请。其中，其在中国的专利申请量共计 257 件，占总量的 99. 61%。

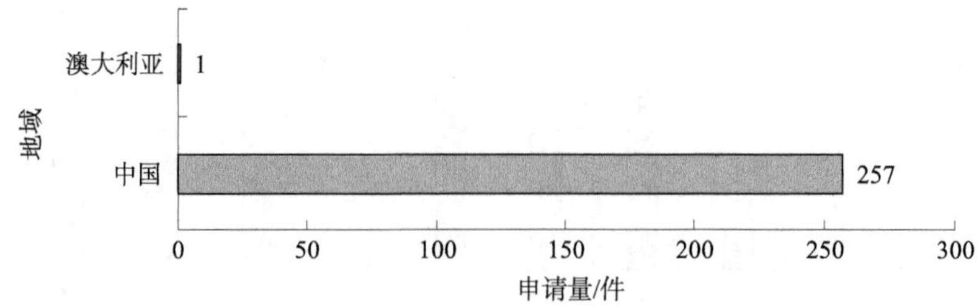

图 7－37　江西省林业科学院全球专利申请地域排名

（二）中国专利申请趋势

如图 7－38 所示，江西省林业科学院自 2006 年开始在中国申请专利。2013 年之前，江西省林业科学院专利申请趋势增长平缓，平均每年专利申请量不超过 2 件；从 2014 年开始呈现小幅上升的趋势，特别是 2018 年之后，江西省林业科学院专利申请量增长较快，2021 年达到峰值，为 84 件。结合专利申请类型情况来看，江西省林业科学院 2013 年之前提出的 14 件专利申请中，12 件为发明专利申请，2 件为实用新型专利申请。除 2016 年以外，2010～2020 年，江西省林业科学院发明专利申请在所有专利申请中的占比在 60%～100%波动。但是，2021 年发明专利申请在所有专利申请中的占比只有 32.94%，2022 年发明专利申请在所有专利申请中的占比上升到 48.65%。

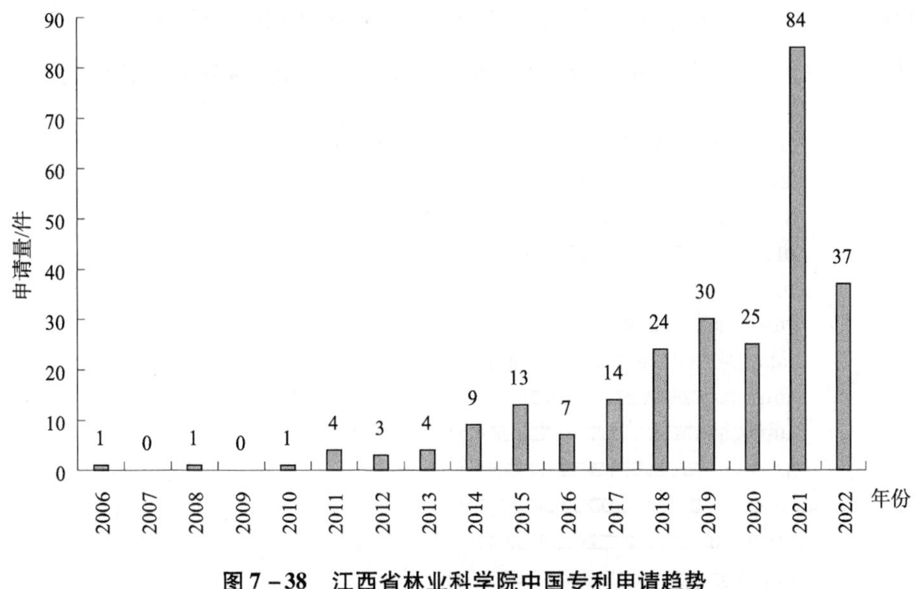

图 7－38　江西省林业科学院中国专利申请趋势

（三）中国专利申请类型

如图 7－39 所示，江西省林业科学院的中国专利申请中，发明专利申请共有 142 件，占总申请量的 55%；实用新型专利申请共有 115 件，占总申请量的 45%。江西省林业科学院的专利申请类型主要为发明专利申请，但两类专利申请占比相差不大，其科技创新能力及其在本领域的技术实力一般。

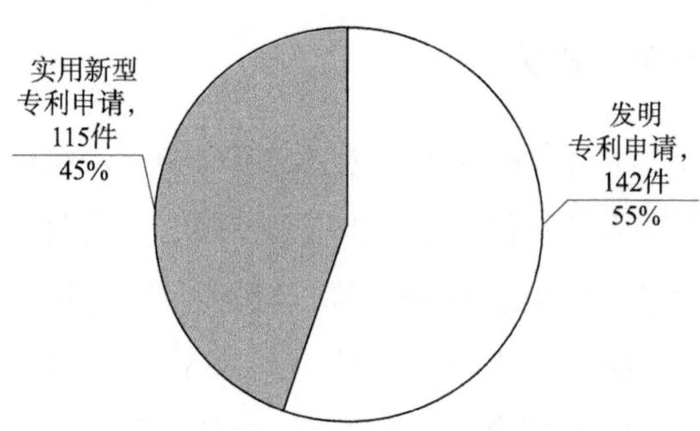

图 7－39　江西省林业科学院中国专利申请类型

（四）技术构成

图 7－40 列出了江西省林业科学院专利申请涉及的前二十位 IPC 分类号。涉及专利申请量 10 件以上的 IPC 分类号有 6 个，分别为 A01G 17/00、A01G 22/00、A01H 4/00、C12N 15/11、A01G 9/029、A01C 21/00。各分类号具体含义见表 7－5。

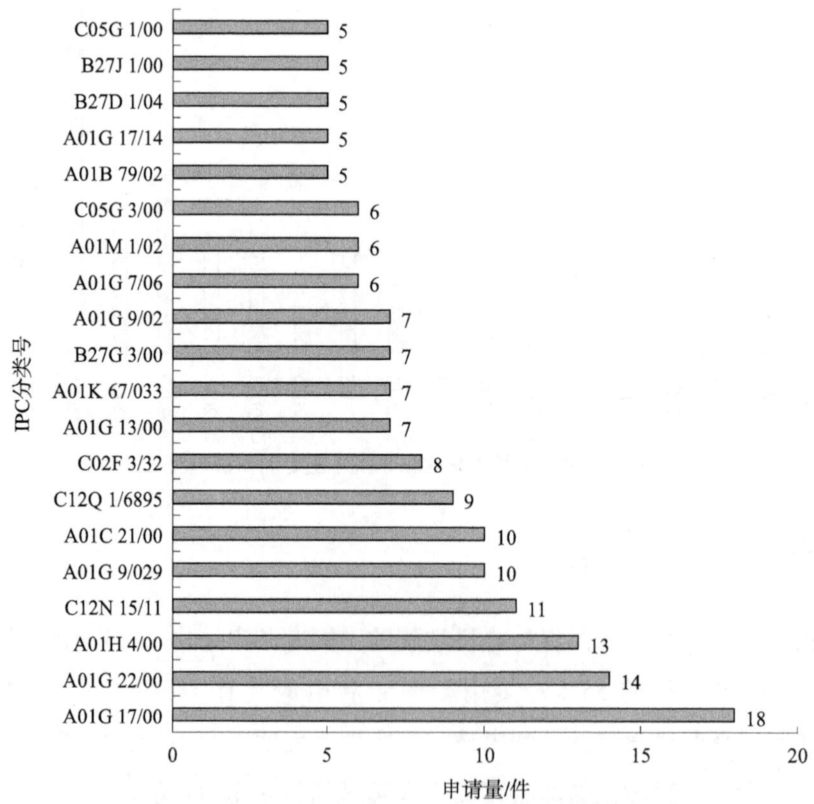

图 7－40　江西省林业科学院专利申请 IPC 分类号分布前二十

表 7-5　江西省林业科学院专利申请涉及的前二十个 IPC 分类号及含义

IPC 分类号	含义
A01G 17/00	啤酒花、葡萄、果树或类似树木的栽培［2006.01］
A01G 22/00	未提及的特殊农作物或植物的栽培［2018.01］
A01H 4/00	通过组织培养技术的植物再生［2006.01］
C12N 15/11	•• DNA 或 RNA 片段；其修饰形成（不用于重组技术的 DNA 或 RNA 入 C07H 21/00）［2006.01］
A01G 9/029	•• 秧苗容器（块状的生长基质入 A01G 24/44）［2018.01］
A01C 21/00	施肥方法［2006.01］
C12Q 1/6895	•••• 用于植物、真菌或藻类［2018.01］
C02F 3/32	• 以利用动物或植物为特征的，如藻类［2006.01］
A01G 13/00	植物保护（消灭害虫或有害动物的设施入 A01M；为此目的而使用的化学物品，保护性物质的组合物，例如嫁接蜡入 A01N）［2006.01］
A01K 67/033	• 无脊椎动物的饲养或养殖；无脊椎动物的新品种［2006.01］
B27G 3/00	与木工机械结合使用的或在木材加工车间使用的专门设计的清除树皮层、木屑、废料或锯末的装置［2006.01］
A01G 9/02	• 容器，例如花盆或花箱（自动浇水装置入 A01G 27/00；悬挂花篮、装花盆用的容器入 A47G 7/00）；栽培花卉用的玻璃器皿［2018.01］
A01G 7/06	• 对生长中树木或植物的处理，例如防止木材腐烂、花卉或木材的着色、延长植物的生命［2006.01］
A01M 1/02	• 带引诱昆虫装置的［2006.01］
C05G 3/00	一种或多种肥料与无特殊肥效的添加剂组分的混合物［2020.01］
A01B 79/02	• 与其他农业过程，例如施肥、种植相结合的［2006.01］
A01G 17/14	•• 支柱；支架［2006.01］
B27D 1/04	• 制造胶合板或由胶合板构成的制品；胶合板材［2006.01］
B27J 1/00	藤茎或类似材料的机械加工（编织入 D03D）［2006.01］
C05G 1/00	分属于 C05 大类下各小类中肥料的混合物［2006.01］

（五）发明人排名

图 7-41 为江西省林业科学院中国专利申请量前十四位发明人排名。排名前四的发明人分别为贺磊、梅雅茹、朱仔伟、刘斌，其作为发明人的专利申请量分别占该科研院所中国专利申请总量的 16.34%、12.84%、11.67%、11.67%，占比均已超过 10%。前十四位发明人共申请专利 167 件，占总量的 64.98%。江西

省林业科学院的专利发明人较为集中，已经形成特定的研发团队，贺磊等为该科研院所的研发核心人员。

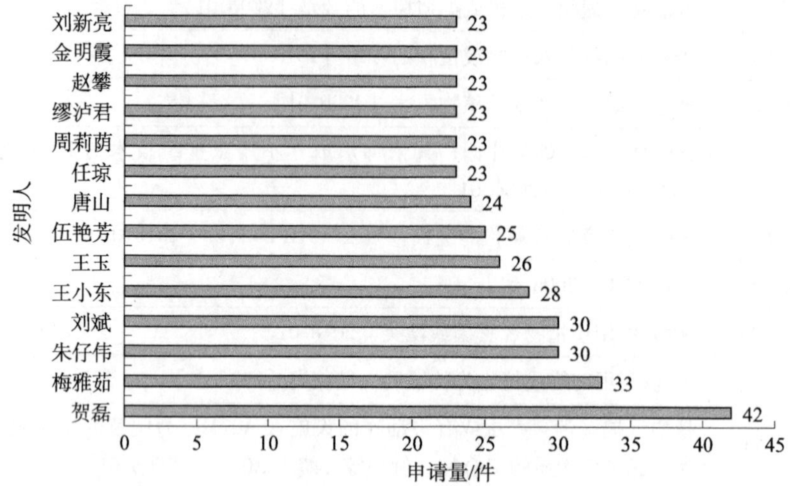

图7－41　江西省林业科学院中国专利主要发明人排名

（六）有效发明专利发明人统计

江西省林业科学院有效发明专利共计48件。在该科研院所的有效发明专利中，对各专利的第一发明人进行统计，可以得到如图7－42所示的结果。其中，贺磊作为第一发明人的专利数量最多，为6件；王小东、朱仔伟等2位发明人分别作为第一发明人的专利数量均为4件；其余发明人作为第一发明人的专利数量均不足4件。结合发明人排名情况及有效发明专利发明人统计情况，可以看出贺磊、王小东和朱仔伟是江西省林业科学院专利申请活动较为积极的团队负责人。

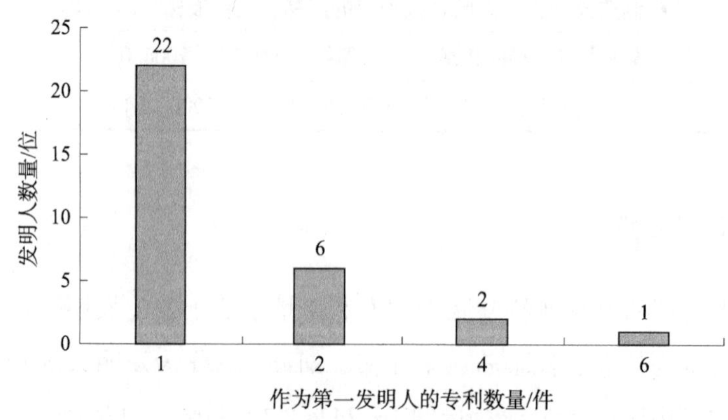

图7－42　江西省林业科学院有效发明专利第一发明人统计情况

（七）有效发明专利首权字数

如图7－43所示，江西省林业科学院有效发明专利首权字数分布中，1～100个字的专利有10件，101～200个字的有10件，201～300个字的有5件，301～400个字的有8件，401～600个字的有5件，超过600个字的有10件。江西省林业科学院有效发明专利平均首权字数约为414个字。

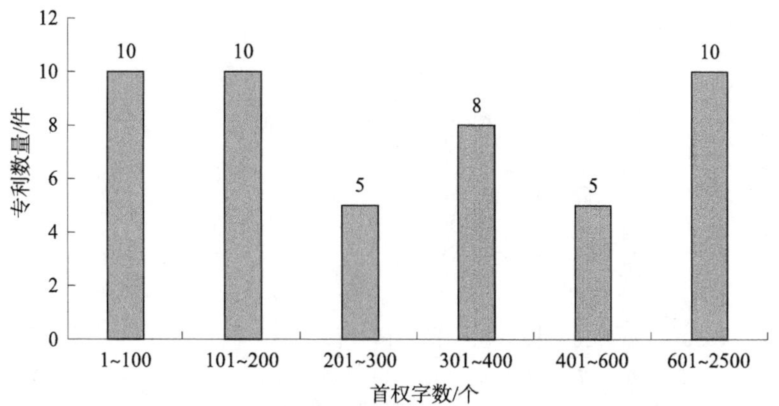

图7－43　江西省林业科学院有效发明专利首权字数分布

（八）有效发明专利权利要求数量

如图7－44所示，江西省林业科学院有效发明专利中，权利要求数量为5个以下的专利有12件，权利要求数量为6～9个的有19件，权利要求数量为10个的有17件。江西省林业科学院有效发明专利平均权利要求数量约为7.4个。

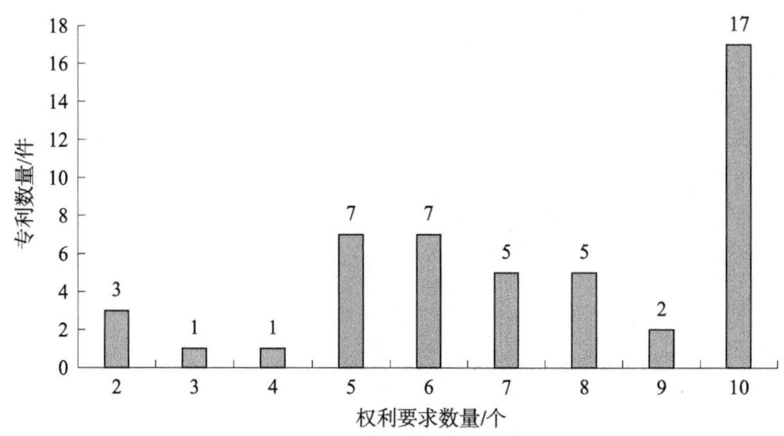

图7－44　江西省林业科学院有效发明专利权利要求数量分布

（九）有效发明专利文献页数

如图7－45所示，江西省林业科学院有效发明专利中，专利文献页数为5～9页的专利有33件，11～18页的专利有9件，23页以上的专利有6件。江西省林业科学院有效发明专利文献页数集中于6～16页这个区间，平均说明书页数约为9.1页。

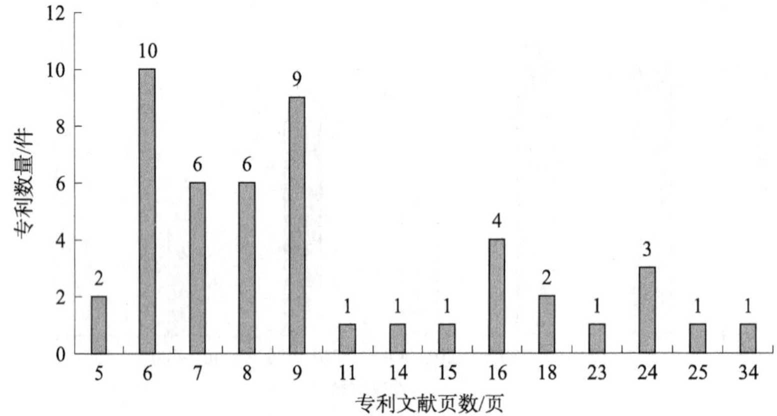

图7－45　江西省林业科学院有效发明专利文献页数分布

第八章　江西省创新主体专利创新发展思路建议

一、政府层面

（一）培育高价值核心专利

建立健全以质量和价值为导向的知识产权政策和评价体系，围绕江西省“2 + 6 + N”产业加强对 PCT 专利申请授权和高价值专利培育力度，培育一批支持江西省产业发展的高价值专利组合。建立一批专利导航服务基地，建立专利密集型产业调查机制，发展壮大专利密集型产业。强化科技创新知识产权导向，推进企业、高等院校和科研院所知识产权管理规范化。引导重点企业、高等院校和科研院所对标国际一流技术，实现技术突破。提高专利申请文件撰写质量，加强专利国内外布局，不断提升江西专利获得中国专利奖的频次和含金量。充分发挥考核评价的“指挥棒”作用，在高质量发展等考核中强化每万人有效发明专利拥有量、每万人高价值发明专利拥有量等指标。

（二）促进专利有效利用

深入挖掘战略性新兴产业和知识产权密集型产业中小企业的专利技术需求，推动高等院校和科研院所与中小企业共同开发和转化专利技术，提高专利转化应用效率。深入推进专利转化专项计划实施，进一步鼓励产学研结合，鼓励企业大力实施技术含量高、市场前景好的专利技术。改革国有企业专利归属和分配机制。加大知识产权行政执法力度，提高知识产权保护效率和水平。

（三）提升专利服务能力

围绕江西省战略性新兴产业和特色支柱产业建设知识产权公共服务平台，为企业提供专利转让、专利许可、专利质押、知识产权金融等专业服务。完善江西省知识产权公共信息服务网点建设和布局。大力培育和引进优质知识产权服务机构，提高知识产权代理、法律服务、信息服务、咨询服务等服务水平，有序开展知识产权资产评估、交易、转化、托管、投融资等增值服务。依托高等院校、科研院所和知识产权服务机构，建设一批专业化技术转移和专利运营为一体的机构。构建重点产业知识产权运营基金，促进专利交易、许可、流转和转移转化，打通从源头创新到产业化的专利运营链条。

（四）加大知识产权金融支持力度

建立知识产权质押融资风险补偿机制，在风险可控的基础上提高专利质押融资的规模，扩展专利质押融资渠道。在知识产权公共服务平台发布企业金融需求，推介金融机构相关产品。深入推进知识产权质押融资“入园惠企”行动，指导各地开展银企对接和产融对接活动，推动质押融资工作深入园区、企业和金融机构基层网点。引进和培育一批知识产权价值评估机构，推进专利质押融资评估标准制定；培养一批精通知识产权和金融业务的复合型人才，提升知识产权金融价值评估能力。建立知识产权融资需求企业项目库、评估机构库、评估专家库和商业银行名录。探索建立知识产权融资辅导机制，对入库的知识产权重点企业进行专门辅导，提升企业获得融资的能力。

二、企业层面

（一）提升专利创造质量

企业应将知识产权战略贯穿企业科研、生产、经营和管理全过程，引导创新资源向高质量知识产权创造倾斜。加大具有自主知识产权的新技术、新产品、新工艺研发力度，提升高价值知识产权技术供给，在关键领域实现高价值专利突破。企业应积极建立专利申请前评估制度，不断提升专利技术质量、撰写质量、品牌影响力，满足企业知识产权金融的融资需求和金融机构的融资标准。以企业高价值专利为依托，积极开展中国专利奖、江西专利奖的培育和申报工作。

（二）提高专利运用效益

加大专利转化运用力度，提高具有自主知识产权或核心技术的产品在企业营收中的占比。加强企业专利分类管理，制定企业专利许可、转让相关程序和技术推广目录，加强与其他企业、高等院校、科研院所之间的合作，提升专利实施质量与运用效益。积极开展企业知识产权金融，通过专利质押融资、作价入股、证券化等方式，挖掘和提升企业专利价值。

（三）提升知识产权保护能力

突出强化知识产权风险意识，在重大投资项目、高端人才引进、技术合作、企业并购、上市等重大经营活动中，开展知识产权尽职调查、风险评估和审议。开展知识产权预警分析，定期监控产品涉及的知识产权，防范知识产权流失，同时也避免侵犯他人知识产权。根据企业发展需要，瞄准目标市场制定企业国内外专利布局策略，强化对知识产权的保护和商业价值的利用。

三、高等院校层面

（一）提升专利创造质量

围绕高等院校优势特色学科，开展科研项目专利导航，加强关键领域自主知识产权创造和储备，强化战略性新兴产业的专利布局，加强海外专利布局工作。建立职务科技成果专利申请前评估工作流程。对基础研究所创造的专利要在立项之初规定最低维持年限。邀请专家定期开展知识产权分析培训，提升科研人员专利撰写能力，进而切实提升专利等科技成果质量。在提高专利质量及成果转化基础上，积极开展中国专利奖、江西专利奖的培育和申报工作。

（二）加大专利实施和转化力度

有条件的高等院校应建立健全集技术转移与知识产权管理运营于一体的专门机构，不断提升高等院校科技成果转移转化能力。设立知识产权管理与运营基金，开展专利导航、专利布局、专利运营等知识产权管理运营工作以及技术转移专业机构建设、人才队伍建设。鼓励高等院校组建科技成果转移转化工作专家委员会，引入技术经理人参与高等院校发明披露、价值评估、专利申请与维护、技术推广、对接谈判等科技成果转移转化全过程，促进专利转化运用。

（三）优化知识产权政策体系

高等院校应赋予科研人员职务科技成果所有权或长期使用权，建立健全知识产权权益分配激励机制，进一步扩大科研人员自主权。高等院校应开展知识产权贯标工作，优化专利资助奖励政策，通过提高转化收益比例等“后补助”方式对发明人或团队予以奖励。加大专利转化运用绩效的评价权重，将专利质量和转化运用等指标作为职称晋升、绩效考核、岗位聘任等的重要依据。通过质押融资、作价入股、证券化、构建专利池等市场化方式，拓宽专利价值实现渠道。

四、科研院所层面

（一）提升专利创造质量

围绕江西省“2+6+N”产业关键共性技术开展技术创新，加强关键领域自主知识产权创造和储备，在选题立项、研发活动、人才遴选和评价等环节积极开展专利导航，明晰技术创新方向和研发路径，提高研发创新起点。制定职务科技成果申请专利前评估工作机制和流程，培育一批关键核心技术的高价值专利组合，切实提升专利质量。制定国内外专利布局策略，优先在技术水平领先和市场应用前景好的领域进行海外专利布局。积极开展中国专利奖、江西专利奖的培育和申报工作。

（二）推动开展专利转化运用

推动科研院所根据科研成果产业化前景和技术成熟度情况，制定不同的转化运用策略。鼓励科研院所委托第三方服务机构开展专利挖掘和布局、专利导航、价值评估、风险防控等专业化服务。以市场需求为导向，搭建科研院所知识产权运营体系，设立知识产权运营基金，培养一批懂技术的知识产权人才，实现知识产权运用效益最大化。

（三）加快科研院所体制机制改革

科研院所赋予科研人员职务科技成果所有权或长期使用权，根据自身实际建立健全知识产权权益分配激励机制，进一步扩大科研人员自主权。推动知识产权管理深度嵌入创新活动全过程。加快建立以知识产权转化绩效为重要指标的科技创新考评体系，推动重大科技成果知识产权市场转化。